工业和信息化
精品系列教材

U0685931

MySQL Database
Application Practical
Tutorial

MySQL
数据库应用实战教程

慕课版 | 第2版

洪晓芳 王灿运 张雅美◎主编

史兴燕 杨东◎副主编

人民邮电出版社

北京

图书在版编目（CIP）数据

MySQL 数据库应用实战教程：慕课版 / 洪晓芳，王灿运，张雅美主编. -- 2 版. -- 北京：人民邮电出版社，2025. --（工业和信息化精品系列教材）. -- ISBN 978-7-115-65771-8

Ⅰ. TP311.132.3

中国国家版本馆 CIP 数据核字第 2024E91J80 号

内 容 提 要

  MySQL 是目前流行的采用客户端/服务器模式的关系数据库之一。本书利用大量案例深入浅出地介绍了 MySQL 数据库的基础知识。本书共 9 个单元，分别为 MySQL 概述、MySQL 数据类型、MySQL 常用操作、MySQL 查询、MySQL 函数和存储过程、MySQL 高级特性、索引、综合案例——图书管理系统、MySQL 管理。本书实战案例丰富、内容全面，配套慕课课程。

  本书适合作为高校 MySQL 数据库应用相关课程的教材，也可供 MySQL 爱好者参考使用。

◆ 主　　编　洪晓芳　王灿运　张雅美
　　副 主 编　史兴燕　杨　东
　　责任编辑　王照玉
　　责任印制　王　郁　焦志炜

◆ 人民邮电出版社出版发行　　北京市丰台区成寿寺路 11 号
　　邮编　100164　　电子邮件　315@ptpress.com.cn
　　网址　https://www.ptpress.com.cn
　　大厂回族自治县聚鑫印刷有限责任公司印刷

◆ 开本：787×1092　1/16
　　印张：20.5　　　　　　　　　　　2025 年 8 月第 2 版
　　字数：595 千字　　　　　　　　　2025 年 8 月河北第 1 次印刷

定价：79.80 元

读者服务热线：(010)81055256　印装质量热线：(010)81055316
反盗版热线：(010)81055315

前言

在当今数字化时代，数据库技术作为信息存储与管理的核心，其重要性日益凸显。无论是电商平台的商品数据管理、社交媒体的用户数据存储，还是金融行业的交易记录处理，都离不开高效、稳定的数据库支持。MySQL 数据库是当前主流的关系数据库之一，由瑞典 MySQL AB 公司开发，目前属于 Oracle 公司。它免费、开源、体积小、速度快，功能齐全、使用便捷，可运行于 Windows、Linux 等操作系统中，可搭配 PHP 和 Apache 组成良好的开发环境。

本书全面、系统地介绍了 MySQL 数据库的各项功能和应用技巧，内容编排遵循由浅入深的原则，从 MySQL 基础入门开始，逐步深入到高级应用，帮助读者快速掌握 MySQL 数据库的核心技术。每个单元都精心设计了【学习导读】、【学习目标】和【思维导图】等栏目，帮助读者明确学习方向，构建知识框架。

本书设置电商平台数据库综合实训和图书管理系统数据库综合案例，读者可以更加直观地理解 MySQL 数据库在实际应用中的运作方式，在实践中巩固所学知识，提升技能水平。

本书配套由经验丰富的一线工作人员录制的慕课视频，详细讲解了书中的重点和难点，为读者提供了更加直观、生动的学习体验。

本书特点、优势

（1）理论与实践相结合，本书根据行业企业发展需要选取教学内容，符合读者的认知规律和教师的教学规律。

（2）任务驱动、适应性强。读者通过本书不仅能快速地学习到技术，还能够提升项目开发能力。

（3）启智增慧，弘扬社会主义核心价值观。本书全面贯彻党的二十大精神，落实立德树人根本任务，引导读者坚定文化自信，树立社会责任感。

本书由山东劳动职业技术学院的洪晓芳、王灿运和张雅美任主编，河南农业职业学院的史兴燕和青岛市图书馆的杨东任副主编，中兴协力（山东）数字科技集团有限公司的胡浩和山东中烟工业有限责任公司济南卷烟厂的杜斌参编。洪晓芳负责单元 1 和单元 3 的编写，胡浩和杜斌负责单元 2 的编写，

王灿运和张雅美负责单元4、单元7和单元8的编写，史兴燕负责单元5和单元6的编写，杨东负责

单元9的编写。

编者

2025 年 7 月

目录

第 1 单元

MySQL 概述 ·················1

【学习导读】·············1
【学习目标】·············1
【思维导图】·············2
1.1 数据库发展历史 ·········2
  1.1.1 数据库发展阶段 ········2
  1.1.2 MySQL 数据库发展历史 ·3
1.2 关系数据库 ··········4
  1.2.1 数据库概述 ·········4
  1.2.2 关系模型 ··········7
  1.2.3 常用的关系数据库 ·····8
  1.2.4 SQL ············8
1.3 MySQL 的工作原理 ·······9
1.4 MySQL 数据库存储引擎 ····10
  1.4.1 InnoDB 引擎 ·······11
  1.4.2 MyISAM 引擎 ·······11
  1.4.3 MEMORY 引擎 ·······12
  1.4.4 CSV 引擎 ·········12
  1.4.5 ARCHIVE 引擎 ·······12
  1.4.6 BLACKHOLE 引擎 ·····12
  1.4.7 存储引擎特点对比 ·····12
1.5 综合实训：安装 MySQL 数据库····13
  1.5.1 在 Windows 环境下安装
      MySQL ··········14
  1.5.2 在 Linux 环境下安装
      MySQL ··········16
1.6 MySQL 客户端管理工具 ····17
1.7 小结 ············20
1.8 习题 ············20

第 2 单元

MySQL 数据类型 ···········22

【学习导读】·············22
【学习目标】·············22

【思维导图】·············23
2.1 数值类型 ··········23
2.2 字符串类型 ·········24
2.3 日期和时间类型 ·······25
2.4 复合类型 ··········26
2.5 JSON 数据类型 ·······26
2.6 空间数据类型 ········27
2.7 如何选取数据类型 ······28
2.8 综合实训：设计电商平台
    商品表 ·········29
2.9 小结 ············29
2.10 习题 ···········30

第 3 单元

MySQL 常用操作 ··········31

【学习导读】·············31
【学习目标】·············31
【思维导图】·············32
3.1 数据库用户管理 ·······32
  3.1.1 连接 MySQL ·······32
  3.1.2 新增用户 ·········33
  3.1.3 修改用户密码 ·······34
3.2 数据库操作 ·········35
  3.2.1 查看数据库 ········35
  3.2.2 创建数据库 ········35
  3.2.3 使用数据库 ········36
  3.2.4 删除数据库 ········36
3.3 表操作 ···········37
  3.3.1 创建表 ··········37
  3.3.2 查看表结构 ········38
  3.3.3 修改表结构 ········38
  3.3.4 复制表 ··········39
  3.3.5 使用临时表和内存表 ···43
3.4 数据操作 ··········44
  3.4.1 插入和查询数据 ······44
  3.4.2 修改数据 ·········47

3.4.3 删除数据 ················· 48
3.4.4 对查询结果进行排序 ······· 49
3.4.5 对查询结果进行分组 ······· 51
3.4.6 设置分组条件 ··········· 54
3.4.7 限制查询数量 ··········· 56
3.5 字段操作 ····················· 57
3.5.1 设置为主键 ············· 57
3.5.2 设置为复合主键 ········· 59
3.5.3 添加/删除字段 ·········· 60
3.5.4 改变字段类型 ··········· 61
3.5.5 字段重命名 ············· 61
3.5.6 为字段设置默认值 ······· 62
3.5.7 设置自增字段 ··········· 64
3.6 客户端操作数据库 ··········· 70
3.7 综合实训：设计电商平台
订单表 ····················· 72
3.8 小结 ························· 74
3.9 习题 ························· 74

4.4.3 MAX()/MIN()函数 ········ 105
4.4.4 SUM()函数 ·············· 107
4.4.5 窗口函数 ··············· 108
4.5 高级查询 ····················· 112
4.5.1 内连接查询 ············· 112
4.5.2 外连接查询 ············· 116
4.5.3 自然连接查询 ··········· 119
4.5.4 交叉连接查询 ··········· 121
4.5.5 联合查询 ··············· 123
4.6 综合实训：设计电商平台查询 ··· 125
4.7 小结 ························· 128
4.8 习题 ························· 128

第 4 单元

MySQL 查询 ················· 75

【学习导读】 ···················· 75
【学习目标】 ···················· 75
【思维导图】 ···················· 76
4.1 基本查询语法 ················ 76
4.2 数据过滤 ···················· 80
4.2.1 基本查询过滤 ··········· 81
4.2.2 条件查询过滤 ··········· 82
4.2.3 模糊查询过滤 ··········· 85
4.2.4 字段控制查询过滤 ······· 88
4.2.5 正则表达式查询过滤 ····· 90
4.3 子查询 ······················ 94
4.3.1 什么是子查询 ··········· 94
4.3.2 按返回结果进行分类的
子查询 ··············· 95
4.3.3 按对返回结果的调用方法
进行分类的子查询········· 98
4.4 聚合函数 ···················· 103
4.4.1 AVG()函数 ············· 103
4.4.2 COUNT()函数 ············ 104

第 5 单元

MySQL 函数和存储过程 ··· 130

【学习导读】 ···················· 130
【学习目标】 ···················· 130
【思维导图】 ···················· 131
5.1 MySQL 流程控制函数 ········· 131
5.2 MySQL 常用函数 ············· 135
5.2.1 数学函数 ··············· 136
5.2.2 字符串函数 ············· 138
5.2.3 日期和时间函数 ········· 141
5.2.4 系统信息函数 ··········· 145
5.2.5 加密函数 ··············· 147
5.2.6 格式化函数 ············· 149
5.3 自定义函数 ·················· 151
5.3.1 函数的基本语法 ········· 151
5.3.2 创建不带参数的自定义
函数 ················· 153
5.3.3 创建带参数的自定义
函数 ················· 154
5.4 存储过程 ···················· 155
5.4.1 存储过程的基本语法 ······ 155
5.4.2 创建不带参数的存储
过程 ················· 157
5.4.3 创建带有 IN 类型参数的
存储过程 ············· 159
5.4.4 创建带有 IN 和 OUT 类型
参数的存储过程········· 161

5.4.5 创建带有多个 OUT 类型
参数的存储过程 ·········· 163
5.4.6 创建带有 INOUT 类型
参数的存储过程 ·········· 164
5.4.7 创建带有 IF 语句的存储
过程 ··········· 166
5.4.8 创建带有 CASE 语句的
存储过程 ··········· 167
5.4.9 创建带有 WHILE 循环的
存储过程 ··········· 169
5.5 自定义函数和存储过程 ·········· 170
5.5.1 自定义函数和存储过程的
区别 ··········· 170
5.5.2 存储过程的使用建议 ····· 171
5.6 综合实训：设计电商平台函数和
存储过程 ··········· 171
5.7 小结 ··········· 173
5.8 习题 ··········· 173

第 6 单元

MySQL 高级特性 ·········· 175

【学习导读】 ··········· 175
【学习目标】 ··········· 175
【思维导图】 ··········· 176
6.1 视图 ··········· 176
6.1.1 什么是视图 ··········· 176
6.1.2 创建视图 ··········· 176
6.1.3 修改视图 ··········· 180
6.1.4 更新视图数据 ··········· 183
6.1.5 删除视图和数据 ··········· 186
6.2 游标 ··········· 188
6.2.1 游标的使用方法 ··········· 188
6.2.2 游标的 WHILE 循环 ··········· 191
6.2.3 游标的 REPEAT 循环 ··· 195
6.2.4 游标的 LOOP 循环 ······· 196
6.3 触发器 ··········· 198
6.3.1 创建触发器 ··········· 198
6.3.2 NEW 和 OLD 关键字 ···· 201
6.3.3 查看和删除触发器 ········· 203
6.3.4 INSERT 型触发器 ······· 203

6.3.5 UPDATE 型触发器 ······· 205
6.3.6 DELETE 型触发器 ······· 208
6.4 综合实训：电商平台视图、游标、
触发器的应用 ··········· 209
6.5 小结 ··········· 211
6.6 习题 ··········· 211

第 7 单元

索引 ············· 213

【学习导读】 ··········· 213
【学习目标】 ··········· 213
【思维导图】 ··········· 214
7.1 索引的基本语法 ··········· 214
7.1.1 创建索引 ··········· 214
7.1.2 查看索引 ··········· 216
7.1.3 删除索引 ··········· 217
7.2 常见的查找算法 ··········· 219
7.3 索引的数据结构 ··········· 220
7.3.1 B-Tree 数据结构 ··········· 220
7.3.2 B+Tree 数据结构 ··········· 221
7.4 索引实现原理 ··········· 222
7.4.1 MyISAM 引擎的
索引实现 ··········· 222
7.4.2 InnoDB 引擎的
索引实现 ··········· 223
7.4.3 MEMORY 引擎的
索引实现 ··········· 224
7.5 索引的应用 ··········· 224
7.5.1 创建表及添加索引 ··········· 225
7.5.2 使用 EXPLAIN 语句分析
索引 ··········· 227
7.5.3 索引使用策略 ··········· 241
7.5.4 索引应用实例 ··········· 245
7.6 索引的类型 ··········· 254
7.6.1 主键索引 ··········· 254
7.6.2 普通索引 ··········· 255
7.6.3 唯一索引 ··········· 256
7.6.4 单列索引和联合索引 ······· 257
7.6.5 聚簇索引和非聚簇索引 ··· 257
7.6.6 覆盖索引 ··········· 258

7.6.7　重复索引和冗余索引 ⋯⋯ 259

7.6.8　降序索引 ⋯⋯⋯⋯⋯⋯⋯ 259

7.6.9　隐藏索引 ⋯⋯⋯⋯⋯⋯⋯ 262

7.6.10　函数索引 ⋯⋯⋯⋯⋯⋯ 262

7.7　索引不能使用的场景 ⋯⋯⋯⋯⋯ 263

7.7.1　前导模糊查询 ⋯⋯⋯⋯⋯ 263

7.7.2　比较不匹配的数据
类型 ⋯⋯⋯⋯⋯⋯⋯⋯ 264

7.7.3　使用 OR 连接条件
表达式 ⋯⋯⋯⋯⋯⋯⋯ 265

7.7.4　条件表达式与函数 ⋯⋯⋯ 267

7.8　索引的利弊及创建原则 ⋯⋯⋯⋯ 269

7.9　综合实训：电商平台查询索引
应用 ⋯⋯⋯⋯⋯⋯⋯⋯⋯⋯⋯ 269

7.10　小结 ⋯⋯⋯⋯⋯⋯⋯⋯⋯⋯ 274

7.11　习题 ⋯⋯⋯⋯⋯⋯⋯⋯⋯⋯ 274

第 8 单元

综合案例——图书管理系统 ⋯⋯⋯⋯⋯⋯⋯⋯ 276

【学习导读】⋯⋯⋯⋯⋯⋯⋯⋯⋯⋯ 276

【学习目标】⋯⋯⋯⋯⋯⋯⋯⋯⋯⋯ 276

【思维导图】⋯⋯⋯⋯⋯⋯⋯⋯⋯⋯ 277

8.1　需求管理 ⋯⋯⋯⋯⋯⋯⋯⋯⋯ 277

8.2　数据库设计 ⋯⋯⋯⋯⋯⋯⋯⋯ 278

8.3　创建数据库 ⋯⋯⋯⋯⋯⋯⋯⋯ 280

8.3.1　建表语句 ⋯⋯⋯⋯⋯⋯⋯ 280

8.3.2　初始化数据 ⋯⋯⋯⋯⋯⋯ 282

8.4　用户信息管理 ⋯⋯⋯⋯⋯⋯⋯ 283

8.4.1　用户管理 ⋯⋯⋯⋯⋯⋯⋯ 284

8.4.2　部门管理 ⋯⋯⋯⋯⋯⋯⋯ 285

8.5　图书管理 ⋯⋯⋯⋯⋯⋯⋯⋯⋯ 285

8.5.1　新增图书分类 ⋯⋯⋯⋯⋯ 285

8.5.2　新增图书 ⋯⋯⋯⋯⋯⋯⋯ 286

8.6　借书管理 ⋯⋯⋯⋯⋯⋯⋯⋯⋯ 287

8.6.1　借书预约管理 ⋯⋯⋯⋯⋯ 288

8.6.2　借书登记管理 ⋯⋯⋯⋯⋯ 290

8.6.3　还书登记管理 ⋯⋯⋯⋯⋯ 292

8.6.4　图书遗失登记管理 ⋯⋯⋯ 295

8.7　视图管理 ⋯⋯⋯⋯⋯⋯⋯⋯⋯ 296

8.7.1　用户信息查询视图 ⋯⋯⋯ 296

8.7.2　用户借阅图书查询视图⋯ 296

8.7.3　用户还书查询视图 ⋯⋯⋯ 297

8.8　小结 ⋯⋯⋯⋯⋯⋯⋯⋯⋯⋯⋯ 297

8.9　习题 ⋯⋯⋯⋯⋯⋯⋯⋯⋯⋯⋯ 297

第 9 单元

MySQL 管理 ⋯⋯⋯⋯⋯⋯ 299

【学习导读】⋯⋯⋯⋯⋯⋯⋯⋯⋯⋯ 299

【学习目标】⋯⋯⋯⋯⋯⋯⋯⋯⋯⋯ 299

【思维导图】⋯⋯⋯⋯⋯⋯⋯⋯⋯⋯ 300

9.1　用户管理 ⋯⋯⋯⋯⋯⋯⋯⋯⋯ 300

9.1.1　创建用户 ⋯⋯⋯⋯⋯⋯⋯ 300

9.1.2　修改用户 ⋯⋯⋯⋯⋯⋯⋯ 301

9.1.3　删除用户 ⋯⋯⋯⋯⋯⋯⋯ 303

9.2　权限管理 ⋯⋯⋯⋯⋯⋯⋯⋯⋯ 305

9.2.1　授予和撤销权限 ⋯⋯⋯⋯ 305

9.2.2　用户权限体系 ⋯⋯⋯⋯⋯ 309

9.2.3　权限授予原则 ⋯⋯⋯⋯⋯ 309

9.3　表空间管理 ⋯⋯⋯⋯⋯⋯⋯⋯ 312

9.4　备份与还原 ⋯⋯⋯⋯⋯⋯⋯⋯ 314

9.4.1　备份数据库 ⋯⋯⋯⋯⋯⋯ 314

9.4.2　还原数据库 ⋯⋯⋯⋯⋯⋯ 315

9.5　主从同步配置 ⋯⋯⋯⋯⋯⋯⋯ 316

9.5.1　主数据库配置 ⋯⋯⋯⋯⋯ 316

9.5.2　从数据库配置 ⋯⋯⋯⋯⋯ 317

9.6　综合实训：电商平台数据库
管理 ⋯⋯⋯⋯⋯⋯⋯⋯⋯⋯⋯ 318

9.7　小结 ⋯⋯⋯⋯⋯⋯⋯⋯⋯⋯⋯ 319

9.8　习题 ⋯⋯⋯⋯⋯⋯⋯⋯⋯⋯⋯ 320

第1单元
MySQL概述

01

  MySQL适用于各种规模的应用程序和网站开发，广泛的应用和强大的功能使得它成为许多开发人员和组织的首选数据库解决方案之一。它是采用客户端/服务器模式的关系数据库，具有跨平台性和可移植性，可以轻松、简单地运行在多种操作系统（如Windows、Linux操作系统等）上。本单元将介绍MySQL的基础知识，以及如何安装MySQL数据库。

本单元要点

- ■ 数据库发展历史。
- ■ 关系数据库。
- ■ MySQL的工作原理。
- ■ MySQL数据库存储引擎。
- ■ 综合实训：安装MySQL数据库。
- ■ MySQL客户端管理工具。

【学习导读】

  在当今"数字化时代"，一家初创公司正努力构建一个电子商务平台，其希望通过这个平台提供高效的在线交易和用户管理系统，因此需要一个可靠而强大的数据库系统。MySQL作为一种广泛使用的关系数据库管理系统，可以为该公司提供稳定的数据存储、高性能的查询处理和强大的扩展性。本单元将介绍MySQL的发展历史、关系数据库、MySQL的工作原理、安装MySQL数据库的方法等内容。

【学习目标】

知识目标

1. 了解数据库各个发展阶段。
2. 了解MySQL数据库发展历史。
3. 了解与数据库相关的概念。
4. 了解SQL。
5. 了解MySQL的工作原理。
6. 了解MySQL数据库的存储引擎。
7. 了解MySQL客户端管理工具。

能力目标

1. 能够独立安装MySQL数据库。
2. 能够使用命令提示符窗口连接数据库。

素质目标
1. 培养独立自主的学习态度。
2. 培养规范、严谨的工作态度。

【思维导图】

数据库发展历史
数据库发展阶段：层次数据库、关系数据库、面向对象数据库、NoSQL数据库、新SQL数据库、数据库即服务、分布式数据库
MySQL数据库发展历史

关系数据库
数据库概述：数据库类型、数据与数据库、数据库管理系统、数据库系统、关系数据库管理系统
关系模型：实体（Entity）、属性（Attribute）、关系（Relationship）
常用的关系数据库：Oracle数据库、MySQL数据库、SQL Server数据库
SQL

MySQL概述

MySQL的工作原理

MySQL数据库存储引擎
InnoDB引擎、MyISAM引擎、MEMORY引擎、CSV引擎、ARCHIVE引擎、BLACKHOLE引擎、存储引擎特点对比

综合实训：安装MySQL数据库
在Windows环境下安装MySQL
在Linux环境下安装MySQL

MySQL客户端管理工具　MySQL Workbench、phpMyAdmin、Navicat for MySQL、SQLyog

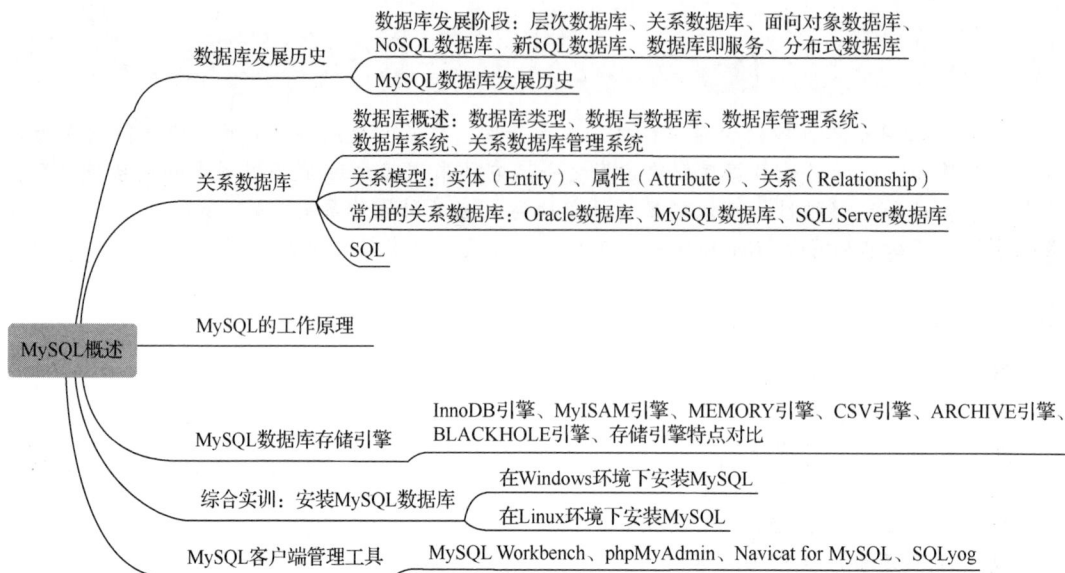

　　MySQL 数据库是开源的，允许有兴趣的爱好者查看和维护源代码，大公司或者有能力的公司还可以继续对其进行优化，制作适合自己公司的数据库。相较于 Oracle 数据库的商用收费，MySQL 数据库允许各大公司免费使用，因此成为小公司或者创业型公司首选的数据库。

1.1 数据库发展历史

1.1.1 数据库发展阶段

　　数据库的发展主要经历了以下几个阶段。

1. 层次数据库

　　层次数据库（Hierarchical Database）是早期的数据库类型，其兴起于 20 世纪 60 年代末、70 年代初。在层次数据库中，数据以树形结构组织，每个节点可以有多个子节点，但只能有一个父节点。这种层次结构适合表示具有明确定义的父子关系的数据，如组织结构或文件系统。由于其复杂和有局限性的数据模型，层次数据库在后来的发展中逐渐被更灵活的关系数据库取代。

数据库发展历史

　　主要代表：IBM 公司的信息管理系统（Information Management System，IMS）。

2. 关系数据库

　　关系数据库（Relational Database）是主要的数据库类型，其兴起于 20 世纪 70 年代。关系数据库采用表格的形式组织数据，其中数据以行和列的形式存储。关系数据库使用结构查询语言（Structure Query Language，SQL）进行数据的查询和操作。它基于关系模型的理念，通过表之间的关系（主键和外键）来建立数据的连接。关系数据库的设计和操作相对简单，且可保证数据的

一致性、可靠性和完整性。关系数据库广泛应用于各个行业和应用领域，已成为主流的数据库解决方案。

主要代表：Oracle、MySQL、SQL Server 和 PostgreSQL 等。

3. 面向对象数据库

面向对象数据库（Object-Oriented Database）是在关系数据库之后出现的一种数据库类型。它是为了更好地支持面向对象编程和数据模型而发展的。面向对象数据库将数据视为对象，具有属性和方法，并通过继承、封装和多态等面向对象的概念来组织数据。面向对象数据库提供了更灵活和直观的数据建模方式，能够更好地处理复杂的数据结构和关系。

主要代表：Gemstone、db4o。

4. NoSQL 数据库

NoSQL（Not Only SQL）数据库是在"互联网时代"迅速发展起来的一种数据库类型。NoSQL数据库代表"非关系"数据库，强调不依赖传统的关系模型。NoSQL 数据库适用于大规模和高并发的场景，它们具有良好的可扩展性、高性能和灵活性。NoSQL 数据库主要用于 Web 应用程序、大数据分析和实时数据处理等领域。

主要代表：键值存储型数据库（如 Redis、Amazon DynamoDB）、文档型数据库（如 MongoDB）、列式存储型数据库（如 Apache Cassandra）和图形数据库（如 Neo4j）等。

5. 新 SQL 数据库

新 SQL 数据库（New SQL Database）是 NoSQL 和传统关系数据库之间的一种折中解决方案，旨在提供具有可伸缩性和高性能的分布式数据库系统，同时保留关系数据库的数据一致性和可靠性。

主要代表：CockroachDB、VoltDB 和 TiDB。

6. 数据库即服务

数据库即服务（Database as a Service，DaaS）是一种云计算模型，将数据库作为云服务提供给用户。DaaS 通过云平台提供数据库管理和运维服务，用户无须关心底层基础设施的细节，只需关注数据的存储和使用。DaaS 提供了弹性扩展、高可用性和自动备份等功能，用户能够快速部署和管理数据库，降低了数据库管理的复杂性和成本。

主要代表：Amazon RDS、Microsoft Azure SQL Database 和 Google Cloud SQL。

7. 分布式数据库

随着大数据和分布式计算的兴起，分布式数据库（Distributed Database）成为重要的数据库发展方向。分布式数据库将数据存储在多个物理节点上的数据库系统，通过数据分片和数据复制等技术来实现数据的分布和冗余，以提高性能、可用性和容错性。分布式数据库能够处理大规模的数据集和高并发访问，适用于分布式系统和云计算环境。

主要代表：Apache HBase、Apache Cassandra 和 Google Spanner 等。

这些阶段体现了数据库的不断演进和创新，以适应不同的应用需求和技术发展。每个阶段都有其独特之处，数据库技术的选择取决于具体的应用场景和数据需求。

1.1.2 MySQL 数据库发展历史

MySQL 源于蒙蒂·维德纽斯为一家公司设计的一款底层面向报表的存储引擎工具——Unireg。

1985 年，蒙蒂和几个志同道合的朋友在瑞典成立了一家公司，也就是 MySQL AB 公司的前身。该公司最初不是致力于做数据库产品的，只是因为工作过程中需要一个数据库，但又没有合适的数据库可供选择，所以蒙蒂和朋友们决定开发一个数据库。为了满足瑞典的一些大型零售商不断增长的数据服务需求，并为复杂的系统提供数据仓库服务，他们设计了一种索引顺序存取数据算法，开发了高查询性能的数据引擎，也就是 ISAM 引擎。

1990 年，有些用户要求提供 SQL 支持，于是蒙蒂想将单用户数据库管理系统（mini SQL，mSQL）的代码集成到 ISAM 引擎中，但效果并不好，蒙蒂毅然决定重写一个 SQL 支持。

1996 年，MySQL 1.0 正式发布，其提供的功能非常简单，只支持表数据的 INSERT（插入）、UPDATE（更新）、DELETE（删除）和 SELECT（查询）操作。不过，它采用的许可策略与众不同，允许免费商用，前提是不能捆绑 MySQL 一起发布，这为它的后续发展打下了良好的基础。随着 MySQL 3.11.1 的发布，MySQL 不仅提供基本的 SQL 支持，还提供复杂的查询优化器。尽管如此，MySQL 依旧不支持事务、视图、存储过程等特性。

1999—2000 年，蒙蒂团队成立了 MySQL AB 公司，与 Sleepcat 公司合作开发了 Berkeley DB 引擎，MySQL 从此支持事务处理。

2000 年，MySQL 公布了源代码，并采用了 GNU 通用公共许可协议（GNU General Public License，GNU GPL）；同年 4 月，MySQL 对旧的存储引擎进行了整理，将其重命名为 MyISAM，同时支持全文搜索。

2001 年，MySQL 集成了 InnoDB 引擎，这个引擎不仅支持行级锁，还支持事务处理，MySQL 4.0 正式结合了 InnoDB。2004 年，MySQL 4.1 发布，新增了子查询功能。

2005 年，MySQL 5.0 发布，该版本加入了存储过程、触发器、视图等，MySQL 逐渐向高性能数据库方向发展。

2008 年，MySQL AB 公司被 Sun 公司收购。

2009 年，Oracle 公司收购了 Sun 公司，MySQL 转入 Oracle 旗下。

2010 年，MySQL 5.5 发布，新特性包括半同步的复制以及对 SIGNAL/RESIGNAL 异常处理功能的支持，同时 InnoDB 引擎变为 MySQL 的默认存储引擎，其在企业应用方面的特性也得到了加强。Oracle 公司承诺 MySQL 5.5 和未来的版本仍然采用 GNU GPL 的开源数据库。

在 MySQL 5.5 发布两年后，Oracle 公司宣布 MySQL 5.6 正式版发布，首个正式版版本号为 5.6.10。MySQL 5.6 对 InnoDB 引擎进行了改造，提供全文索引能力，使 InnoDB 引擎适用于各种应用场景。

2015 年，MySQL 5.7 GA 发布，其提供了众多新特性。

2016 年，MySQL 8.0 首个开发版发布，增加了数据字典、账号权限角色表、InnoDB 引擎增强、JSON 增强等。

2018 年，MySQL 8.0 首个正式版 MySQL 8.0.11 GA 发布。

2023 年，MySQL 8.0.33 GA 发布，这是一个维护版本，其修复了大量漏洞，并对部分内容进行了改进。

2024 年，MySQ 第一个长期支持版发布。

2025 年，MySQL 9.3.0 创新版发布。

1.2 关系数据库

MySQL 作为最流行的关系数据库管理系统之一，具备容易理解、使用方便、易于维护等特性。那么，什么是关系数据库管理系统？什么是关系模型？关系数据库有哪些优点呢？

关系数据库

1.2.1 数据库概述

数据库（Database）是以特定数据结构组织，在计算机设备上存储和管理

数据的"仓库"。日常生活和工作中有许多数据集，需要将它们归档到这样的仓库中，以便进行数据统计和查询等相关操作。

1. 数据库类型

数据库有很多类型，根据不同的数据结构可将数据库分为层次数据库、网络数据库、关系数据库和面向对象数据库 4 种。

层次数据库是通过一种有根节点的定向有序树结构（类似于一个倒挂的树）建立的数据库，如 IMS；网络数据库是按照网状数据结构建立的数据库，记录中允许存在多层次记录关系；关系数据库用表格记录事物（如商品）和事物间的关联（如订单包含哪些商品）；面向对象数据库把每个事物都看作能存储数据并执行操作的单元（如商品对象既能记录价格，又能记录数量），整个系统由这些对象组成。

2. 数据与数据库

数据（Data）是指描述事物特征、属性或关系的事实和信息的集合。数据可以是数字、文本、图像、音频或视频等形式的表达。在计算机领域，数据通常以二进制形式存储和处理。数据可以被组织成不同的结构，如单个值、记录、表格或文件等，以便进行更有效地管理和使用。

数据库是一个被设计用来存储和检索数据的系统。数据库通过结构化的方式存储数据，以便实现数据的组织、访问和管理。数据库可以包含多个表格（表），每个表可以包含多行（记录）和多列（字段）。

数据和数据库之间的关系是数据库系统的核心。数据库是数据的容器和管理者，它提供了数据的结构和组织方式，以及对数据进行操作和访问的功能。数据是存储在数据库中的实际信息，它是数据库的基本元素。通过数据库，数据可以被组织、存储、检索和操作，以满足用户和应用程序的需求。

3. 数据库管理系统

数据库管理系统（Database Management System，DBMS）是一种用于管理数据库的软件系统。它提供了一系列功能和工具，用于创建、操作、维护和控制数据库。DBMS 充当了数据库和用户之间的中间层，通过它可以有效地管理和利用数据库中的数据。

DBMS 的主要功能如下。

（1）数据定义（Data Definition）：DBMS 允许用户定义和描述数据库的结构和组织方式，即数据库模式（Schema）。它支持创建表格、定义列、设置数据类型、建立关系等操作，用于表示和存储数据的结构。

（2）数据操纵（Data Manipulation）：DBMS 提供了数据操作功能，使用户可以对数据库中的数据进行插入、更新、删除和查询等操作。用户可以使用 SQL 或其他查询语言与 DBMS 进行交互，从而操作和检索数据库中的数据。

（3）数据查询和检索（Data Query and Retrieval）：DBMS 提供了查询语言和查询优化器，用于执行用户提交的查询请求。它能够快速定位和检索数据库中的数据，支持各种查询操作，如简单查询、聚合函数、多表连接等。

（4）数据完整性和约束（Data Integrity and Constraints）：DBMS 支持数据完整性和约束的定义及实施。它可以通过主键、唯一约束、外键和检查约束等机制来保证数据的完整性，防止不符合约束条件的数据被插入或更新到数据库中。

（5）并发控制和事务管理（Concurrency Control and Transaction Management）：DBMS 具备并发控制机制，用于处理多个用户同时访问数据库时可能发生的冲突和一致性问题。它通过锁定机制、并发调度和事务管理等技术来保证数据的一致性和隔离性。

（6）数据备份和恢复（Data Backup and Recovery）：DBMS 提供了数据备份和恢复功能，用于保护数据免受硬件故障、灾难性事件或人为错误的影响。它支持定期备份数据，以及在需要时进行数据恢复和回滚操作。

（7）数据安全和访问控制（Data Security and Access Control）：DBMS 提供了安全性和访问控制机制，用于保护数据库中的数据免受未授权的访问和恶意操作。它支持用户身份验证、权限管理、加密和审计等安全功能。

4. 数据库系统

数据库系统是由数据库、DBMS 和相关应用程序组成的一种软件系统。它提供了一种结构化和可管理的方法来存储、组织、管理和检索数据。数据库系统在现代信息管理和数据处理中起着关键作用。

数据库系统的主要组成部分如下。

（1）数据库：数据库以一种结构化的方式存储数据。数据库的结构和关系是通过数据库模式定义的。

（2）DBMS：DBMS 是用于管理数据库的软件系统。DBMS 负责处理数据的存储、检索、备份和恢复，以及实现并发访问、数据安全和权限控制等。常见的 DBMS 包括 Oracle、MySQL、SQL Server 和 PostgreSQL 等。

（3）数据库应用程序（Database Application）：数据库应用程序是使用数据库和 DBMS 进行数据管理及处理的软件程序。它们可以是定制的应用程序，也可以是商业化的数据库应用软件。数据库应用程序允许用户执行各种操作，如数据输入、查询、报表生成和数据分析等，以满足不同的业务需求。

数据库系统的特点和优势如下。

（1）数据共享：数据库系统允许多个用户和应用程序共享同一数据库，实现数据的共享和协作，提高数据的可访问性和可共享性。

（2）数据具有独立性：数据库系统提供了数据与应用程序之间的逻辑独立性和物理独立性。

（3）数据具有一致性和完整性：数据库系统通过实施数据完整性约束及事务机制来确保数据的一致性和完整性。它提供了强大的数据管理功能，如数据验证、数据约束和数据完整性检查等。

（4）数据具有安全性：数据库系统提供了对数据的安全性和访问控制的支持。

（5）高效性和性能优化：数据库系统通过索引、查询优化和数据缓存等技术提高数据的检索及处理效率，提供高性能的数据访问和处理能力。

5. 关系数据库管理系统

关系数据库管理系统（Relational Database Management System，RDBMS）用于管理关系数据库。关系数据库是指通过关系模型来组织数据的数据库。关系模型于 1970 年被提出，在之后的几十年中，关系模型的概念得到了很好的发展，并且逐渐成为主流数据库架构模型。可以简单地把关系数据库理解为由二维表格建立的数据组织（类似 Excel，由行和列组织数据）和二维表格之间的联系构成的数据关联。

RDBMS 具有以下特点。

（1）结构化数据存储：RDBMS 使用表格来组织和存储数据，每个表格包含行和列。这种结构化的数据存储方式使得数据具有清晰的结构和关系，便于查询和分析。

（2）数据具有一致性和完整性：RDBMS 通过实施数据完整性约束来确保数据的一致性和完整性。它可以定义主键、唯一约束、外键和检查约束等，防止不符合约束条件的数据被插入或更新到数据库中。

（3）数据的关系和连接：RDBMS 允许在不同的表格之间建立关系和连接。通过外键关系和连接操作，可以轻松地检索和组合多个表格中的数据，实现复杂的查询和数据关联。

（4）SQL 支持：RDBMS 使用 SQL 作为操作和查询数据库的标准语言。SQL 提供了丰富的语法和功能，可以执行数据的插入、更新、删除和查询等操作。

（5）ACID 支持：RDBMS 支持 ACID（Atomicity、Consistency、Isolation、Durability，即原子性、一致性、隔离性和持久性）。这意味着数据库操作要么全部执行，要么全部不执行，以保证数据的一致性和可靠性。

（6）并发控制和事务管理：RDBMS 提供并发控制和事务管理机制，以确保多个用户并发访问数据库时数据的一致性和隔离性。它使用锁定机制、并发调度和事务日志等技术来处理并发操作及进行故障恢复。

（7）数据安全和访问控制：RDBMS 提供了安全性和访问控制机制，用于保护数据库中的数据免受未授权的访问和恶意操作。它支持用户身份验证、权限管理、加密和审计等安全功能。

（8）数据备份和恢复：RDBMS 提供了数据备份和恢复功能，用于保护数据免受硬件故障、灾难性事件或人为错误的影响。它支持定期备份数据，以及在需要时进行数据恢复和回滚操作。

1.2.2 关系模型

关系模型是指用二维表的形式来表示实体以及实体之间联系的数据模型。数据都是以表格的形式存在的，每行对应一个实体的记录，每列对应实体的某种属性，若干行和列构成了整个表数据。

实体就是现实世界中客观存在的，有形的、无形的、具体的或者抽象的事物。

实体关系模型是能直观表示实体、属性以及和实体之间联系的模型，可以通过实体关系（Entity Relationship，E-R）图来表示，实体关系模型是用来理解现实生活中的实体关系、建立概念模型的有效工具。

例如，某个社交网站和用户之间的实体关系图如图 1.1 所示。

在图 1.1 中，社交网站和用户代表实体，用矩形表示；社交网站拥有属性——企业性质、网站名、上市，用椭圆形表示；用户拥有属性——姓名、手机号、生日，也用椭圆形表示；实体社交网站和实体用户之间的联系用菱形表示。在实体关系模型中，关系（也称联系）有 3 种类型：一对一关系（1∶1），如一个用户有一个会员编号，一个会员编号能确定唯一用户，它们之间是一一对应的；一对多关系（1∶n），如一个用户可以注册多个账号，而一个账号只能被一个用户使用；多对多关系（n∶n），如一个社交网站可以有多个用户，而一个用户同样可以使用多个社交网站。

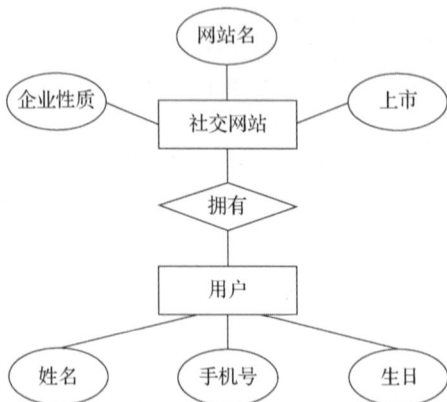

图 1.1 某个社交网站和用户之间的实体关系图

（1）实体（Entity）：实体是现实世界中独立、可识别的对象，如人、物、地点、事件等。在 E-R 图中，实体通常用矩形表示，如"社交网站""用户"就是实体。

（2）属性（Attribute）：属性是实体的特征或描述，用于描述实体的特性。每个实体可以有多个属性，在 E-R 图中，属性通常用椭圆形表示，并与相应的实体相连，如"网站名""企业性质""上市"等就是属性。

（3）关系（Relationship）：关系表示实体之间的联系和相互作用。它描述了实体之间的关联、依赖或依存关系。关系可以是一对一、一对多或多对多的关系。在 E-R 图中，关系用菱形表示并连接相关实体，其指向由语义决定（如"社交网站拥有用户"表示菱形从"社交网站"指向"用户"）。

1.2.3　常用的关系数据库

常用的关系数据库有 Oracle、MySQL、SQL Server、DB2、Sybase、Access 等。Oracle 数据库是收费、商用的数据库，提供很好的维护与支持功能，适用于业务逻辑较复杂、数据量大的大中型项目；MySQL 数据库体积小、速度快、总体拥有成本低、开源，受到很多中小型企业的青睐；SQL Server 数据库的功能比较全面、效率高，适用于中型企业或单位。

下面介绍 Oracle、MySQL、SQL Server 数据库。

1. Oracle 数据库

Oracle 数据库是由 Oracle 公司开发的一款功能强大的关系数据库。它是市场上最成熟、最全面的数据库解决方案之一，支持大规模企业级应用，具有高可伸缩性、可靠性和安全性。它提供了广泛的功能，包括复杂数据查询、事务处理、并发控制、数据备份和恢复等。它采用多模型架构，支持关系数据模型、对象数据模型和文档数据模型。它还提供了强大的 SQL 支持和丰富的开发工具，如 PL/SQL 和 Oracle Application Express（APEX）等。它适用于大型企业和复杂应用场景，如金融、电信、制造业等。

2. MySQL 数据库

MySQL 是一款开源的关系数据库，它被广泛用于中小型企业和 Web 应用开发。MySQL 具有简单易用、性能高和可靠性高的特点。它支持标准的 SQL，并提供了广泛的功能，包括数据存储和检索、事务处理、数据备份和恢复等。MySQL 的设计目标是轻量级和高速运行，它在处理大量并发请求时表现出色。它还提供了复制、分区、集群等功能，以实现高可用性和扩展性。MySQL 适用于 Web 应用、小型企业和中小规模的数据库应用场景。

3. SQL Server 数据库

SQL Server 数据库是由 Microsoft 公司开发的关系数据库，专为 Windows 平台设计。它提供了全面的数据库管理功能，包括高效的数据存储和检索、复杂的查询和分析、事务处理、并发控制、数据备份和恢复等。SQL Server 与其他 Microsoft 产品集成，开发人员可以方便地构建和管理数据库应用。

总体而言，Oracle、MySQL 和 SQL Server 都是功能强大的关系数据库，它们在不同的应用场景和需求下具有各自的优势。应根据具体需求和预算选择合适的数据库管理系统，以确保数据管理的效率和可靠性。

1.2.4　SQL

结构查询语言（Structure Query Language，SQL）是一种用于数据库查询和程序设计的语言。虽然 SQL 是国际标准的关系数据库管理语言，但很多流行的数据库都对 SQL 规范进行了修改和扩充，如 MySQL 没有 top 命令、SQL Server 没有 limit 命令等，所以不同的数据库一般不能完全互通。

SQL 具有以下特点。

1．操作简单

SQL 是一种声明式语言，用户只需描述想要的结果，而不需要指定如何实现。这使得编写和阅读 SQL 语句变得相对容易。SQL 的语法相对简单，并且易于理解和学习。它采用类似于自然语言的结构，使用了英语关键字和常见的操作符。SQL 提供了丰富的操作命令，包括数据的插入、更新、删除和查询等，用户能够根据具体需求编写复杂的查询和数据操作。它支持多表连接、子查询、条件过滤、排序、分组和聚合等功能，以便用户从数据库中获取精确的数据。

2．数据库管理能力

SQL 不仅用于数据查询，还用于数据库的管理和维护。它支持创建和删除数据库、表格、视图和索引等结构元素，定义和修改数据的完整性约束，授权和撤销用户权限等。SQL 还提供了数据备份和恢复、性能优化和查询优化等管理功能。

3．跨平台和数据库无关性

SQL 是一种跨平台的标准化查询语言，可以在不同的操作系统和数据库管理系统中使用。尽管不同的数据库系统可能有一些特定的语法和功能差异，但基本的 SQL 语句通常是可移植的，可以在不同的数据库系统之间共享和迁移。几乎所有的关系数据库都支持 SQL，这使得 SQL 成为数据库操作的通用语言。

4．数据一致性和完整性

SQL 提供了一系列约束机制，用于确保数据的一致性和完整性。通过定义主键、唯一性约束、外键、检查约束和非空约束等，保证数据的准确性、唯一性和有效性。

5．事务处理能力

SQL 支持事务处理，保证了数据库操作的 ACID。通过使用 BEGIN TRANSACTION、COMMIT 和 ROLLBACK 语句，确保数据操作的正确性和完整性。

6．扩展性和标准化

SQL 是一个不断发展和改进的标准，已经有多个 SQL 标准（如 SQL-92、SQL:1999、SQL:2003 等）。这些标准确保 SQL 在不同的数据库管理系统中具有一致的行为，并支持不断增加的功能。

1.3 MySQL 的工作原理

为了理解 MySQL 的工作原理，下面先看一张经典的架构图，如图 1.2 所示。MySQL 的内部架构由以下几个部分组成。

（1）编程语言交互接口：指不同语言与 SQL 的交互接口，如 Java 的 JDBC。

（2）系统管理和控制工具集合：提供管理配置服务、备份还原、安全复制等功能。

（3）连接池：接收客户端的请求、缓存请求、检查内存可利用情况，如果没有可用线程，则创建线程执行任务，如果有可用线程，则重复利用。

（4）SQL 接口：接收用户的 SQL 语句，并返回结果。

（5）解析器：解析并验证 SQL 语法，将 SQL 语句分解成相应的数据，以备后面处理。

（6）查询优化器：对 SQL 语句进行优化处理，优化执行路径，生成执行树，最终数据库会选择最优方案执行并返回结果。

（7）查询缓存：缓存查询结果。如果 SQL 查询中命中查询结果，则直接从缓存中返回结果，不再执行 SQL 分析等操作；如果没有命中，则进行后续的解析、查询优化等操作，返回结果，同时将结果加入缓存中。

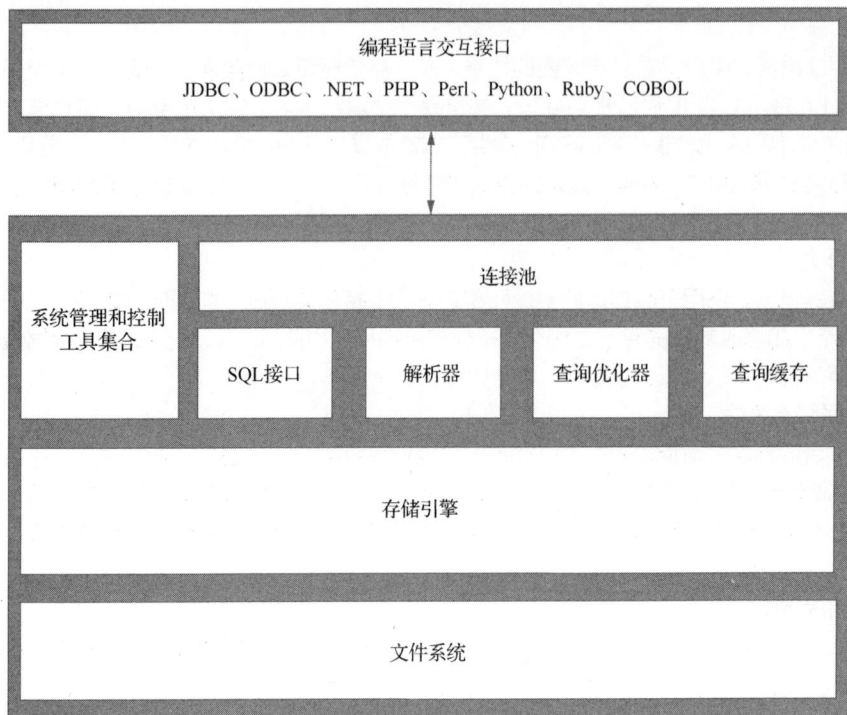

图1.2　MySQL 的内部架构

（8）存储引擎：MySQL 中具体的、与文件交互的子系统，它是以插件的形式存在的，这意味着可以自定义存储引擎。MySQL 提供了很多存储引擎，其优势不同，有的查询效率高、有的支持事务等，最常用的有 MyISAM、InnoDB。

（9）文件系统：存放数据库、表、数据，以及相关配置的位置。

下面举例说明 MySQL 的查询过程，如用户要查询具体用户的详情（SELECT ＊ FROM T_USER WHERE ID = 'ID'）。

（1）客户端发送这条查询语句给服务器。

（2）服务器会先检查缓存，如果缓存命中，则立即返回缓存中的数据；否则，服务器进行 SQL 解析、预处理，再通过查询优化器生成执行计划。

（3）服务器根据生成的执行计划，调用对应引擎的应用程序接口（Application Program Interface，API）来执行查询。

（4）将结果返回客户端。

1.4　MySQL 数据库存储引擎

MySQL 中的数据可以采用不同的技术存储在文件（或内存）中。这些技术都使用不同的存储机制、索引技巧、锁定水平，并且最终提供广泛的、不同的功能和能力。通过选择不同的技术，用户能够获得额外的速度或者功能，从而改善应用的整体性能，每种技术以及配套的相关功能可以看作是一种数据库存储引擎，MySQL 默认配置了许多不同的存储引擎，这些存储引擎可以预先设置或者在 MySQL 服务器中启用。

例如，银行转账交易需要一个支持事务处理的数据库，以确保事务执行不成

功时进行回滚，这时就不能选用 MyISAM 引擎，因为它是非事务性存储引擎。可以采用 InnoDB 引擎，这样才能保证银行转账正常进行。

MySQL 自身提供的存储引擎有 InnoDB（MySQL 5.5 及之后的版本的默认存储引擎）、MyISAM、MEMORY、CSV、ARCHIVE、BLACKHOLE 等。

1.4.1 InnoDB 引擎

作为默认存储引擎，InnoDB 引擎具备以下主要优势。

（1）数据操纵语言（Data Manipulation Language，DML）操作遵循事务的 4 个特性——原子性、一致性、隔离性、持久性，并通过 CRASH-RECOVERY 等保障数据安全。具体来说，CRASH-RECOVERY 就是指如果服务器因硬件或软件问题而崩溃，不管当时数据是怎样的状态，在重启 MySQL 后，InnoDB 引擎都会将数据自动恢复到发生崩溃之前的状态，并回到用户离开的地方。另外，如果数据在磁盘或者内存中损坏，则校验机制会提醒当前数据为虚假数据。

（2）具有行级锁和 Oracle 风格的读一致性，通过一种更改缓存机制对新增、更新和删除操作进行了优化。

（3）对表进行基于主键的优化查询，每张表都有一个基于主键的聚簇索引，以此减少磁盘输入输出（Input/Output，I/O），进而提高搜索效率和性能。

（4）支持外键约束，检查外键、插入、更新和删除操作，以确保数据的完整性。

（5）InnoDB 引擎提供了专门的缓存池，在内存中缓存了表和索引的数据，常用的数据可以直接从内存中读取，比从磁盘获取数据速度快。

（6）可以压缩表和相关索引、创建和删除索引，以达到提高性能的目的。

（7）快速压缩表空间，并能释放磁盘空间，保证系统能够重用，而不仅是腾出空间给 InnoDB 引擎复用。

创建表时可以通过以下语句显式指定存储引擎。

```
CREATE TABLE TABLE_NAME (I INT) ENGINE = INNODB;
```

1.4.2 MyISAM 引擎

MyISAM 引擎不支持事务、外键，但访问速度非常快，表的存储分为以下 3 个文件。

（1）FRM 文件：存储表定义。

（2）MYD（MYData）文件：存储数据。

（3）MYI（MYIndex）文件：存储索引。

它具有以下特点。

（1）所有数值类型的键值都是以高字节存储的，以便更好地压缩索引。

（2）每张 MyISAM 表最多支持$(2^{32})^2 \approx 1.844E+19$ 行。

（3）每张 MyISAM 表支持的最大索引数是 64，每个索引最多 16 列。

（4）当表字段自增（AUTO_INCREMENT）时，索引树节点只会包含一个键，这样可以提高索引的空间利用率。

（5）当进行插入、更新操作时，MyISAM 引擎内部处理会自动更新自增字段，这使得自增处理更快。

（6）当进行混合操作（删除、更新、插入同时进行）时，MyISAM 引擎通过自动合并和扩展删除块，减少行碎片。

（7）MyISAM 引擎支持并发插入数据：如果一张表中的数据文件中没有空闲块，则可以在插入数据的同时通过其他线程读取表数据。空闲块是由删除或更新操作时数据长度超过当前行内容长度引起的。

（8）可以通过将数据文件和索引文件放在不同物理设备的不同目录下来更快地创建表。

（9）blob 和 text 类型的数据可以被索引，索引列中允许值为 NULL，不过需要占 0～1 个字节。

创建表时可以通过以下语句显式指定存储引擎。

```
CREATE TABLE TABLE_NAME (I INT) ENGINE = MYISAM;
```

1.4.3　MEMORY 引擎

MEMORY 引擎又称为 HEAP 引擎，用来创建特殊用途的表，且内容存储在内存中。将数据存储在内存中，能够实现快速访问和低延迟。

若使用 MEMORY 引擎，则在出现数据崩溃、硬件故障等问题时，数据极易丢失。该引擎适用于临时态和非关键数据（如会话管理或缓存等）的操作。

创建表时可以通过以下语句显式指定存储引擎。

```
CREATE TABLE TABLE_NAME (I INT) ENGINE = MEMORY;
```

1.4.4　CSV引擎

当用户创建一个 CSV 引擎的表时，服务器会在数据库目录下创建一个"表名.frm"文件，还会创建一个"表名.csv"文件。该文件中的数据是以逗号分隔保存的，它主要用于 CSV 格式的数据存储，应用面比较窄。

CSV 引擎的缺点如下：不支持索引，也不支持分区，并且所有列必须指明为 NOT NULL。

创建表时可以通过以下语句显式指定存储引擎。

```
CREATE TABLE TABLE_NAME (I INT) ENGINE = CSV;
```

1.4.5　ARCHIVE 引擎

ARCHIVE 引擎用于数据归档，它的压缩比例非常高，适用于存储历史数据（前提是不进行查询操作），所占存储空间不到 InnoDB 引擎的 1/10。它支持行级锁以实现并发插入操作，但不支持事务，其设计目的在于提供高速插入和压缩功能。另外，它不支持索引。

创建表时可以通过以下语句显式指定存储引擎。

```
CREATE TABLE TABLE_NAME (I INT) ENGINE = ARCHIVE;
```

1.4.6　BLACKHOLE 引擎

BLACKHOLE 引擎是很特别的一种引擎，它的表不存储任何数据，就像"黑洞"一样。它主要用于充当伪服务器、日志服务器、增量备份服务器等。

创建表时可以通过以下语句显式指定存储引擎。

```
CREATE TABLE TABLE_NAME (I INT) ENGINE = BLACKHOLE;
```

MySQL 还支持其他存储引擎，如 MERGE 引擎、FEDERATED 引擎、EXAMPLE 引擎等，读者可以自行查看相关文档。

1.4.7　存储引擎特点对比

MySQL 5.5 及之后的版本默认的存储引擎是 InnoDB。下面对比一下 MySQL 8.0 中各存储引擎的特点，如表 1.1 所示。

表 1.1　MySQL 8.0 中各存储引擎的特点

特点	InnoDB	MyISAM	MEMORY	ARCHIVE
存储限制	不支持	不支持	支持	不支持
事务安全	支持	不支持	不支持	不支持
锁机制	行锁	表锁	表锁	行锁
B-tree 索引	支持	支持	支持	支持
哈希索引	支持	不支持	支持	不支持
全文索引	支持	支持	不支持	不支持
集群索引	支持	不支持	不支持	不支持
数据缓存	支持	不支持	支持	不支持
数据可压缩	不支持	支持	不支持	支持
空间使用	高	低	非常低	非常低
内存使用	高	低	中等	低
批量插入速度	低	高	高	非常高
支持外键	支持	不支持	不支持	不支持
复制支持	支持	支持	支持	支持
备份恢复	支持	支持	支持	支持

选择存储引擎的建议如下。

（1）MySQL 的存储引擎很多，不同的库、不同的表可以选择不同的存储引擎，推荐同一个库使用同一种存储引擎，因为不同存储引擎的表之间连接操作比较慢。

（2）InnoDB 引擎提供了具有提交、回滚和崩溃恢复能力的事务安全表，如果需要事务处理、ACID 事务支持，则推荐选择 InnoDB 引擎。

（3）MEMORY 引擎将所有数据保存在缓存随机存储器（Random Access Memory，RAM）中，可以提供极快的访问速度。

（4）MyISAM 引擎只能使用单个中央处理器（Central Processing Unit，CPU），只能使用最多 4GB 的内存空间，内存中只有索引，且并发能力差。

1.5　综合实训：安装 MySQL 数据库

访问 MySQL 官网，下载 MySQL Community（社区版）。具体操作：打开 MySQL 官网，选择 DOWNLOADS → MySQL Community (GPL) Downloads → MySQL Installer for Windows 选项，进入 MySQL 下载页面，如图 1.3 所示。

可以选择 Windows、Linux、macOS 等的 32 位或 64 位操作系统，也可以选择不同版本的 MySQL，这里选择"Microsoft Windows"选项。本书内容基于 MySQL 8.0.33。

综合实训：安装
MySQL 数据库

图1.3　MySQL下载页面

1.5.1　在Windows 环境下安装MySQL

（1）从官网下载 mysql-installer-community-8.0.33.0.msi 安装文件，双击安装文件，选中"Server only"（服务器模式）单选项，如图 1.4 所示。

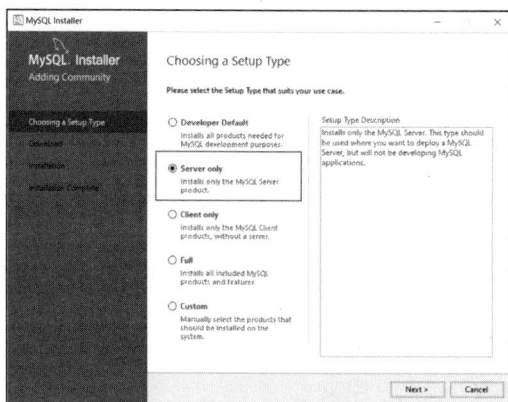

图1.4　选择服务器模式

（2）单击"Next"按钮，检查安装要求，单击"Execute"按钮，进行安装操作，如图 1.5 所示。

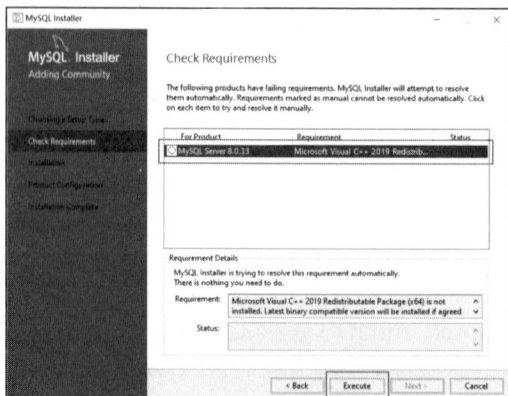

图1.5　检查安装要求

（3）安装 MySQL 数据库，需要先安装 Microsoft Visual C++动态链接库，如图 1.6 所示。

（4）进入"Type and Networking"界面，保持默认设置即可。如果出现 3306 端口被占用的情况，如图 1.7 所示，则可以修改端口，或者卸载之前安装的 MySQL 数据库。

（5）单击"Next"按钮，进入"Accounts and Roles"界面，设置密码，如图 1.8 所示。

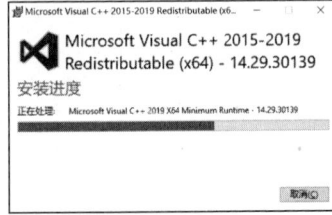

图 1.6　安装 Microsoft Visual C++动态链接库

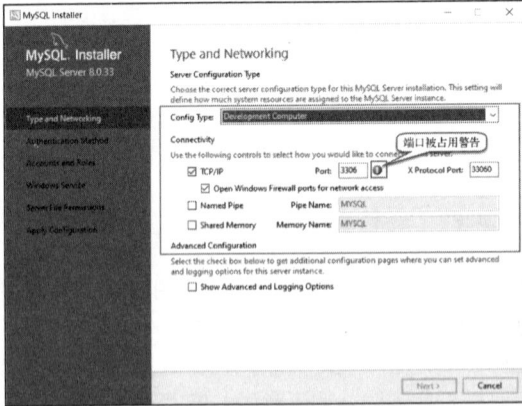

图 1.7　"Type and Networking"界面

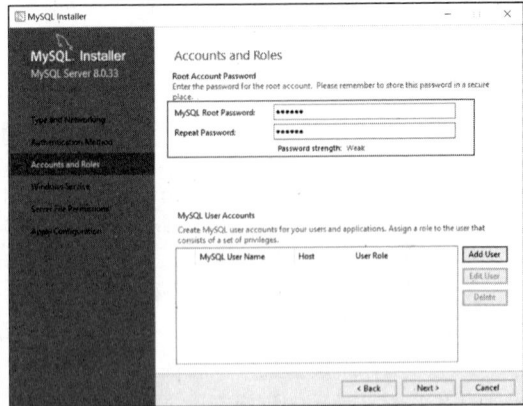

图 1.8　设置密码

（6）一直单击"Next"按钮，完成 MySQL 数据库的安装。

（7）配置环境变量，右击"此电脑"图标，选择"属性"选项，选择"高级系统设置"选项，单击"环境变量"按钮，如图 1.9 所示。

（8）在弹出的"环境变量"对话框的"系统变量"列表框中找到"Path"，单击"编辑"按钮，在打开的"编辑环境变量"对话框中添加 MySQL 路径到系统变量中，这里添加"C:\Program Files\MySQL\MySQL Server 8.0\bin"，如图 1.10 所示。

图 1.9　单击"环境变量"按钮

图 1.10　添加 MySQL 路径到系统变量中

（9）按"Win+R"快捷键，弹出"运行"对话框，在"运行"对话框中输入"cmd"，按"Enter"键，打开命令提示符窗口，在该窗口中输入"mysql –u root –p"并按"Enter"键，连接数据库服务，以测试数据库是否安装成功以及环境变量是否配置成功，如图 1.11 所示。

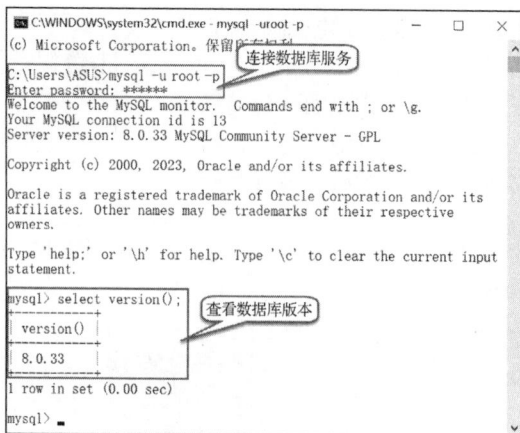

图 1.11　连接数据库服务

（10）更改 root 用户的登录密码，以备日后使用。更改密码的代码如下。

```
ALTER USER 'root'@'localhost' IDENTIFIED BY '123456';
flush privileges;
```

MySQL 新设置用户或更改密码后需使用 flush privileges 命令刷新 MySQL 的系统权限相关表，否则会出现拒绝访问的情况。也可以重新启动 MySQL 服务器使新设置生效。

（11）my.ini 配置文件一般在 C:\ProgramData\MySQL\MySQL Server 8.0 目录下。my.ini 是 MySQL 默认使用的配置文件，用于配置 MySQL 数据库端口、编码类型、最大连接数等。

> **注意**　MySQL 8.0 的 Data 目录和 my.ini 文件有时并不放在 MySQL 的安装目录下，而是放在 C:\ProgramData\MySQL\MySQL Server 8.0 目录下。一般情况下，C 盘下的 ProgramData 目录是隐藏的。

1.5.2　在 Linux 环境下安装 MySQL

（1）从官网下载 mysql-8.0.33-linux-glibc2.28-x86_64.tar.gz 安装文件（也可以根据自己计算机的硬件情况下载合适的安装文件），如图 1.12 所示。

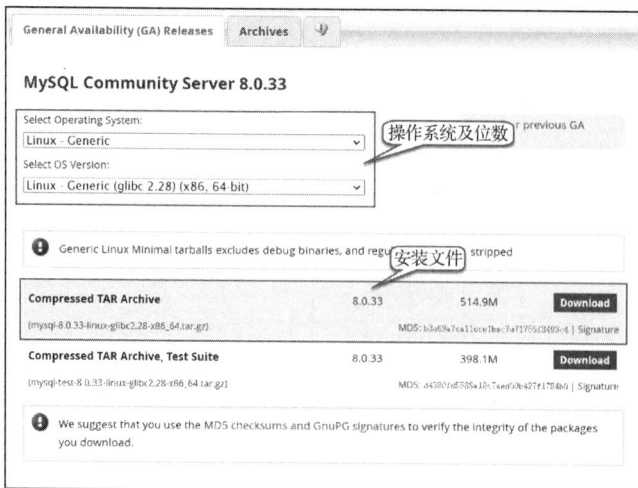

图 1.12　下载安装文件

（2）进入安装文件所在目录（cd ..），解压缩安装文件，命令如下。

```
tar -zxvf mysql-8.0.33-linux-glibc2.28-x86_64.tar.gz
```

（3）复制解压缩后的 MySQL 目录文件到 Linux 操作系统的本地软件目录（/usr/local）下，命令如下。

```
cp mysql-8.0.33-linux-glibc2.28-x86_64.tar.gz /usr/local/mysql -r
```

如果遇到提示"...Permission denied"，则说明权限不够，可以通过 sudo 的方式执行，命令如下。

```
sudo cp mysql-8.0.33-linux-glibc2.28-x86_64.tar.gz /usr/local/mysql -r
```

（4）添加系统 MySQL 组（groupadd 组名），命令如下。

```
[root@localhost ~]$ cd /usr/local
[root@localhost local]$ ls
bin  games        hbase-1.2.0 jdk1.8.0_73 lib64    mysql    share
etc  Hadoop-2.6.4 include      lib         libexec  sbin     src
[root@localhost local]$ sudo groupadd mysql
[sudo] password for root:
[root@localhost local]$
```

（5）为 MySQL 组添加 MySQL 用户（useradd -r -g mysql 用户名），命令如下。

```
[root@localhost ~]$ cd /usr/local
[root@localhost local]$ ls
bin  games        hbase-1.2.0 jdk1.8.0_73 lib64    mysql    share
etc  Hadoop-2.6.4 include      lib         libexec  sbin     src
[root@localhost local]$ sudo groupadd mysql
[sudo] password for root:
[root@localhost local]$ sudo useradd -r -g mysql mysql
[root@localhost local]$
```

（6）进入 MySQL 安装目录（cd/user/local/mysql），修改当前目录拥有者为 MySQL 用户（chown -R mysql:mysql ./），命令如下。

```
[root@localhost mysql]$ sudo chown -R mysql:mysql ./
```

（7）通过脚本初始化数据库（./scripts/mysql_install_db --user=mysql），命令如下。

```
[root@localhost mysql]$ sudo ./scripts/mysql_install_db --user=mysql
```

（8）修改当前目录下 data 目录的拥有者为 mysql（chown -R mysql:mysql data），用于存放数据库数据，命令如下。

```
[root@localhost mysql]$ sudo chown -R mysql:mysql data
```

（9）启动服务（service mysql start），MySQL 即可安装成功，命令如下。

```
[root@localhost mysql]$ sudo service mysql start
```

1.6 MySQL 客户端管理工具

除了通过命令行来连接 MySQL 数据库，官方及第三方还提供了很多管理和维护 MySQL 的管理工具，更便于操作数据库，如 MySQL Workbench、phpMyAdmin、Navicat for MySQL、SQLyog 等客户端管理工具。通过这些客户端管理工具可以直接操作数据库，而不用记住操作命令，可大大提高生产力、降低操作数据库的难度。下面介绍几种常用的客户端管理工具，并分析它们的优缺点。

MySQL 客户端管理工具

1. MySQL Workbench

MySQL Workbench 是 MySQL 官方提供的一种图形化数据库管理工具，它可以让开发者和数据库管理员更轻松地管理 MySQL 数据库。MySQL Workbench 提供了丰富

的功能，包括数据库设计、SQL 开发、数据库管理、数据备份和恢复等。MySQL Workbench 功能强大且易于使用，可以帮助用户更方便地管理和开发 MySQL 数据库。无论是数据库设计、SQL 开发还是数据库管理，MySQL Workbench 都提供了丰富的功能和工具来满足用户的需求。MySQL Workbench 的操作界面如图 1.13 所示。

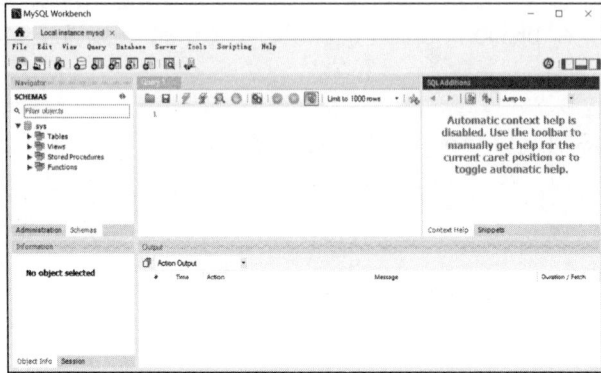

图 1.13　MySQL Workbench 的操作界面

其优点如下。

（1）允许查看服务器状态、运行状况及服务器日志。

（2）MySQL Workbench 是官方出品，因此与 MySQL 的所有最新功能兼容。

（3）跨平台支持，适用于 Windows、macOS、Linux 等操作系统。

（4）MySQL Workbench 提供了广泛的功能来管理数据库。

其缺点如下。

（1）对初学者来说，MySQL Workbench 可能有一定的学习难度。

（2）MySQL Workbench 是一个相对庞大的应用程序，它需要一定的系统资源来运行。

（3）兼容性限制：MySQL Workbench 是为 MySQL 数据库设计的，它与其他数据库管理系统（如 Oracle、SQL Server 等）的兼容性可能较差。

2. phpMyAdmin

phpMyAdmin 是一个免费的开源 Web 应用程序，用于管理 MySQL 数据库。它提供了一个基于 Web 的界面，可以让用户通过浏览器来执行各种数据库管理任务，如创建数据库、创建表、插入数据、运行 SQL 查询和管理用户权限等。phpMyAdmin 是一种功能丰富的 MySQL 数据库管理工具。它方便易用，适用于 MySQL 数据库的开发和管理。phpMyAdmin 的操作界面如图 1.14 所示。

图 1.14　phpMyAdmin 的操作界面

其优点如下。

（1）提供一个易于导航的菜单和图形化的操作界面，使数据库管理任务变得简单。

（2）phpMyAdmin 是一个开源项目，可以免费使用和修改。

（3）跨平台支持，适用于 Windows、macOS、Linux 等操作系统。

（4）基于网页设计，大多数计算机可以轻松访问。

其缺点如下。

（1）phpMyAdmin 是通过 Web 界面访问数据库的，会面临安全风险。

（2）对于大型数据库和复杂的查询，phpMyAdmin 可能会面临性能限制。

（3）对初学者来说，可能需要一些时间来熟悉和掌握 phpMyAdmin。

（4）phpMyAdmin 依赖于 Web 服务器，需要安装和配置 Web 服务器，安装难度高。

3. Navicat for MySQL

Navicat for MySQL 是一种功能全面的 MySQL 数据库管理工具，适合数据库设计师、开发人员和管理员使用。它提供了直观的图形化界面和强大的功能，用户能够方便地进行数据库设计、开发、管理和维护。Navicat for MySQL 提供 3 个付费版本，并提供 14 天的全功能免费试用，以便用户评估它是否适合自己。Navicat for MySQL 的操作界面如图 1.15 所示。

图 1.15　Navicat for MySQL 的操作界面

其优点如下。

（1）允许将连接设置、模型、查询和虚拟组同步到 Navicat cloud 中，以便与他人共享。

（2）跨平台支持，适用于 Windows、macOS、Linux 等操作系统。

（3）支持多种数据源和多种导出格式，方便进行数据的迁移和交换。

其缺点如下。

（1）Navicat for MySQL 是商业软件，它的价格较高。

（2）Navicat for MySQL 是一款相对庞大的软件，需要较多的系统资源来运行。

4. SQLyog

SQLyog 是一种功能强大的 MySQL 数据库管理和开发工具。它提供了直观的用户界面和丰富的功能，使用户能够方便地进行数据库管理、SQL 开发和数据同步等。SQLyog 提供了 3 个付费版本，以及免费试用版，允许用户在购买许可证之前进行测试。SQLyog 的操作界面如图 1.16 所示。

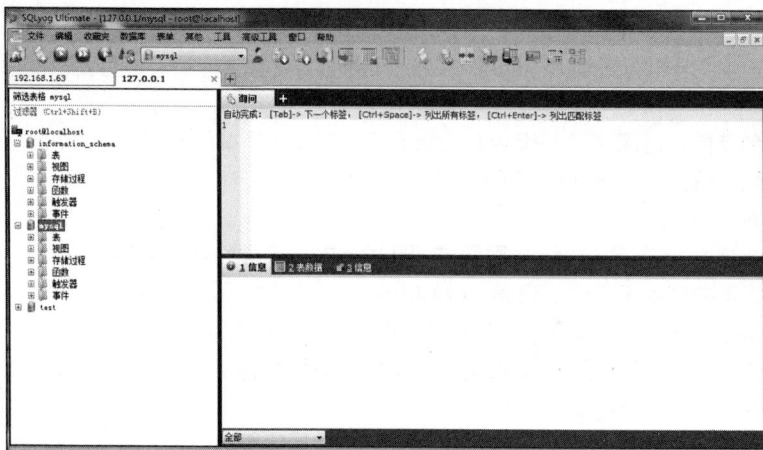

图 1.16　SQLyog 的操作界面

其优点如下。

（1）可以自定义主题用户界面。

（2）跨平台支持，适用于 Windows、macOS、Linux 等操作系统。

（3）进行查询操作。

（4）支持多种数据源和多种导出格式，方便进行数据的迁移和交换。

其缺点如下。

（1）SQLyog 是商业软件，需要付费购买许可证才能使用其完整功能。

（2）较大的安装文件和系统资源消耗。

（3）相比于一些开源的数据库管理工具，SQLyog 的可定制性可能较弱。

1.7　小结

本单元介绍了数据库的各个发展阶段以及 MySQL 的发展历史（包括 MySQL 的诞生、发布以及多个版本），关系数据库的概念和常用的关系数据库，SQL 及 MySQL 架构原理，对 MySQL 常用引擎 InnoDB、MyISAM 等进行了详细讲解，最后讲解了如何在 Windows/Linux 环境下安装 MySQL、MySQL 客户端管理工具，帮助读者为以后学习 MySQL 打下基础。

1.8　习题

1. 选择题

（1）下列（　　）不是关系数据库。

    A. MySQL
                         B. Oracle

    C. SQL Server
                    D. MongoDB

（2）下列关于 SQL 特点的说法有误的是（　　）。

    A. 操作简单与操作灵活
          B. 不支持事务处理能力

    C. 扩展性和标准化
              D. 跨平台和数据库无关性

（3）DML 操作遵循事务的 4 个特性不包括（　　）。

    A. 原子性
                  B. 一致性

    C. 可见性
                  D. 持久性

2. 填空题

（1）关系模型中的联系（也称关系）有 3 种类型，包括_____、_____和_____。

（2）数据库系统的特点和优势包括_____、_____、_____、_____和_____。

（3）MySQL 数据库的存储引擎包括_____、_____、_____、_____和_____。

3. 简答题

（1）数据库有很多类型，根据不同数据结构可将之分为哪些类型？

（2）简述 DBMS 的主要功能。

（3）简述数据库系统的主要组成部分。

第2单元
MySQL数据类型

02

MySQL数据库是用来存储数据的，它可以存储文本、数值、图片等不同的内容。不同的内容可以用不同的数据类型来存储，可以根据具体的应用场景选择合适的数据类型，以确保数据存储的准确性和性能。还可以使用数据类型的属性、修饰符和函数来进一步控制与操作数据。本单元将介绍MySQL的数据类型。

本单元要点

- ■ 数值类型。
- ■ 字符串类型。
- ■ 日期和时间类型。
- ■ 复合类型。
- ■ JSON数据类型。
- ■ 空间数据类型。
- ■ 如何选取数据类型。
- ■ 综合实训：设计电商平台商品表。

【学习导读】

在MySQL中，选择适当的数据类型是设计数据库和表的重要环节。根据需求，适当的数据类型可以提供最佳的数据存储和查询性能。在电子商务网站的产品表中，使用int类型存储产品的价格和库存数量，以便进行快速的数值比较和计算。对于产品名称和描述等文本信息，使用varchar类型存储，以便适应不同长度的产品信息。对于产品的发布日期，使用date类型存储，可以使用相应的日期函数进行日期范围的查询。此外，对于产品的图片，可以使用blob类型存储二进制图像数据，以保持原始图像质量。通过选择合适的数据类型，可以有效地存储和检索产品信息，并提供良好的用户体验和性能。

【学习目标】

知识目标
1. 掌握MySQL数值类型。
2. 掌握MySQL字符串类型。
3. 掌握MySQL日期和时间类型。
4. 了解MySQL复合类型。
5. 了解MySQL JSON数据类型。
6. 了解MySQL空间数据类型。

能力目标
1. 能够针对不同场景选择合适的数据类型。
2. 能够优化字段的数据类型，能够节省存储空间及加快访问速度。

素质目标
1. 培养举一反三的能力。
2. 培养分析问题、解决问题的能力。

【思维导图】

数值类型
- 位值类型（bit）
- 整数类型（tinyint、smallint、mediumint、int、bigint）
- 浮点数类型（float、double、decimal）

字符串类型
- 定长字符串类型：char
- 变长字符串类型：varchar
- 文本类型：tinytext、text、mediumtext、longtext
- 二进制字符串类型：binary(m)、varbinary(m)、tinyblob、blob、mediumblob、longblob

日期和时间类型 —— date、time、year、datetime、timestamp

复合类型 —— enum、set

JSON数据类型 —— 用于存储和处理JSON格式的数据

空间数据类型 —— GEOMETRY、POINT、LINESTRING、POLYGON、MULTIPOINT、MULTILINESTRING、MULTIPOLYGON、GEOMETRYCOLLECTION

如何选取数据类型
- 大小合适就是好的、简单存放就好、尽量避免使用NULL
- 数据类型的选择还应该考虑数据操作和应用处理的要求
- 如果想用不同的标准对一列中所有的值进行排序，则可选择具有最大限度灵活性的类型

综合实训：设计电商平台商品表

MySQL 数据类型

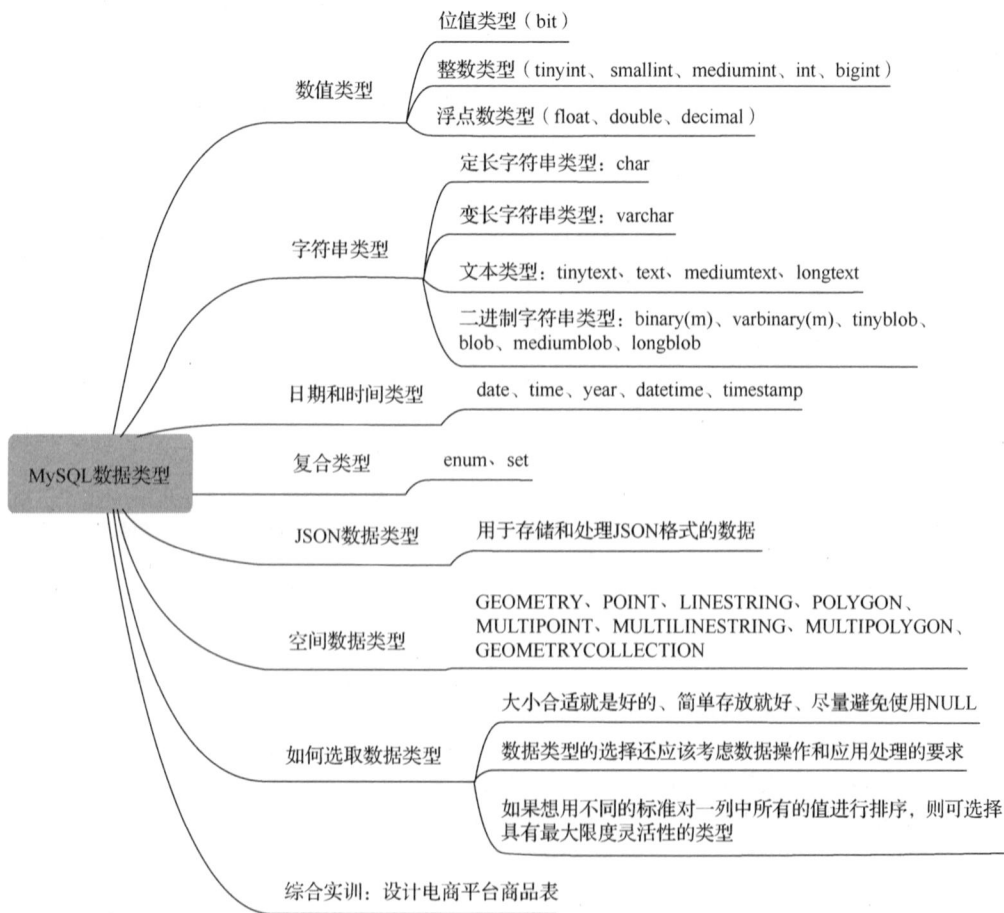

存储数据可以使用不同的数据类型，如姓名可以存储成字符串类型、年龄可以存储成数值类型、出生日期可以存储成日期和时间类型。MySQL 常用的数据类型大致可以分为数值类型、字符串类型、日期和时间类型、复合类型等。

2.1 数值类型

MySQL 支持所有标准 SQL 中的数值类型，包括位值类型（bit）、整数类型（tinyint、smallint、mediumint、int、bigint）、浮点数类型（float、double、decimal）。这些数值类型提供了不同的精度和范围，可以根据需要选择合适的数

数值类型

据类型。整数类型适合存储整数值。浮点数类型中的 float 和 double 类型适合存储小数值，但可能存在一定的精度损失；decimal 类型提供了精确的小数存储功能，适用于需要准确计算的场景。数值类型如表 2.1 所示。

表 2.1　数值类型

数值类型	长度/字节	有符号存储范围	无符号存储范围	含义
bit(M)	(M+7)/8			位值类型
tinyint	1	（-128,127）	（0,255）	整数类型
smallint	2	（-32768,32767）	（0,65535）	整数类型
mediumint	3	（-8388608,8388607）	（0,16777215）	整数类型
int 或 integer	4	（-2147483648,2147483647）	（0,4294967295）	整数类型
bigint	8	（-9223372036854775808, 9223372036854775807）	（0,18446744073709551615）	整数类型
float(m,d)	4	-3.402823466E+38 到 -1.175494351E-38、0、 1.175494351E-38 到 3.402823466E+38 m 是数字总位数，d 是小数点后面的位数，如果 m 和 d 被省略，则根据硬件允许的限制来保存值		浮点数 类型
double	8	-1.7976931348623157E+308 到 -2.22507385850072014E-308、0、2.22507385850072014E-308 到 1.7976931348623157E+308		浮点数 类型
decimal (m,d)	m 指定小数点左边和右边可以存储的十进制数字的最大个数，最大为 38；d 指定小数点右边可以存储的十进制数字的最大个数，小数位数必须是 0~m 中的值，默认为 0			浮点数 类型

bit(M) 为位值类型。M 表示值的位数，取值为 1~64，如果省略，则默认为 1。

在整数类型中，MySQL 支持 tinyint、smallint、mediumint、int、bigint 这 5 种类型。这些类型都是用来存放整型数据的，只不过存储的值的大小范围不一样。

在浮点数类型中，MySQL 支持 float、double、decimal 这 3 种类型。float 是单精度浮点数值、double 是双精度浮点数值、decimal 是定点数值。例如，工资可以使用 float 或者 double 类型来表示，如果确定数值总长度以及小数位数，则可以使用 decimal 类型来表示。如果将 decimal 类型定义为 decimal(5,2)，则可表示的最大数是 999.99（5 是定点精度，2 是小数位数）。

存储数值范围越小，精度越高；存储数值范围越大，精度越低。对于既要求精度又固定小数点位数的数值存储，可采用 decimal，其优点在于可以自定义小数位数，精度高。在某些特殊情况下（如数值范围巨大）只能使用 float 类型，此类型一般不提倡使用。

在使用数值类型时，需要注意数据范围和存储空间的限制，以避免数据溢出或浪费存储空间。正确选择合适的数值类型，有助于保证数据的准确性和数据库的性能。

2.2　字符串类型

MySQL 提供了丰富的字符串类型，用于存储、处理文本和二进制数据。这些字符串类型分为定长字符串类型、变长字符串类型、大文本类型、二进制字符串类型，每种类型都有不同的特性和用途。定长字符串类型适合存储长度固定的

字符串类型

数据，如状态码或缩写。它使用固定的存储空间，但可能造成空间浪费。变长字符串类型是存储长度可变的数据的理想选择，如用户名或描述信息。它根据实际存储的数据长度分配空间，能够节省存储空间。大文本类型用于存储较大的文本内容，如文章或日志。它提供了更高的存储容量，并具有适应多种语言和字符集的能力。二进制字符串类型用于存储二进制数据，如图像或文件。它可用于保存任意类型的二进制数据。字符串类型如表 2.2 所示。

表 2.2　字符串类型

分类	数值类型	长度/字节	含义
定长字符串类型	char	0~255	固定长度，最多 255 个字符
变长字符串类型	varchar	0~65535	可变长度，最多 65535 个字符
文本类型	tinytext	0~255	短文本数据
文本类型	text	0~65535	文本数据
文本类型	mediumtext	0~16777215	中等长度文本数据
文本类型	longtext	0~4294967295	极大文本数据
二进制字符串类型	binary(m)		允许长度为 0~m 个字节的定长字符串
二进制字符串类型	varbinary(m)		允许长度为 0~m 个字节的字符串
二进制字符串类型	tinyblob	0~255	不超过 255 个字符的二进制字符串
二进制字符串类型	blob	0~65535	二进制形式的长文本数据
二进制字符串类型	mediumblob	0~16777215	二进制形式的中等长度文本数据
二进制字符串类型	longblob	0~4294967295	二进制形式的极大文本数据

varchar 可指定最大长度 n，存储时占用"实际字符数+1"字节（n≤255）或 2 字节（n>255）的空间；而 text 类型无须指定长度，存储时占用"实际字符数+2"字节的空间。text 类型不能有默认值。varchar 可直接创建索引，text 创建索引要指定前多少个字符。varchar 的查询速度快于 text，在 varchar 和 text 都创建索引的情况下，text 的索引不起作用。

blob 和 text 的存储方式不同，text 以文本方式存储，英文存储区分字母大小写，而 blob 以二进制方式存储，不区分字母大小写。blob 存储的数据只能整体读出。text 类型支持指定字符集以存储多语言文本数据，而 blob 类型直接存储二进制字节流，无须且无法指定字符集。

binary 和 varbinary 都是用于在数据库中存储二进制数据的数据类型，但它们在存储方式上有所不同。binary 类型用于存储固定长度的二进制数据，这意味着无论实际数据长度如何，它都会占用预定义的空间大小。而 varbinary 类型用于存储可变长度的二进制数据，仅使用实际所需的空间，更加灵活高效。这两种数据类型在处理图像、音频、视频或其他无法直接以文本形式存储的复杂数据时非常有用。

字符串类型应根据数据的特性和使用需求进行选择。需要注意的是，不同的字符串类型有不同的存储空间和性能开销。对于较短且固定长度的字符串，使用 char 类型可以提高查询性能。而对于变长字符串，使用 varchar 或 text 类型可以节省存储空间。

2.3　日期和时间类型

MySQL 数据库提供了 5 种不同的日期和时间类型，即 date、time、year、datetime、timestamp，用来存储与日期和时间相关的数据。每个日期和时间类型都定义了其合法值范围及其对应的"零"值（如"0000-00-00"），当插入的值超出范围或无效时，系统会自动使用该类型的"零"值来存储。日期和时间类型如表 2.3 所示。

日期和时间类型

表2.3　日期和时间类型

数值类型	长度/字节	范围	格式	含义
date	4	1000-01-01～9999-12-31	yyyy-mm-dd	日期值
time	3	-838:59:59～838:59:59	hh:mm:ss	时间值
year	1	1901～2155	yyyy	年份值
datetime	8	1000-01-01 00:00:00～ 9999-12-31 23:59:59	yyyy-mm-dd hh:mm:ss	混合日期和时间值
timestamp	4	1970-01-01 00:00:01～ 2038-01-19 03:14:07 （实际范围受系统时区影响）	yyyymmdd hhmmss	混合日期和时间值，时间戳，特别地，timestamp可以自动更新为当前的日期和时间

　　MySQL数据库使用date类型和datetime类型来存储日期值，使用time类型来存储时间值，使用year类型来存储年份值。date类型的值应该用连接号（-）分隔，而time类型的值应该用冒号（:）分隔。若定义一个字段为timestamp类型，则这个字段中的时间数据会在其他字段修改时自动刷新，timestamp类型的字段可以存放相应记录最后被修改的时间。

　　日期和时间类型允许存储及操作不同精度与范围的日期和时间数据。在选择合适的日期和时间类型时，需要根据具体的需求来确定。如果只需存储日期或时间部分，则可选择对应的类型。如果需要同时存储日期和时间，则可选择datetime或timestamp类型。需要注意的是，timestamp类型在特定情况下可能会受到时区设置的影响。

2.4　复合类型

　　MySQL数据库提供两种复合类型：enum（单选字符串数据类型）和set（多选字符串数据类型）。enum类型只允许从一个集合中取得一个值，而set类型允许从一个集合中取得多个值。

　　enum类型适合存储表单界面中的"单选值"。设定enum类型的时候，需要给定"固定的几个选项"，存储的时候只存储其中一个值。设定enum类型的格式为enum("选项1","选项2","选项3",...)。实际上，enum类型的选项都对应一个数字，依次是1、2、3、4、5……最多有65535个选项。使用的时候，可以使用选项的字符串形式，也可以使用对应的数字。

复合类型

　　set类型适合存储表单界面中的"多选值"。设定set类型的时候，同样需要给定"固定的几个选项"，存储的时候可以存储其中若干个值。设定set类型的格式为set("选项1","选项2","选项3",...)。同样地，set类型的每个选项值也对应一个数字，依次是1、2、4、8、16……最多有64个选项。使用的时候，可以使用选项的字符串形式（多个选项用逗号分隔），也可以使用多个选项对应的数字之和（如3+7+8=18）。

2.5　JSON数据类型

　　MySQL 8.0引入了JSON数据类型，它是一种特殊的数据类型，用于存储和处理JavaScript对象简谱（JavaScript Object Notation，JSON）格式的数据。

JSON数据类型

JSON 数据类型可用于在列中存储 JSON 数据。该数据类型能以紧凑的二进制格式存储 JSON 数据，比将 JSON 数据存储为字符串更有效。

JSON 数据以原生的 JSON 格式存储。

MySQL 提供了一套内置的 JSON 函数和操作符，用于处理和查询 JSON 数据。这些函数包括 JSON_EXTRACT、JSON_ARRAY、JSON_SEARCH、JSON_OBJECT 等，可以进行 JSON 数据的解析、提取、修改和查询。

MySQL 8.0 支持在 JSON 列上创建函数索引，以提高 JSON 数据的检索性能。可以通过索引来搜索、过滤和排序 JSON 数据，加快查询速度。

MySQL 会验证存储在 JSON 列中的数据是否符合 JSON 格式。在严格模式下，存储的 JSON 数据必须是有效的 JSON 格式，否则会抛出错误。

使用 JSON 函数和操作符可以进行复杂的查询及过滤操作，如在 JSON 对象中提取特定属性、查询数组元素、修改 JSON 数据等。

MySQL 8.0 提供了诸如 JSON_ARRAYAGG 和 JSON_OBJECTAGG 等函数，允许用户聚合 JSON 数据并将其作为单个 JSON 文档返回。

使用示例如下。

```
#插入 JSON 格式的数据
INSERT INTO users (name, contact_info)
VALUES ('John Doe', '{"phone": "123456789", "email": "johndoe@example.com"}');


#查询 JSON 指定属性数据
SELECT name, JSON_EXTRACT(contact_info, '$.phone') AS phone FROM users;
```

JSON 数据类型在处理半结构化数据、存储日志数据和处理复杂数据模型时非常有用。它提供了一种灵活的方式来存储和操作 JSON 数据，使得数据库能够直接处理 JSON 格式的数据，而无须进行额外的转换和解析。JSON 数据类型在 Web 应用程序、API 开发和文档存储等场景中得到了广泛应用。

2.6 空间数据类型

MySQL 8.0 中的空间数据类型基于空间几何对象模型，这些数据类型允许存储和操作与地理空间相关的数据。以下是常见的空间数据类型。

空间数据类型

GEOMETRY：最通用的空间数据类型，用于表示任何类型的几何对象。它可以存储点、线、多边形等几何形状。几何对象可以由坐标构成，如二维平面中的(x, y)。

POINT：用于存储二维空间中的点，表示地理位置信息。它由经度和纬度坐标组成，例如，一个城市的经纬度可以用 POINT 表示。

LINESTRING：用于存储二维空间中的线段，表示两个或多个点之间的连续直线。例如，一条河流的轨迹可以用 LINESTRING 表示。

POLYGON：用于存储二维空间中的多边形，表示由多个边界点组成的封闭区域。例如，一个国家的边界可以用 POLYGON 表示。

MULTIPOINT：用于存储多个二维点，表示点的集合。例如，多个城市的经纬度可以用 MULTIPOINT 表示。

MULTILINESTRING：用于存储多条线段，表示线段的集合。例如，多条公路的路径可以用 MULTILINESTRING 表示。

MULTIPOLYGON：用于存储多个多边形，表示多边形的集合。例如，多个省的边界可以用 MULTIPOLYGON 表示。

GEOMETRYCOLLECTION：最复杂的空间数据类型，用于存储任意类型的几何对象组合。它可以包含不同类型的几何对象，如点、线段、多边形等。

这些空间数据类型可以用作表的列数据类型，用于存储相应的空间数据。可以使用内置的空间函数和操作符来进行各种地理空间操作，如计算距离、查找相交区域、计算面积等。通过结合空间数据类型和空间函数，可以轻松处理和分析地理空间数据，并进行空间查询和空间分析。

2.7 如何选取数据类型

数据类型的选择会影响存储空间的开销和数据查询性能，所以在设计数据库的时候，应该为存储的数据选择合适的数据类型。

可以遵循以下原则来选取数据类型。

（1）大小合适就是好的。例如，存储姓名时选择字符串类型即可，这样可以用较少的磁盘空间、CPU 缓存，大大减少 I/O 开销。

如何选取数据类型

（2）简单存放就好。例如，存放一个简单而又短小的字符串时，可以选取 varchar 类型，而不应该选取 text 或者 blob 类型，简单的数据类型操作通常需要较少的 CPU 周期。

（3）尽量避免使用 NULL。NULL 是列默认的属性，通常需指定为 NOT NULL。有 NULL 的列值会使得索引、索引统计和值比较更加复杂。

（4）数据类型的选择还应该考虑数据操作和应用处理的要求，如某些类型更适用于加快数据操作。

（5）如果想用不同的标准对一列中所有的值进行排序，则可选择具有最大限度灵活性的类型。对相应的字段添加索引能够加快检索速度。需要保证使用的数据类型支持比较运算，并相互兼容。

下面对比几种类似的数据类型。

1. char 和 varchar

char 是固定长度的，查询速度比 varchar 快得多。char 的缺点是浪费存储空间。检索 char 列时，返回的结果会删除尾部空格，所以程序需要对空格进行处理。

对长度变化不大且对查询速度有较高要求的数据，可以考虑使用 char。随着 MySQL 的不断升级，varchar 的性能不断改进并提高。

如果列中要存储的数据的长度差不多是一致的，则应该考虑使用 char，否则应该考虑使用 varchar；如果列中最大数据的长度小于 50 个字节，则一般考虑使用 char（当然，如果这个列很少用，则基于节省空间和减少 I/O 的考虑，也可以使用 varchar）；一般不宜定义大于 50 个字节的 char 类型列。

2. text 和 blob

在保存大文本时，通常选择 text 或者 blob 类型。二者的差别是 blob 可以保存二进制数据（如照片）。text 和 blob 又分别包括 text、mediumtext、longtext 和 blob、mediumblob、longblob 等类型，它们之间的区别是存储文本长度不同和存储字节不同。

3. 浮点数和定点数

浮点数存在误差问题，因此对于金额等对精度敏感的数据，应该用定点数表示或存储。在编程中，如果用到浮点数，则要特别注意误差问题，并尽量避免进行浮点数比较。要注意一些特殊值的处理。

decimal 用于存储精确数据，而 float 只能用于存储非精确数据，故精确数据最好使用 decimal 类型。float 的存储空间的开销一般比 decimal 小，故存储非精确数据时建议使用 float。

4. 日期类型的选择

根据实际需要选择能够满足应用的最小存储日期类型。如果记录年、月、日、时、分、秒，且记录年份比较久远，则最好使用 datetime，不要使用 timestamp；如果记录的日期需要供不同时区的用户使用，则最好使用 timestamp，因为日期和时间类型中只有它能够与实际时区相对应。

2.8 综合实训：设计电商平台商品表

要设计一个在线商城系统，其中需要存储商品的信息，包括商品名称、商品描述、价格、库存数量和发布日期。根据这个场景，可以选择以下数据类型来实现。

（1）商品名称：varchar(100)。使用 varchar 类型来存储商品的名称，长度为 100，以适应不同长度的商品名称。

（2）商品描述：text。使用 text 类型来存储商品的详细描述，可以存储较长的文本内容。

综合实训：设计电商平台商品表

（3）价格：decimal(10,2)。使用 decimal 类型来存储商品的价格，其中 10 表示总共可存储 10 位数字，2 表示小数点后保留 2 位，以满足价格的精度要求。

（4）库存数量：int。使用 int 类型来存储商品的库存数量，适用于存储整数值。

（5）发布日期：datetime。使用 datetime 类型来存储商品的发布日期，以方便进行与日期和时间相关的操作。

根据以上数据类型的选择，可以创建一个名为 products 的表来存储商品信息，代码如下。

```
CREATE TABLE products (
  product_id INT AUTO_INCREMENT PRIMARY KEY,
  product_name VARCHAR(100),
  description TEXT,
  price DECIMAL(10, 2),
  stock_quantity INT,
  publish_date DATETIME
);
```

向 products 表中插入数据，代码如下。

```
INSERT INTO products (product_name, description, price, stock_quantity,
publish_date)
  VALUES
  ('HUAWEI Mate 60 Pro', 'HUAWEI Mate 60 Pro 白沙银 12GB+512GB 卫星通话 超可靠玄武架构 华为鸿蒙智能手机', 6199.00 , 100, '2025-08-29 10:30:00'),
  ('Xiaomi 15 Ultra', '小米 Xiaomi 15 Ultra 5G 手机 白色 12GB+256GB 官方标配', 5899.00,
80, '2025-02-02 14:45:00'),
  ('vivo X200 Pro', 'vivo X200 Pro 16GB+512GB 辰夜黑', 5999.00, 50, '2025-03-20
09:15:00');
```

通过上述设计，可以在 products 表中存储商品的信息，包括商品名称、商品描述、价格、库存数量和发布日期。这样的数据类型选择能够满足在线商城系统的需求，并且提供了足够的灵活性和性能，可以根据需要进行商品的查询、排序、库存管理和发布日期的筛选等操作。

2.9 小结

本单元主要讲解了 MySQL 数据类型，包括数值类型、字符串类型、日期和时间类型、复合类型、JSON 数据类型、空间数据类型；各种数据类型中有哪些存储方式，包括字节大小、范围，

以及适用的场景；如何选取数据类型，数据类型对数据库性能的影响很大，会影响存储空间的开销、数据的查询性能等；各种数据类型存储的优点、缺点，以及适用的场景。

2.10 习题

1. 选择题

（1）在 MySQL 中，下列（　　　）数据类型可以用于存储人的年龄。

    A. varchar   B. int   C. decimal   D. date

（2）在 MySQL 中，下列（　　　）数据类型可以用于存储大型文本文件。

    A. int   B. text   C. decimal   D. varchar

（3）在 MySQL 中，varchar 列最大可以存储（　　　）个字符。

    A. 255   B. 1000   C. 65535   D. 没有最大限制

（4）在 MySQL 中，用于存储大型二进制对象（如图片）的数据类型是（　　　）。

    A. varchar   B. blob   C. enum   D. int

2. 填空题

（1）在 MySQL 中，用于存储短文本的数据类型是＿＿＿＿＿＿，用于存储长文本的数据类型是＿＿＿＿＿＿。

（2）在 MySQL 中，用于存储小数的数据类型是＿＿＿＿＿＿。

（3）在 MySQL 中，用于存储日期和时间的数据类型是＿＿＿＿＿＿。

（4）在 MySQL 中，用于存储大型数值范围的数据类型是＿＿＿＿＿＿。

3. 简答题

（1）简要说明 MySQL 中的整数类型 int 和 bigint 的区别。

（2）简要说明 MySQL 中的浮点数类型 float 和 double 的区别。

（3）varchar 和 char 数据类型有何区别？它们的适用场景分别是什么？

（4）简要说明 MySQL 中的 date、time、datetime 和 timestamp 数据类型之间的区别。

第3单元
MySQL常用操作

03

本单元将讲解采用命令行的方式进行MySQL的常用操作，包括连接MySQL、新增用户及修改密码；查看数据库、创建数据库、使用数据库、删除数据库；创建表、查看表结构、修改表结构、复制表以及使用临时表和内存表；插入数据、查询数据、修改数据、删除数据、对查询结果进行排序、对查询结果进行分组、设置分组条件、限制查询数量；设置主键、设置复合主键、添加/删除字段、改变字段类型、字段重命名、为字段设置默认值以及设置自增字段。除了使用命令行的方式来进行MySQL操作外，也可以使用客户端进行操作，如可以安装MySQL Workbench客户端来进行MySQL操作。

本单元要点

- ■ 数据库用户管理。
- ■ 数据库操作。
- ■ 表操作。
- ■ 数据操作。
- ■ 字段操作。
- ■ 使用客户端操作数据库。
- ■ 综合实训：设计电商平台订单表。

【学习导读】

假如需要设计图书商城的数据库，可以使用MySQL数据库来存储图书的信息。设计一张books数据表，其中包含图书的ISBN、标题、作者、价格和库存等字段。在这个情景中，需要使用MySQL进行常用的增、删、改、查操作，以便管理图书的信息。使用INSERT语句，可以向books表中插入新的图书数据，其中包括图书的ISBN、标题、作者、价格和库存等信息。当新书上架或者库存发生变化时，可以使用UPDATE语句来更新图书的信息。如果一种图书停止销售或者下架，则可以使用DELETE语句将其从数据库中删除，确保图书信息的准确性和实时性。另外，可以使用SELECT语句根据不同的条件查询图书信息。

【学习目标】

知识目标
1. 掌握MySQL用户管理操作。
2. 掌握MySQL数据库操作。
3. 掌握MySQL表操作。
4. 掌握MySQL数据操作。
5. 掌握MySQL字段操作。

6. 了解如何使用MySQL客户端操作数据库。

能力目标

1. 能够使用MySQL创建数据库、表。

2. 能够进行MySQL数据操作、字段操作。

素质目标

1. 培养学习能力。

2. 培养组织能力，能够有效地组织和管理事务。

【思维导图】

```
                          数据库用户管理 ——— 连接MySQL、新增用户、修改用户密码

                                          ┌── 查看数据库SHOW DATABASES、
                          数据库操作 ───────┤   创建数据库CREATE DATABASE
                                          └── 使用数据库USE、删除数据库DROP DATABASE

                                          ┌── 创建表CREATE TABLE、查看表结构DESC、
                          表操作 ──────────┤   修改表结构ALTER TABLE
                                          └── 复制表、使用临时表和内存表

    MySQL常用操作                           ┌── 插入和查询数据
                                          │── 修改数据、删除数据
                          数据操作 ───────┤── 对查询结果进行排序、对查询结果进行分组
                                          └── 设置分组条件、限制查询数量

                                          ┌── 设置为主键、设置为复合主键、添加/删除字段、改变字段类型
                          字段操作 ───────┤
                                          └── 字段重命名、为字段设置默认值、设置自增字段

                          客户端操作数据库 ——— MySQL Workbench客户端管理工具

                          综合实训：设计电商平台订单表
```

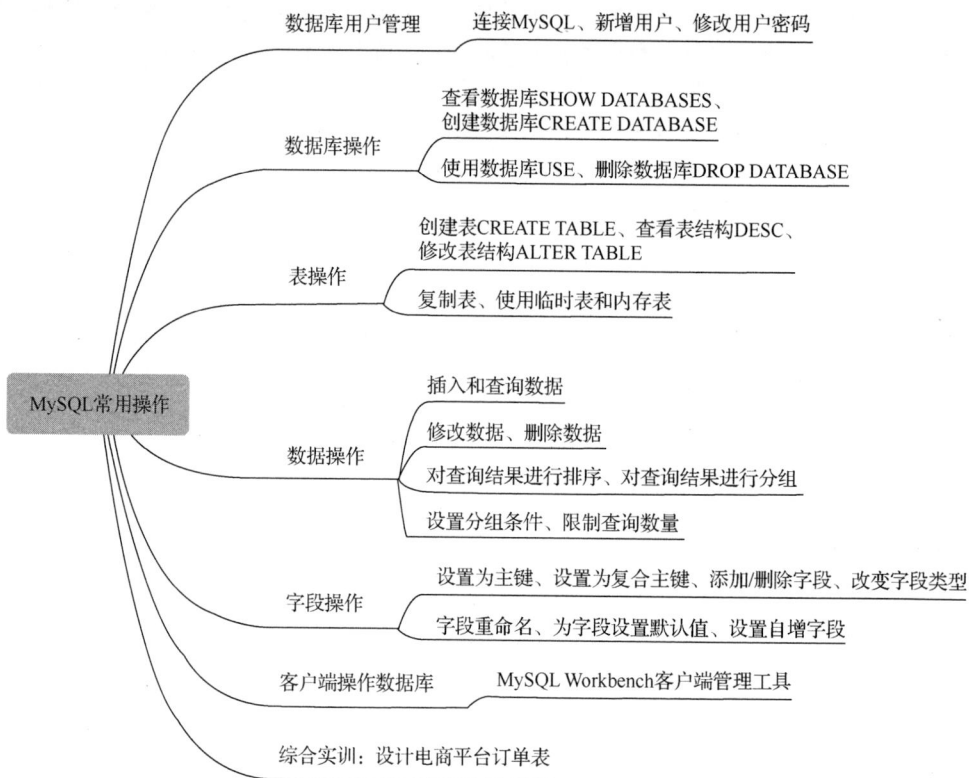

3.1 数据库用户管理

数据库用户管理包括连接 MySQL、新增用户、修改用户名密码、授予和撤销权限等。通过对数据库用户进行创建、授权、撤销、修改和删除等操作，可以实现对用户访问权限的精确控制和管理，确保只有经过授权的用户才能访问和操作数据库中的数据。

数据库用户管理

3.1.1 连接 MySQL

连接 MySQL 包括两方面内容：一方面是连接本地 MySQL；另一方面是连接远程 MySQL。连接 MySQL 的命令格式如下。

```
mysql -h 主机地址 -u 用户名 -p 用户密码
```

（1）连接本地 MySQL。如果本地安装了 MySQL 数据库服务，用户名是 root，密码是 123456，则可按如下步骤连接 MySQL。

打开命令提示符窗口，进入 mysql/bin 目录，输入命令"mysql -u root -p123456"，按"Enter"键后即可连接 MySQL。如果刚安装好 MySQL，则超级用户 root 是没有密码的，直接按"Enter"键即可连接 MySQL。

实战演练——连接本地 MySQL

```
#使用用户名 root 和相应密码，连接本地 MySQL
C:\Users\Administrator>mysql -u root -p123456
mysql: [Warning] Using a password on the command line interface can be insecure.

mysql>
```

（2）连接远程 MySQL。如果远程有一台 MySQL 服务器，IP 地址是 10.120.71.89，用户名是 root，密码是 123456，则可按如下步骤连接 MySQL。

实战演练——连接远程 MySQL

```
#使用用户名 root 和相应密码，连接远程 MySQL
C:\Users\Administrator>mysql -h10.120.71.89 -u root -p123456
mysql: [Warning] Using a password on the command line interface can be insecure.

mysql>
```

> **提示** "-h"代表输入远程 MySQL 服务器的 IP 地址，"-u"代表输入用户名，"-p"代表输入密码；要退出 MySQL 服务，可以执行"quit"或者"exit"命令。

3.1.2 新增用户

在安装 MySQL 数据库的时候会创建一个管理员用户 root，怎样新增用户呢？在 MySQL 8.0 中，需要先创建用户并指定密码，再进行授权，新增用户的命令格式如下。

```
#创建用户并指定密码
CREATE USER 用户名@登录主机 IDENTIFIED BY '密码';

#授权
GRANT ALL PRIVILEGES ON *.* TO 用户名@登录主机 WITH GRANT OPTION;
```

新增一个用户，用户名为 shopdb，密码为 shopdb_123456。其可以在任何主机上登录，并具有对所有数据库进行查询、插入、修改、删除的权限。

实战演练——新增用户

```
#使用用户名 root 和相应密码，连接本地 MySQL
C:\Users\Administrator>mysql -u root -p123456
mysql: [Warning] Using a password on the command line interface can be insecure.

#创建用户并指定密码
mysql> CREATE USER shopdb@'%' IDENTIFIED BY 'shopdb_123456';
Query OK, 0 rows affected (0.07 sec)

#授予对所有数据库的所有权限
mysql> GRANT ALL PRIVILEGES ON *.* TO shopdb@'%' WITH GRANT OPTION;
Query OK, 0 rows affected (0.01 sec)
```

```
#授予指定权限，把增、删、改、查操作权限授予用户 shopdb
mysql> GRANT SELECT,INSERT,UPDATE,DELETE on *.* to shopdb@"%" WITH GRANT OPTION;
Query OK, 0 rows affected, 1 warning (0.71 sec)

#授予对指定数据库（test 数据库）的权限
mysql> GRANT SELECT,INSERT,UPDATE,DELETE on test.* to shopdb@"%" WITH GRANT
OPTION;
Query OK, 0 rows affected, 1 warning (0.71 sec)

#撤销对指定数据库（test 数据库）的 SELECT 权限
mysql> REVOKE SELECT ON test.* FROM 'shopdb'@'%';
Query OK, 0 rows affected (0.00 sec)

#退出
mysql> exit;
Bye

#使用用户名 shopdb 和相应密码，连接本地 MySQL
C:\Users\Administrator>mysql -u shopdb -pshopdb_123456
mysql: [Warning] Using a password on the command line interface can be insecure.
```

在 MySQL 用户授权中，使用通配符（%）会允许任意互联网主机连接数据库，这存在严重的安全隐患；实际项目应限制为本地访问（localhost）或指定可信 IP 地址，以最小化攻击面。

允许本地访问时可以将"%"改为"localhost"，允许通过指定 IP 地址访问时可以将"%"改为指定的 IP 地址，命令如下。

```
#允许本地访问
GRANT SELECT,INSERT,UPDATE,DELETE ON *.* to shopdb@localhost WITH GRANT OPTION;

#允许通过指定 IP 地址访问
GRANT SELECT,INSERT,UPDATE,DELETE ON *.* to shopdb@10.120.71.89 WITH GRANT OPTION;
```

3.1.3 修改用户密码

如果要修改创建好的用户密码，则要更新 MySQL 的用户表。在 MySQL 8.0 中，密码存放在 authentication_string 中。在修改密码的时候，用户需要获得 reload 权限，否则使用 flush privileges 命令刷新 MySQL 的系统权限相关表时会报错。可以使用以下命令进行授权。

```
GRANT reload ON *.* to 'shopdb'@'%';
```

实战演练——修改用户密码

```
#使用用户名 root 和相应密码，连接本地 MySQL
C:\Users\Administrator>mysql -u root -p123456
mysql: [Warning] Using a password on the command line interface can be insecure.

#授予 reload 权限
mysql> GRANT reload ON *.* to 'shopdb'@'%';
Query OK, 0 rows affected (0.08 sec)

#修改密码
mysql> ALTER USER 'shopdb'@'%' IDENTIFIED BY '123456';
Query OK, 0 rows affected (0.02 sec)
```

```
#刷新权限
mysql> flush privileges;
Query OK, 0 rows affected (0.43 sec)

mysql>
```

MySQL 新设置用户或更改密码后，需使用 flush privileges 命令刷新 MySQL 的系统权限相关表，否则会出现拒绝访问的情况。也可以重新启动 MySQL 服务器，使新设置生效。

3.2　数据库操作

MySQL 允许创建多个数据库，每个数据库承载不同的内容。使用命令操作可以查看数据库（SHOW DATABASES）、创建数据库（CREATE DATABASE）、使用数据库（USE）以及删除数据库（DROP DATABASE）。这些操作可以在 MySQL 数据库中进行管理和操作，以适应不同的数据存储和组织需求。在进行任何数据库操作时，都要十分谨慎，并备份重要的数据以防止意外删除或丢失。

数据库操作

3.2.1　查看数据库

使用 SHOW DATABASES 语句可以查看有哪些数据库。

实战演练——查看数据库

```
#使用用户名 root 和相应密码，连接本地 MySQL
C:\Users\Administrator>mysql -u root -p123456
mysql: [Warning] Using a password on the command line interface can be insecure.

#查看数据库
mysql> SHOW DATABASES;
+--------------------------------+
| Database                       |
+--------------------------------+
| information_schema             |
| mysql                          |
| performance_schema             |
| sys                            |
| test                           |
+--------------------------------+
5 rows in set (0.00 sec)
```

3.2.2　创建数据库

使用 CREATE DATABASE 语句可以创建数据库。

实战演练——创建数据库

```
#使用用户名 root 和相应密码，连接本地 MySQL
C:\Users\Administrator>mysql -u root -p123456
mysql: [Warning] Using a password on the command line interface can be insecure.

#创建 shop 数据库
mysql> CREATE DATABASE shop;
Query OK, 1 row affected (0.06 sec)
```

```
#查看数据库
mysql> SHOW DATABASES;
+--------------------------+
| Database                 |
+--------------------------+
| information_schema       |
| mysql                    |
| performance_schema       |
| shop                     |
| sys                      |
| test                     |
+--------------------------+
6 rows in set (0.00 sec)
```

3.2.3　使用数据库

要操作某个数据库或者数据库中的表时，需要选择要使用的数据库，使用 USE 语句切换到所需数据库。

实战演练——使用数据库

```
#使用用户名 root 和相应密码，连接本地 MySQL
C:\Users\Administrator>mysql -u root -p123456
mysql: [Warning] Using a password on the command line interface can be insecure.

#使用 shop 数据库
mysql> USE shop;
Database changed

mysql>
```

3.2.4　删除数据库

使用 DROP DATABASE 语句可以删除数据库。

实战演练——删除数据库

```
#使用用户名 root 和相应密码，连接本地 MySQL
C:\Users\Administrator>mysql -u root -p123456
mysql: [Warning] Using a password on the command line interface can be insecure.

#查看数据库
mysql> SHOW DATABASES;
+--------------------------+
| Database                 |
+--------------------------+
| information_schema       |
| mysql                    |
| performance_schema       |
| shop                     |
| sys                      |
| test                     |
+--------------------------+
6 rows in set (0.00 sec)

#删除 shop 数据库
```

```
mysql> DROP DATABASE shop;
Query OK, 0 rows affected (0.46 sec)

#查看数据库
mysql> SHOW DATABASES;
+--------------------------+
| Database                 |
+--------------------------+
| information_schema       |
| mysql                    |
| performance_schema       |
| sys                      |
| test                     |
+--------------------------+
5 rows in set (0.06 sec)
```

3.3 表操作

MySQL 表操作是使用频率非常高的操作。表操作是指在关系数据库中对表进行创建、修改、查询和删除等操作，例如，使用 CREATE TABLE 语句可以创建新的数据表，使用 DESC 语句可以查看表结构，使用 ALTER TABLE 语句可以修改现有的数据表结构。表操作是在数据库中管理和操作数据的关键过程。用户可以创建数据表，查看数据表，向数据表中插入数据、更新数据、删除数据等，同时可以修改表结构、复制表、使用临时表和内存表。这对于构建和维护数据库系统以满足不同应用和业务需求至关重要。本节主要介绍创建表、查看表结构、修改表结构、复制表、使用临时表和内存表。

表操作

3.3.1 创建表

创建 shop 数据库，在 shop 数据库中新建用户表 user，表中内容包括用户编号、姓名、性别、年龄、密码。

创建数据表时，首先要进入 shop 数据库，然后使用 CREATE TABLE user()语句来创建表，其中括号中是数据表的字段，包括用户编号（id）、姓名（name）、性别（sex）、年龄（age）、密码（password）。

设置表的用户编号 id 为主键，自动递增且不为空，同时设置字段的数据类型，存储引擎采用 InnoDB。

实战演练——创建表

```
#使用用户名 root 和相应密码，连接本地 MySQL
C:\Users\Administrator>mysql -u root -p123456
mysql: [Warning] Using a password on the command line interface can be insecure.

#创建 shop 数据库
mysql> CREATE DATABASE shop;
Query OK, 1 row affected (0.00 sec)

#使用 shop 数据库
mysql> USE shop;
Database changed

#创建用户表 user
```

```
mysql> CREATE TABLE user(
 id int(10) unsigned not null auto_increment,
 name varchar(25),
 sex varchar(5),
 age int(10),
 password varchar(25),
 primary key(id))engine=InnoDB;
Query OK, 0 rows affected (0.90 sec)

#查看表
mysql> SHOW tables;
+----------------------+
| Tables_in_shop       |
+----------------------+
| user                 |
+----------------------+
1 row in set (0.04 sec)

mysql>
```

3.3.2　查看表结构

使用 DESC 语句可以查看表结构。

实战演练——查看表结构

```
#使用用户名 root 和相应密码，连接本地 MySQL
C:\Users\Administrator>mysql -u root -p123456
mysql: [Warning] Using a password on the command line interface can be insecure.

#使用 shop 数据库
mysql> USE shop;
Database changed

#查看用户表 user 的表结构
mysql> DESC user;
+----------+--------------+------+-----+---------+----------------+
| Field    | Type         | Null | Key | Default | Extra          |
+----------+--------------+------+-----+---------+----------------+
| id       | int unsigned | NO   | PRI | NULL    | auto_increment |
| name     | varchar(25)  | YES  |     | NULL    |                |
| sex      | varchar(5)   | YES  |     | NULL    |                |
| age      | int          | YES  |     | NULL    |                |
| password | varchar(25)  | YES  |     | NULL    |                |
+----------+--------------+------+-----+---------+----------------+
5 rows in set (0.02 sec)
mysql>
```

3.3.3　修改表结构

使用 ALTER TABLE 语句可以修改表的结构，例如添加、修改或删除列，添加约束条件等。

```
ALTER TABLE table_name
ADD column_name data_type, #新增一列
MODIFY column_name data_type, #修改列的数据类型
DROP COLUMN column_name; #删除一列
```

实战演练——修改表结构

```
#使用用户名 root 和相应密码，连接本地 MySQL
C:\Users\Administrator>mysql -u root -p123456
mysql: [Warning] Using a password on the command line interface can be insecure.

#使用 shop 数据库
mysql> USE shop;
Database changed

#为用户表 user 增加一列 phone
mysql> ALTER TABLE user ADD phone char(11);
Query OK, 0 rows affected (0.03 sec)
Records: 0  Duplicates: 0  Warnings: 0

#查看用户表 user 的表结构，其中多出来一列 phone
mysql> DESC user;
+----------+--------------+------+-----+---------+----------------+
| Field    | Type         | Null | Key | Default | Extra          |
+----------+--------------+------+-----+---------+----------------+
| id       | int unsigned | NO   | PRI | NULL    | auto_increment |
| name     | varchar(25)  | YES  |     | NULL    |                |
| sex      | varchar(5)   | YES  |     | NULL    |                |
| age      | int          | YES  |     | NULL    |                |
| password | varchar(25)  | YES  |     | NULL    |                |
| phone    | char(11)     | YES  |     | NULL    |                |
+----------+--------------+------+-----+---------+----------------+
6 rows in set (0.01 sec)

#为用户表 user 删除一列 phone
mysql> ALTER TABLE user DROP phone;
Query OK, 0 rows affected (0.06 sec)
Records: 0  Duplicates: 0  Warnings: 0

mysql> DESC user;
+----------+--------------+------+-----+---------+----------------+
| Field    | Type         | Null | Key | Default | Extra          |
+----------+--------------+------+-----+---------+----------------+
| id       | int unsigned | NO   | PRI | NULL    | auto_increment |
| name     | varchar(25)  | YES  |     | NULL    |                |
| sex      | varchar(5)   | YES  |     | NULL    |                |
| age      | int          | YES  |     | NULL    |                |
| password | varchar(25)  | YES  |     | NULL    |                |
+----------+--------------+------+-----+---------+----------------+
5 rows in set (0.00 sec)
```

3.3.4　复制表

　　MySQL 可以快速复制表结构及数据，它以要复制的表的结构和数据为基础，可以快速创建相同表结构和复制数据到新表中。在开发过程中，可以复制一个新表作为测试表，而不用操作正式的表，以保证正在运行的数据不被破坏。复制表有两种方式：一种方式可以复制表结构、数据、主键、索引；另一种方式只能复制表结构、数据，不能复制主键、索引。

1. 第一种方式：复制表结构、数据、主键、索引

　　复制表结构、主键、索引，可执行以下命令。

```
CREATE TABLE new_table like old_table;
```

复制数据，可执行以下命令。

```
INSERT TABLE new_table SELECT * FROM old_table;
```

实战演练——复制表结构、数据、主键、索引

（1）基于用户表 user 的表结构和数据进行复制，用户表 user 有主键和索引，分别如图 3.1 和图 3.2 所示。

图 3.1　用户表 user 主键

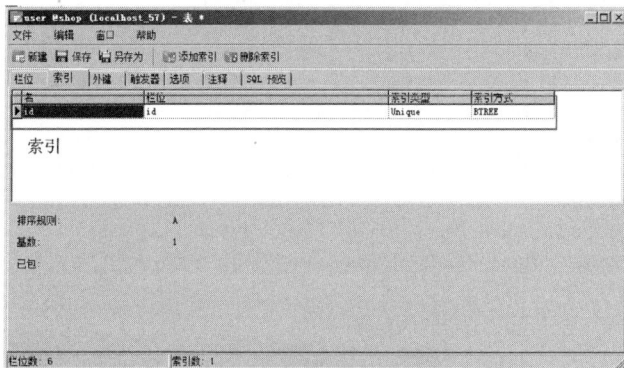

图 3.2　用户表 user 索引

（2）在 shop 数据库的用户表 user 中添加数据，具体操作如下。

```
#使用用户名 root 和相应密码，连接本地 MySQL
C:\Users\Administrator>mysql -u root -p123456
mysql: [Warning] Using a password on the command line interface can be insecure.

#使用 shop 数据库
mysql> USE shop;
Database changed

#向用户表 user 中插入数据
mysql> INSERT INTO user VALUES
(1,'kevin', '男', 20, '123456'),
(2,'tom','男','30','123456');
Query OK, 1 row affected (0.07 sec)

#查询用户表 user 中的数据
mysql> SELECT * FROM user;
```

```
+----+-------+------+------+----------+
| id | name  | sex  | age  | password |
+----+-------+------+------+----------+
| 1  | kevin | 男   | 20   | 123456   |
| 2  | tom   | 男   | 30   | 123456   |
+----+-------+------+------+----------+
2 rows in set (0.00 sec)
mysql>
```

（3）将用户表 user 的表结构、索引、主键复制到 user_new 表中，具体操作如下。

```
#使用用户名 root 和相应密码，连接本地 MySQL
C:\Users\Administrator>mysql -u root -p123456
mysql: [Warning] Using a password on the command line interface can be insecure.

#使用 shop 数据库
mysql> USE shop;
Database changed

#使用 like 将用户表 user 的表结构、索引、主键复制到 user_new 表中
mysql> CREATE TABLE user_new like user;
Query OK, 0 rows affected (0.48 sec)
#查询 user_new 表数据，
mysql> SELECT * FROM user_new;
Empty set (0.12 sec)
mysql>
```

（4）user_new 表只复制了表结构、主键和索引，并没有复制数据。把用户表 user 的数据复制到 user_new 表中，具体操作如下。

```
#使用用户名 root 和相应密码，连接本地 MySQL
C:\Users\Administrator>mysql -u root -p123456
mysql: [Warning] Using a password on the command line interface can be insecure.

#使用 shop 数据库
mysql> USE shop;
Database changed

#把用户表 user 的数据复制到 user_new 表中
mysql> INSERT user_new SELECT * FROM user;
Query OK, 2 rows affected (0.13 sec)

#查询 user_new 表中的数据
mysql> SELECT * FROM user_new;
+----+-------+------+------+----------+
| id | name  | sex  | age  | password |
+----+-------+------+------+----------+
| 1  | kevin | 男   | 20   | 123456   |
| 2  | tom   | 男   | 30   | 123456   |
+----+-------+------+------+----------+
2 rows in set (0.00 sec)
mysql>
```

2. 第二种方式：只能复制表结构、数据，不能复制主键、索引

复制表结构、数据，可执行以下命令。

```
CREATE TABLE new_table SELECT * FROM old_table;
```

复制表结构，不复制数据，可执行以下命令。

```
CREATE TABLE new_table SELECT * FROM old_table WHERE 0;
```

实战演练——复制表结构、数据

（1）将用户表 user 的表结构、数据复制到 user_new2 表中，可以看到 user_new2 表中已经复制了数据，具体操作如下。

```
#使用用户名 root 和相应密码，连接本地 MySQL
C:\Users\Administrator>mysql -u root -p123456
mysql: [Warning] Using a password on the command line interface can be insecure.

#使用 shop 数据库
mysql> USE shop;
Database changed

#将用户表 user 的表结构、数据复制到 user_new2 表中
mysql> CREATE TABLE user_new2 SELECT * FROM user;
Query OK, 2 rows affected (0.68 sec)
Records: 2  Duplicates: 0  Warnings: 0

#查询 user_new2 表
mysql> SELECT * FROM user_new2;
+----+-------+------+------+----------+
| id | name  | sex  | age  | password |
+----+-------+------+------+----------+
|  1 | kevin | 男   |  20  | 123456   |
|  2 | tom   | 男   |  30  | 123456   |
+----+-------+------+------+----------+
2 rows in set (0.00 sec)
mysql>
```

（2）将用户表 user 的表结构复制到 user_new3 表中，可以看到 user_new3 表中没有数据，具体操作如下。

```
#使用用户名 root 和相应密码，连接本地 MySQL
C:\Users\Administrator>mysql -u root -p123456
mysql: [Warning] Using a password on the command line interface can be insecure.

#使用 shop 数据库
mysql> USE shop;
Database changed

#复制表结构，不复制数据
mysql> CREATE TABLE user_new3 SELECT * FROM user WHERE 0;
Query OK, 0 rows affected (0.67 sec)
Records: 0  Duplicates: 0  Warnings: 0

#查询 user_new3 表中的数据，数据为空
mysql> SELECT * FROM user_new3;
Empty set (0.00 sec)
mysql>
```

3.3.5 使用临时表和内存表

MySQL 临时表主要用于给大数据量表做一个临时表，以提高查询速度。临时表的表结构存储在内存中，数据也存储在内存中，默认存储引擎可以是 MEMORY、MyISAM、MERGE、InnoDB。

MySQL 内存表也可以给大数据量表做一个临时表。内存表会把表结构存放在磁盘中，把数据放在内存中，默认存储引擎为 MEMORY。

创建临时表的语法格式如下。

```
CREATE temporary TABLE tmp1(id int not null);
```

创建内存表的语法格式如下。

```
CREATE TABLE tmp2(id int not null) ENGINE=MEMORY;
```

实战演练——临时表和内存表的使用

```
#使用用户名 root 和相应密码，连接本地 MySQL
C:\Users\Administrator>mysql -u root -p123456
mysql: [Warning] Using a password on the command line interface can be insecure.

#使用 shop 数据库
mysql> USE shop;
Database changed

#创建临时表
mysql> CREATE temporary TABLE tmp1(id int not null);
Query OK, 0 rows affected (0.26 sec)

#查看创建的表
mysql> SHOW CREATE TABLE tmp1;
+-------+--------------------------------------------------------------+
| Table | Create Table                                                 |
+-------+--------------------------------------------------------------+
| tmp1  | CREATE TEMPORARY TABLE `tmp1` (
 `id` int NOT NULL
) ENGINE=InnoDB DEFAULT CHARSET=utf8mb4 COLLATE=utf8mb4_0900_ai_ci |
+-------+--------------------------------------------------------------+
1 row in set (0.00 sec)

#创建内存表
mysql> CREATE TABLE tmp2(id int not null) ENGINE=MEMORY;
Query OK, 0 rows affected (0.19 sec)

#查看创建的表
mysql> SHOW CREATE TABLE tmp2
+-------+--------------------------------------------------------------+
| Table | Create Table                                                 |
+-------+--------------------------------------------------------------+
| tmp2  | CREATE TABLE `tmp2` (
 `id` int NOT NULL
) ENGINE=MEMORY DEFAULT CHARSET=utf8mb4 COLLATE=utf8mb4_0900_ai_ci |
+-------+--------------------------------------------------------------+
1 row in set (0.00 sec)
mysql>
```

临时表和内存表的区别如下。

（1）临时表的表结构和数据都存储在内存中；内存表的表结构存储在磁盘中，数据存储在内存中。

（2）临时表的默认存储引擎为 MySQL 服务器的默认引擎；内存表的默认存储引擎为 MEMORY。

（3）临时表可以通过参数 tmp_table_size 来设定表的大小；内存表可以通过参数 max_heap_table_size 来设定表的大小。

（4）临时表的大小到达 tmp_table_size 设定的内存上限后将在磁盘中创建临时文件；内存表的大小到达 max_heap_table_size 设定的内存上限后将报错。

（5）临时表可以包含 text、blob 等字段；内存表不能包含 text、blob 等字段。

（6）临时表一般比较少用，通常在应用程序中动态创建或者由 MySQL 内部根据 SQL 执行计划自己创建；内存表则大多作为高速缓存（Cache）来使用，特别是在没有第三方 Cache 时。随着 memcache、NoSQL 的流行，内存表的使用越来越少。

（7）临时表只在当前连接可见，当关闭连接时，MySQL 会自动删除表并释放所有空间；内存表在 MySQL 重启后，主键、自增字段、索引仍然存在，只是数据丢失。

> **注意**　临时表不能使用 RENAME 来重命名，但是可以使用 ALTER TABLE RENAME 来代替；可以复制临时表得到一个新的临时表，格式为 CREATE temporary TABLE new_table SELECT * FROM old_table；在同一条查询语句中，相同的临时表只能出现一次，但不同的临时表可以出现在同一条查询语句中。

3.4　数据操作

插入、查询、修改和删除是 MySQL 数据库的 4 种基本的数据操作，在项目开发的过程中使用非常频繁。在 MySQL 中，插入使用 INSERT 关键字、查询使用 SELECT 关键字、修改使用 UPDATE 关键字、删除使用 DELETE 关键字。这些操作是构建和维护数据库系统的核心操作，提供了对数据的灵活管理和处理能力，以满足各种应用和业务需求。本节介绍的数据操作包括插入和查询、修改记录、删除记录、对查询结果进行排序、对查询结果进行分组、设置分组条件、限制查询数量。

数据操作

3.4.1　插入和查询数据

使用 INSERT INTO 语句可以向表中插入新的数据行，既可以指定要插入的列和对应的值，又可以一次性插入多行数据。

将一条数据插入数据库，其语法格式如下。

```
INSERT INTO 表名(字段名,字段名) VALUES(值,值);
```

也可以不指明表中的字段，但是将值按字段的顺序插入，其语法格式如下。

```
INSERT INTO 表名 VALUES(值,值);
```

批量插入多行数据，其语法格式如下。

```
INSERT INTO 表名(字段名, 字段名, …)
VALUES (value1, value2, …),
       (value1, value2, …),
       (value1, value2, …);
```

在 VALUES 子句中，通过逗号分隔多个值的列表，每个列表代表一行要插入的数据。可以指定多个列表，每个列表对应一行数据。

查询数据，其语法格式如下。

```
SELECT * FROM 表名;
```

或者查询指定字段，其语法格式如下。

```
SELECT 字段名 FROM 表名;
```

使用 WHERE 子句可以按条件查询，将某一列或者某几列作为查询条件，其语法格式如下。

```
SELECT * FROM 表名 WHERE id=10;
SELECT * FROM 表名 WHERE id=10 and name='小明';
```

实战演练——插入和查询数据

```
#使用用户名 root 和相应密码，连接本地 MySQL
C:\Users\Administrator>mysql -u root -p123456
mysql: [Warning] Using a password on the command line interface can be insecure.

#使用 shop 数据库
mysql> USE shop;
Database changed

#查询用户表 user 的结构
mysql> DESC user;
+----------+------------------+-----+-----+---------+----------------+
| Field    | Type             | Null| Key | Default | Extra          |
+----------+------------------+-----+-----+---------+----------------+
| id       | int(10) unsigned | NO  | PRI | NULL    | auto_increment |
| name     | varchar(25)      | YES |     | NULL    |                |
| sex      | varchar(5)       | YES |     | NULL    |                |
| age      | int(10)          | YES |     | NULL    |                |
| password | varchar(25)      | YES |     | NULL    |                |
+----------+------------------+-----+-----+---------+----------------+
5 rows in set (0.03 sec)

#插入数据，指定列名
mysql> INSERT INTO user(id,name,sex,age,password) VALUES(3,'david','男',
28,'111111');
Query OK, 1 row affected (1.59 sec)

#插入数据，不指定列名
mysql> INSERT INTO user VALUES(4,'lili','女',25,'222222');
Query OK, 1 row affected (0.00 sec)

#查询所有字段
mysql> SELECT * FROM user;
+----+-------+------+------+----------+
| id | name  | sex  | age  | password |
+----+-------+------+------+----------+
| 1  | kevin | 男   | 20   | 123456   |
| 2  | tom   | 男   | 30   | 123456   |
| 3  | david | 男   | 28   | 111111   |
| 4  | lili  | 女   | 25   | 222222   |
+----+-------+------+------+----------+
```

```
4 rows in set (0.00 sec)
```

#查询指定字段
```
mysql> SELECT name FROM user;
+-------+
| name  |
+-------+
| kevin |
| tom   |
| david |
| lili  |
+-------+
4 rows in set (0.00 sec)
```

#查询性别为男的数据
```
mysql> SELECT * FROM user WHERE sex='男';
+----+-------+------+------+----------+
| id | name  | sex  | age  | password |
+----+-------+------+------+----------+
| 1  | kevin | 男   | 20   | 123456   |
| 2  | tom   | 男   | 30   | 123456   |
| 3  | david | 男   | 28   | 111111   |
+----+-------+------+------+----------+
3 rows in set (0.00 sec)
```

#查询性别为男且名字是david的数据
```
mysql> SELECT * FROM user WHERE sex='男' and name='david';
+----+-------+------+------+----------+
| id | name  | sex  | age  | password |
+----+-------+------+------+----------+
| 3  | david | 男   | 28   | 111111   |
+----+-------+------+------+----------+
1 row in set (0.00 sec)
```

#批量插入多行数据
```
mysql> INSERT INTO user(id,name,sex,age,password)
    VALUES (5,'zhansan','男',29,'111111'),
        (6,'lisi','男',30,'111111'),
        (7,'wangwu','男',31,'111111');
Query OK, 3 rows affected (0.01 sec)
Records: 3  Duplicates: 0  Warnings: 0
```

#查询用户表user
```
mysql> select * from user;
+----+---------+------+------+----------+
| id | name    | sex  | age  | password |
+----+---------+------+------+----------+
| 1  | kevin   | 男   | 20   | 123456   |
| 2  | tom     | 男   | 30   | 123456   |
```

```
| 3 | david    | 男 | 28 | 111111   |
| 4 | lili     | 女 | 25 | 222222   |
| 5 | zhansan  | 男 | 29 | 111111   |
| 6 | lisi     | 男 | 30 | 111111   |
| 7 | wangwu   | 男 | 31 | 111111   |
+----+---------+------+------+----------+
7 rows in set (0.00 sec)

mysql>
```

3.4.2 修改数据

在 MySQL 中修改数据可以使用关键字 UPDATE，使用 UPDATE 语句可以更新表中的数据。可以指定要更新的列和对应的新值，以及更新的条件，其语法格式及使用示例如下。

```
UPDATE 表名 SET 字段=值，字段=值 WHERE 条件
UPDATE user SET name='小明',sex='男' WHERE id = 4;
```

实战演练——修改数据

```
#使用用户名 root 和相应密码，连接本地 MySQL
C:\Users\Administrator>mysql -u root -p123456
mysql: [Warning] Using a password on the command line interface can be insecure.

#使用 shop 数据库
mysql> USE shop;
Database changed

#查询用户表 user 的数据
mysql> SELECT * FROM user;
+----+---------+------+------+----------+
| id | name    | sex | age  | password |
+----+---------+------+------+----------+
| 1 | kevin    | 男 | 20 | 123456   |
| 2 | tom      | 男 | 30 | 123456   |
| 3 | david    | 男 | 28 | 111111   |
| 4 | lili     | 女 | 25 | 222222   |
| 5 | zhansan  | 男 | 29 | 111111   |
| 6 | lisi     | 男 | 30 | 111111   |
| 7 | wangwu   | 男 | 31 | 111111   |
+----+---------+------+------+----------+
7 rows in set (0.00 sec)

#修改一个字段的值，将 david 的性别设置为女
mysql> UPDATE user SET sex='女' WHERE name='david';
Query OK, 1 row affected (0.00 sec)
Rows matched: 1 Changed: 1 Warnings: 0

#查询用户表 user 中的数据
mysql> SELECT * FROM user;
```

```
+----+---------+------+------+----------+
| id | name    | sex  | age  | password |
+----+---------+------+------+----------+
| 1  | kevin   | 男   | 20   | 123456   |
| 2  | tom     | 男   | 30   | 123456   |
| 3  | david   | 女   | 28   | 111111   |
| 4  | lili    | 女   | 25   | 222222   |
| 5  | zhansan | 男   | 29   | 111111   |
| 6  | lisi    | 男   | 30   | 111111   |
| 7  | wangwu  | 男   | 31   | 111111   |
+----+---------+------+------+----------+
7 rows in set (0.02 sec)
```

3.4.3 删除数据

在 MySQL 中删除数据可以使用 DELETE 关键字，使用 DELETE FROM 语句可以从表中删除数据。可以指定删除的条件，以删除满足条件的数据行，其语法格式及使用示例如下。

```
DELETE FROM 表名 WHERE 条件
DELETE FROM user WHERE id=4
```

实战演练——删除数据

```
#使用用户名 root 和相应密码，连接本地 MySQL
C:\Users\Administrator>mysql -u root -p123456
mysql: [Warning] Using a password on the command line interface can be insecure.

#使用 shop 数据库
mysql> USE shop;
Database changed

#查询用户表 user 中的数据
mysql> SELECT * FROM user;
+----+---------+------+------+----------+
| id | name    | sex  | age  | password |
+----+---------+------+------+----------+
| 1  | kevin   | 男   | 20   | 123456   |
| 2  | tom     | 男   | 30   | 123456   |
| 3  | david   | 女   | 28   | 111111   |
| 4  | lili    | 女   | 25   | 222222   |
| 5  | zhansan | 男   | 29   | 111111   |
| 6  | lisi    | 男   | 30   | 111111   |
| 7  | wangwu  | 男   | 31   | 111111   |
+----+---------+------+------+----------+
7 rows in set (0.00 sec)

#删除 id 为 4 的数据
mysql> DELETE FROM user WHERE id=4;
Query OK, 1 row affected (0.00 sec)

#查询用户表 user 中的数据
```

```
mysql> SELECT * FROM user;
+----+---------+------+------+----------+
| id | name    | sex  | age  | password |
+----+---------+------+------+----------+
| 1  | kevin   | 男   | 20   | 123456   |
| 2  | tom     | 男   | 30   | 123456   |
| 3  | david   | 女   | 28   | 111111   |
| 5  | zhansan | 男   | 29   | 111111   |
| 6  | lisi    | 男   | 30   | 111111   |
| 7  | wangwu  | 男   | 31   | 111111   |
+----+---------+------+------+----------+
6 rows in set (0.00 sec)

#删除性别为男的数据
mysql> DELETE FROM user WHERE sex='男';
Query OK, 5 rows affected (0.01 sec)

#查询用户表 user 中的数据
mysql> SELECT * FROM user;
+----+-------+------+------+----------+
| id | name  | sex  | age  | password |
+----+-------+------+------+----------+
| 3  | david | 女   | 28   | 111111   |
+----+-------+------+------+----------+
1 row in set (0.00 sec)
mysql>
```

3.4.4　对查询结果进行排序

在 MySQL 中，使用 ORDER BY 对查询结果进行排序，可以按一个字段或者多个字段同时进行排序。关键字 ASC 表示升序，关键字 DESC 表示降序。如果按多个字段进行排序，则先进行第一个字段的排序，再在结果集中进行第二个字段的排序，以此类推。

（1）ORDER BY column ASC：按某一字段进行升序排列，ASC 可以省略不写。

```
SELECT * FROM user ORDER BY id ASC;
```

或者

```
SELECT * FROM user ORDER BY id;
```

（2）ORDER BY column DESC：按某一字段进行降序排列，DESC 不可以省略不写。

```
SELECT * FROM user ORDER BY id DESC;
```

（3）ORDER BY column1,column2 DESC：按多个字段进行降序排列。

```
SELECT * FROM user ORDER BY sex,age DESC;
```

实战演练——查询结果进行排序

```
#使用用户名 root 和相应密码，连接本地 MySQL
C:\Users\Administrator>mysql -u root -p123456
mysql: [Warning] Using a password on the command line interface can be insecure.

#使用 shop 数据库
mysql> USE shop;
Database changed
```

```
#向用户表 user 中批量插入数据
mysql> INSERT INTO user(id,name,sex,age,password)
    VALUES (4,'小红','女',27,'123456'),
           (5,'小明','男',10,'123456'),
           (6,'小刚','男',12,'123456'),
           (7,'小王','男',14,'111111'),
           (8,'小绿','女',34,'222222'),
           (9,'晓峰','男',15,'333333'),
           (10,'小影','女',26,'444444'),
           (11,'大梅','女',27,'555555');
Query OK, 8 rows affected (0.01 sec)
Records: 8  Duplicates: 0  Warnings: 0

#查询用户表 user 中的所有数据
mysql> SELECT * FROM user;
+----+-------+------+------+----------+
| id | name  | sex  | age  | password |
+----+-------+------+------+----------+
|  3 | david | 女   |  28  | 111111   |
|  4 | 小红  | 女   |  27  | 123456   |
|  5 | 小明  | 男   |  10  | 123456   |
|  6 | 小刚  | 男   |  12  | 123456   |
|  7 | 小王  | 男   |  14  | 111111   |
|  8 | 小绿  | 女   |  34  | 222222   |
|  9 | 晓峰  | 男   |  15  | 333333   |
| 10 | 小影  | 女   |  26  | 444444   |
| 11 | 大梅  | 女   |  27  | 555555   |
+----+-------+------+------+----------+
9 rows in set (0.00 sec)

#按 id 升序查询
mysql> SELECT * FROM user ORDER BY id ASC;
+----+-------+------+------+----------+
| id | name  | sex  | age  | password |
+----+-------+------+------+----------+
|  3 | david | 女   |  28  | 111111   |
|  4 | 小红  | 女   |  27  | 123456   |
|  5 | 小明  | 男   |  10  | 123456   |
|  6 | 小刚  | 男   |  12  | 123456   |
|  7 | 小王  | 男   |  14  | 111111   |
|  8 | 小绿  | 女   |  34  | 222222   |
|  9 | 晓峰  | 男   |  15  | 333333   |
| 10 | 小影  | 女   |  26  | 444444   |
| 11 | 大梅  | 女   |  27  | 555555   |
+----+-------+------+------+----------+
9 rows in set (0.00 sec)

#按 id 降序查询
```

```
mysql> SELECT * FROM user ORDER BY id DESC;
+----+-------+------+------+----------+
| id | name  | sex  | age  | password |
+----+-------+------+------+----------+
| 11 | 大梅  | 女   | 27   | 555555   |
| 10 | 小影  | 女   | 26   | 444444   |
|  9 | 晓峰  | 男   | 15   | 333333   |
|  8 | 小绿  | 女   | 34   | 222222   |
|  7 | 小王  | 男   | 14   | 111111   |
|  6 | 小刚  | 男   | 12   | 123456   |
|  5 | 小明  | 男   | 10   | 123456   |
|  4 | 小红  | 女   | 27   | 123456   |
|  3 | david | 女   | 28   | 111111   |
+----+-------+------+------+----------+
9 rows in set (0.00 sec)
```

#先按性别降序查询，再按年龄升序查询
```
mysql> SELECT * FROM user ORDER BY sex DESC,age ASC;
+----+-------+------+------+----------+
| id | name  | sex  | age  | password |
+----+-------+------+------+----------+
|  5 | 小明  | 男   | 10   | 123456   |
|  6 | 小刚  | 男   | 12   | 123456   |
|  7 | 小王  | 男   | 14   | 111111   |
|  9 | 晓峰  | 男   | 15   | 333333   |
| 10 | 小影  | 女   | 26   | 444444   |
|  4 | 小红  | 女   | 27   | 123456   |
| 11 | 大梅  | 女   | 27   | 555555   |
|  3 | david | 女   | 28   | 111111   |
|  8 | 小绿  | 女   | 34   | 222222   |
+----+-------+------+------+----------+
9 rows in set (0.01 sec)
```

3.4.5 对查询结果进行分组

GROUP BY 语句用于对查询结果按照一个或多个字段进行分组，字段值相同的为一组。GROUP BY 语句可以用于单个字段和多个字段。

```
SELECT * FROM user GROUP BY sex;
```

group_concat(name)可以作为一个输出字段来使用，使用 group_concat(name)可放置每一组的某字段的值的集合。

```
SELECT sex,group_concat(name) FROM user GROUP BY sex;
```

实战演练——对查询结果进行分组

下面按性别进行分组查询，使用 group_concat(name)输出用户的姓名。

```
#使用用户名 root 和相应密码，连接本地 MySQL
C:\Users\Administrator>mysql -u root -p123456
mysql: [Warning] Using a password on the command line interface can be insecure.
```

```
#使用 shop 数据库
mysql> USE shop;
Database changed

#查询用户表 user
mysql> SELECT * FROM user;
+----+-------+------+------+----------+
| id | name  | sex  | age  | password |
+----+-------+------+------+----------+
|  3 | david | 女   |  28  | 111111   |
|  4 | 小红  | 女   |  27  | 123456   |
|  5 | 小明  | 男   |  10  | 123456   |
|  6 | 小刚  | 男   |  12  | 123456   |
|  7 | 小王  | 男   |  14  | 111111   |
|  8 | 小绿  | 女   |  34  | 222222   |
|  9 | 晓峰  | 男   |  15  | 333333   |
| 10 | 小影  | 女   |  26  | 444444   |
| 11 | 大梅  | 女   |  27  | 555555   |
+----+-------+------+------+----------+
9 rows in set (0.00 sec)
```

#根据性别进行分组，sex 字段的全部值只有两个（'男'和'女'），所以分为两组
```
mysql> SELECT sex,count(*) FROM user GROUP BY sex;
+------+----------+
| sex  | count(*) |
+------+----------+
| 女   |        5 |
| 男   |        4 |
+------+----------+
2 rows in set (0.00 sec)
```

#根据性别和 id 进行分组，因为 id 字段的值是没有重复的，所以按性别把女和男分开显示
```
mysql> SELECT * FROM user GROUP BY sex,id;
+----+-------+------+------+----------+
| id | name  | sex  | age  | password |
+----+-------+------+------+----------+
|  3 | david | 女   |  28  | 111111   |
|  4 | 小红  | 女   |  27  | 123456   |
|  5 | 小明  | 男   |  10  | 123456   |
|  6 | 小刚  | 男   |  12  | 123456   |
|  7 | 小王  | 男   |  14  | 111111   |
|  8 | 小绿  | 女   |  34  | 222222   |
|  9 | 晓峰  | 男   |  15  | 333333   |
| 10 | 小影  | 女   |  26  | 444444   |
| 11 | 大梅  | 女   |  27  | 555555   |
+----+-------+------+------+----------+
9 rows in set (0.00 sec)
```

```
#按性别分组，输出用户的姓名
mysql> SELECT sex,group_concat(name) FROM user GROUP BY sex;
+------+---------------------------+
| sex  | group_concat(name)        |
+------+---------------------------+
| 女   | david,小红,小绿,小影,大梅 |
| 男   | 小明,小刚,小王,晓峰       |
+------+---------------------------+
2 rows in set (0.00 sec)

#按性别分组，输出用户的 id
mysql> SELECT sex,group_concat(id) FROM user GROUP BY sex;
+------+------------------+
| sex  | group_concat(id) |
+------+------------------+
| 女   | 3,4,8,10,11      |
| 男   | 5,6,7,9          |
+------+------------------+
2 rows in set (0.00 sec)
```

> **注意** MySQL 8.0 对于 GROUP BY 字段不再隐式排序，如果需要排序，则必须显式加上 ORDER BY 子句。

实战演练——GROUP BY 隐式排序

```
#使用用户名 root 和相应密码，连接本地 MySQL
C:\Users\Administrator>mysql -u root -p123456
mysql: [Warning] Using a password on the command line interface can be insecure.

#使用 shop 数据库
mysql> USE shop;
Database changed

#查询用户表 user
mysql> SELECT * FROM user;
+----+-------+------+------+----------+
| id | name  | sex  | age  | password |
+----+-------+------+------+----------+
|  3 | david | 女   | 28   | 111111   |
|  4 | 小红  | 女   | 27   | 123456   |
|  5 | 小明  | 男   | 10   | 123456   |
|  6 | 小刚  | 男   | 12   | 123456   |
|  7 | 小王  | 男   | 14   | 111111   |
|  8 | 小绿  | 女   | 34   | 222222   |
|  9 | 晓峰  | 男   | 15   | 333333   |
| 10 | 小影  | 女   | 26   | 444444   |
| 11 | 大梅  | 女   | 27   | 555555   |
+----+-------+------+------+----------+
9 rows in set (0.00 sec)
```

```
#对age列进行分组，MySQL 8.0之前版本分组后age列是有序的
mysql> SELECT count(*),age FROM user GROUP BY age;
+----------+------+
| count(*) | age  |
+----------+------+
|        1 | 10   |
|        1 | 12   |
|        1 | 14   |
|        1 | 15   |
|        1 | 26   |
|        2 | 27   |
|        1 | 28   |
|        1 | 34   |
+----------+------+
8 rows in set (0.00 sec)

#对age列进行分组，MySQL 8.0分组后age列是无序的
mysql> SELECT count(*),age FROM user GROUP BY age;
+----------+------+
| count(*) | age  |
+----------+------+
|        1 | 28   |
|        2 | 27   |
|        1 | 10   |
|        1 | 12   |
|        1 | 14   |
|        1 | 34   |
|        1 | 15   |
|        1 | 26   |
+----------+------+
8 rows in set (0.00 sec)

#对age列进行分组，MySQL 8.0分组后age列是无序的，需要自己加ORDER BY子句
mysql> SELECT count(*),age FROM user GROUP BY age ORDER BY age DESC;
+----------+------+
| count(*) | age  |
+----------+------+
|        1 | 34   |
|        1 | 28   |
|        2 | 27   |
|        1 | 26   |
|        1 | 15   |
|        1 | 14   |
|        1 | 12   |
|        1 | 10   |
+----------+------+
8 rows in set (0.00 sec)
```

3.4.6　设置分组条件

　　HAVING 子句包含用来设置分组条件的条件表达式，可以在分组查询后指定一些条件来输出查询结果。WHERE 语句在聚合前先筛选记录，即作用在 GROUP BY 和 HAVING 子句前。而

HAVING 子句在聚合后对组记录进行筛选，HAVING 子句只能用于 GROUP BY 子句。

```
SELECT sex,count(sex) FROM user WHERE age > 15  GROUP BY sex HAVING count(sex)>2;
```

实战演练——设置分组条件

下面按性别分组，并分别查询在分组后记录数大于 2 和大于 4 的性别及数量。

```
#使用用户名 root 和相应密码，连接本地 MySQL
C:\Users\Administrator>mysql -u root -p123456
mysql: [Warning] Using a password on the command line interface can be insecure.

#使用 shop 数据库
mysql> USE shop;
Database changed

#查询用户表 user
mysql> SELECT * FROM user;
+----+-------+------+------+----------+
| id | name  | sex  | age  | password |
+----+-------+------+------+----------+
|  3 | david | 女   | 28   | 111111   |
|  4 | 小红  | 女   | 27   | 123456   |
|  5 | 小明  | 男   | 10   | 123456   |
|  6 | 小刚  | 男   | 12   | 123456   |
|  7 | 小王  | 男   | 14   | 111111   |
|  8 | 小绿  | 女   | 34   | 222222   |
|  9 | 晓峰  | 男   | 15   | 333333   |
| 10 | 小影  | 女   | 26   | 444444   |
| 11 | 大梅  | 女   | 27   | 555555   |
+----+-------+------+------+----------+
9 rows in set (0.00 sec)


#按性别分组，且查询在分组后记录数大于 2 的性别，输出性别及数量
mysql> SELECT sex,count(sex) FROM user GROUP BY sex HAVING count(sex) >2;
+------+------------+
| sex  | count(sex) |
+------+------------+
| 女   |          5 |
| 男   |          4 |
+------+------------+
2 rows in set (0.00 sec)

#按性别分组，且查询在分组后记录数大于 4 的性别，输出性别及数量
mysql> SELECT sex,count(sex) FROM user GROUP BY sex HAVING count(sex) >4;
+------+------------+
| sex  | count(sex) |
+------+------------+
| 女   |          5 |
+------+------------+
1 row in set (0.00 sec)
```

3.4.7 限制查询数量

LIMIT 用于限制查询结果的记录数，常用于分页语句。LIMIT 子句可以用于强制 SELECT 语句返回指定的记录数。LIMIT 接收一个或两个数字参数，参数必须是整数常量。

（1）如果只给定一个参数，则它表示返回数据的最大条数。

```
#检索前 6 条数据
SELECT * FROM user LIMIT 6;
```

（2）如果给定两个参数，则第一个参数指定从第几条数据开始查询，第二个参数指定返回数据的最大条数。

```
#从第 2 条数据开始（不包括第 2 条数据），检索出 5 条数据
SELECT * FROM user LIMIT 2,5;
```

实战演练——数据检索

下面检索用户表 user 前 6 条数据和从第 3 条数据开始的 4 条数据。

```
#使用用户名 root 和相应密码，连接本地 MySQL
C:\Users\Administrator>mysql -u root -p123456
mysql: [Warning] Using a password on the command line interface can be insecure.

#使用 shop 数据库
mysql> USE shop;
Database changed

#查询用户表 user
mysql> SELECT * FROM user;
+----+-------+------+------+----------+
| id | name  | sex  | age  | password |
+----+-------+------+------+----------+
|  3 | david | 女   |  28  | 111111   |
|  4 | 小红  | 女   |  27  | 123456   |
|  5 | 小明  | 男   |  10  | 123456   |
|  6 | 小刚  | 男   |  12  | 123456   |
|  7 | 小王  | 男   |  14  | 111111   |
|  8 | 小绿  | 女   |  34  | 222222   |
|  9 | 晓峰  | 男   |  15  | 333333   |
| 10 | 小影  | 女   |  26  | 444444   |
| 11 | 大梅  | 女   |  27  | 555555   |
+----+-------+------+------+----------+
9 rows in set (0.00 sec)

#检索前 6 条数据
mysql> SELECT * FROM user LIMIT 6;
+----+-------+------+------+----------+
| id | name  | sex  | age  | password |
+----+-------+------+------+----------+
|  3 | david | 女   |  28  | 111111   |
|  4 | 小红  | 女   |  27  | 123456   |
|  5 | 小明  | 男   |  10  | 123456   |
|  6 | 小刚  | 男   |  12  | 123456   |
|  7 | 小王  | 男   |  14  | 111111   |
```

```
| 8  | 小绿  | 女   | 34   | 222222   |
+----+-------+------+------+----------+
6 rows in set (0.00 sec)
```

#检索从第 3 条数据开始（不包括第 3 条数据）的 4 条数据
```
mysql> SELECT * FROM user LIMIT 3,4;
+----+-------+------+------+----------+
| id | name  | sex  | age  | password |
+----+-------+------+------+----------+
| 6  | 小刚  | 男   | 12   | 123456   |
| 7  | 小王  | 男   | 14   | 111111   |
| 8  | 小绿  | 女   | 34   | 222222   |
| 9  | 晓峰  | 男   | 15   | 333333   |
+----+-------+------+------+----------+
4 rows in set (0.00 sec)
```

#检索女生的前 3 条数据
```
mysql> SELECT * FROM user WHERE sex='女' LIMIT 0,3;
+----+-------+------+------+----------+
| id | name  | sex  | age  | password |
+----+-------+------+------+----------+
| 3  | david | 女   | 28   | 111111   |
| 4  | 小红  | 女   | 27   | 123456   |
| 8  | 小绿  | 女   | 34   | 222222   |
+----+-------+------+------+----------+
3 rows in set (0.00 sec)
```

#检索女生按年龄排序后的前 4 条数据
```
mysql> SELECT * FROM user WHERE sex='女' ORDER BY age DESC LIMIT 0,4;
+----+-------+------+------+----------+
| id | name  | sex  | age  | password |
+----+-------+------+------+----------+
| 8  | 小绿  | 女   | 34   | 222222   |
| 3  | david | 女   | 28   | 111111   |
| 4  | 小红  | 女   | 27   | 123456   |
| 11 | 大梅  | 女   | 27   | 555555   |
+----+-------+------+------+----------+
4 rows in set (0.00 sec)
mysql>
```

3.5 字段操作

MySQL 提供了丰富的字段操作功能，用于修改、更新和管理表中的字段，包括设置为主键、设置为复合主键、添加/删除字段、改变字段类型、字段重命名、为字段设置默认值以及设置自增字段等操作。

字段操作

3.5.1 设置为主键

主键是一个表的唯一约束，是不可以为空、不可以重复的字段。例如，在外

卖订单表中，手机号就可以作为主键，根据手机号可以找到相应的用户，它起到了唯一标识的作用。

创建表的时候，使用 PRIMARY KEY 添加主键。

```
CREATE TABLE tbl_name ([字段描述省略 … ], PRIMARY KEY(index_col_name));
```

实战演练——设置主键

创建一个学生表 student，其中包含 3 个字段：id、name、no。先以 id 作为主键，然后删除 id 主键，把 no 作为主键。对主键也可以进行修改，但是需要把主键删除后才可以修改。

```
#使用用户名 root 和相应密码，连接本地 MySQL
C:\Users\Administrator>mysql -u root -p123456
mysql: [Warning] Using a password on the command line interface can be insecure.

#使用 shop 数据库
mysql> USE shop;
Database changed

#创建学生表 student
mysql> CREATE TABLE student(
    id int not null,
    name varchar(255) not null,
    no int not null,
    PRIMARY KEY(id))
    ENGINE=InnoDB DEFAULT CHARSET=utf8;
Query OK, 0 rows affected (0.60 sec)

#查看表主键
mysql> SHOW CREATE TABLE student;
+---------+------------------------------------------------------------+
| Table   | Create Table                                               |
+---------+------------------------------------------------------------+
| student | CREATE TABLE `student` (
    `id` int(11) NOT NULL,
    `name` varchar(255) NOT NULL,
    `no` int(11) NOT NULL,
    PRIMARY KEY (`id`)
) ENGINE=InnoDB DEFAULT CHARSET=utf8                          |
+---------+------------------------------------------------------------+
1 row in set (0.09 sec)

#删除表主键
mysql> ALTER TABLE student DROP primary key;
Query OK, 0 rows affected (0.96 sec)
Records: 0  Duplicates: 0  Warnings: 0

#学生表 student 没有主键
mysql> SHOW CREATE TABLE student;
+---------+------------------------------------------------------------+
| Table   | Create Table                                               |
+---------+------------------------------------------------------------+
| student | CREATE TABLE `student` (
    `id` int(11) NOT NULL,
    `name` varchar(255) NOT NULL,
    `no` int(11) NOT NULL
```

```
) ENGINE=InnoDB DEFAULT CHARSET=utf8                                  |
+---------+-------------------------------------------------------------+
1 row in set (0.06 sec)
```

#设置 no 为主键
```
mysql> ALTER TABLE student add primary key(no);
Query OK, 0 rows affected (0.78 sec)
Records: 0  Duplicates: 0  Warnings: 0
```

#学生表 student 有主键
```
mysql> SHOW CREATE TABLE student;
+---------+-------------------------------------------------------------+
| Table   | Create Table
+---------+-------------------------------------------------------------+
| student | CREATE TABLE `student` (
    `id` int(11) NOT NULL,
    `name` varchar(255) NOT NULL,
    `no` int(11) NOT NULL,
    PRIMARY KEY (`no`)
) ENGINE=InnoDB DEFAULT CHARSET=utf8                                  |
+---------+-------------------------------------------------------------+
1 row in set (0.00 sec)
mysql>
```

3.5.2 设置为复合主键

复合主键就是由多个字段组成的主键。"开启宝藏的钥匙"往往会分成两把或者多把，当同时插入两把或多把钥匙时，才能开启宝藏的大门。复合主键也是这样，以多个字段作为复合主键来确定唯一标识。

实战演练——设置复合主键

创建一个人员表 person，其中包含 3 个字段：id、name、job。将 id 和 name 作为复合主键。

#使用用户名 root 和相应密码，连接本地 MySQL
```
C:\Users\Administrator>mysql -u root -p123456
mysql: [Warning] Using a password on the command line interface can be insecure.
```

#使用 shop 数据库
```
mysql> USE shop;
Database changed
```

#创建人员表 person，设置复合主键 id,name
```
mysql> CREATE TABLE person(
    id int not null,
    name varchar(255) not null,
    job varchar(255) not null,
    PRIMARY KEY(id,name))
    ENGINE=InnoDB DEFAULT CHARSET=utf8;
Query OK, 0 rows affected (0.63 sec)
```

#查看人员表 person
```
mysql> SHOW CREATE TABLE person;
+---------+-------------------------------------------------------------+
| Table   | Create Table
```

```
+--------+-------------------------------------------------------+
| person | CREATE TABLE `person` (
    `id` int(11) NOT NULL,
    `name` varchar(255) NOT NULL,
    `job` varchar(255) NOT NULL,
    PRIMARY KEY (`id`,`name`)
) ENGINE=InnoDB DEFAULT CHARSET=utf8                             |
+--------+-------------------------------------------------------+
1 row in set (0.05 sec)
mysql>
```

3.5.3　添加/删除字段

添加一个新字段手机号码（phone）到用户表 user 中，数据类型为字符串。

```
#添加字段
ALTER TABLE user add phone varchar(25) not Null;
```

删除用户表 user 中的字段 phone。

```
#删除字段
ALTER TABLE user drop phone;
```

实战演练——添加/删除字段

```
#使用用户名 root 和相应密码，连接本地 MySQL
C:\Users\Administrator>mysql -u root -p123456
mysql: [Warning] Using a password on the command line interface can be insecure.

#使用 shop 数据库
mysql> USE shop;
Database changed

#向用户表 user 添加字段 phone
mysql> ALTER TABLE user add phone varchar(25) not Null;
Query OK, 0 rows affected (0.98 sec)
Records: 0  Duplicates: 0  Warnings: 0

#查看用户表 user 的表结构
mysql> DESC user;
+----------+--------------+------+-----+---------+----------------+
| Field    | Type         | Null | Key | Default | Extra          |
+----------+--------------+------+-----+---------+----------------+
| id       | int unsigned | NO   | PRI | NULL    | auto_increment |
| name     | varchar(25)  | YES  |     | NULL    |                |
| sex      | varchar(5)   | YES  |     | NULL    |                |
| age      | int          | YES  |     | NULL    |                |
| password | varchar(25)  | YES  |     | NULL    |                |
| phone    | varchar(25)  | NO   |     | NULL    |                |
+----------+--------------+------+-----+---------+----------------+
6 rows in set (0.00 sec)

#删除用户表 user 中的 phone 字段
mysql> ALTER TABLE user DROP phone;
Query OK, 0 rows affected (0.02 sec)
Records: 0  Duplicates: 0  Warnings: 0
```

3.5.4　改变字段类型

可以修改表字段的数据类型，将 phone 字段的 varchar 类型修改为 char 类型。

```
ALTER TABLE user modify phone char(11) not Null;
```

实战演练——改变字段类型

```
#使用用户名 root 和相应密码，连接本地 MySQL
C:\Users\Administrator>mysql -u root -p123456
mysql: [Warning] Using a password on the command line interface can be insecure.

#使用 shop 数据库
mysql> USE shop;
Database changed

#修改用户表 user，将 phone 字段的 varchar 类型修改为 char 类型
mysql> ALTER TABLE user MODIFY phone char(11) not Null;
Query OK, 9 rows affected (0.05 sec)
Records: 9  Duplicates: 0  Warnings: 0

#查看用户表 user 的表结构
mysql> DESC user;
+----------+--------------+------+-----+---------+----------------+
| Field    | Type         | Null | Key | Default | Extra          |
+----------+--------------+------+-----+---------+----------------+
| id       | int unsigned | NO   | PRI | NULL    | auto_increment |
| name     | varchar(25)  | YES  |     | NULL    |                |
| sex      | varchar(5)   | YES  |     | NULL    |                |
| age      | int          | YES  |     | NULL    |                |
| password | varchar(25)  | YES  |     | NULL    |                |
| phone    | char(11)     | NO   |     | NULL    |                |
+----------+--------------+------+-----+---------+----------------+
6 rows in set (0.00 sec)
```

3.5.5　字段重命名

对于已经存在的表结构，如果想对表中的字段重命名，则需要使用 ALTER TABLE 语句来修改表中的字段，其语法格式如下。

```
ALTER TABLE <表名> change <字段名> <字段新名称> <字段的类型>
```

实战演练——字段重命名

下面将用户表 user 中的 phone 字段重命名为 telephone 字段。

```
#使用用户名 root 和相应密码，连接本地 MySQL
C:\Users\Administrator>mysql -u root -p123456
mysql: [Warning] Using a password on the command line interface can be insecure.

#使用 shop 数据库
mysql> USE shop;
Database changed

#查看用户表 user 的表结构
mysql> DESC user;
```

```
+-----------+---------------+------+-----+----------+----------------+
| Field     | Type          | Null | Key | Default  | Extra          |
+-----------+---------------+------+-----+----------+----------------+
| id        | int unsigned  | NO   | PRI | NULL     | auto_increment |
| name      | varchar(25)   | YES  |     | NULL     |                |
| sex       | varchar(5)    | YES  |     | NULL     |                |
| age       | int           | YES  |     | NULL     |                |
| password  | varchar(25)   | YES  |     | NULL     |                |
| phone     | char(11)      | NO   |     | NULL     |                |
+-----------+---------------+------+-----+----------+----------------+
6 rows in set (0.02 sec)
```

#将用户表 user 中的 phone 字段重命名为 telephone 字段
```
mysql> ALTER TABLE user change phone telephone char(11);
Query OK, 0 rows affected (0.07 sec)
Records: 0  Duplicates: 0  Warnings: 0
```

#查看用户表 user 的表结构
```
mysql> DESC user;
+-----------+---------------+------+-----+----------+----------------+
| Field     | Type          | Null | Key | Default  | Extra          |
+-----------+---------------+------+-----+----------+----------------+
| id        | int unsigned  | NO   | PRI | NULL     | auto_increment |
| name      | varchar(25)   | YES  |     | NULL     |                |
| sex       | varchar(5)    | YES  |     | NULL     |                |
| age       | int           | YES  |     | NULL     |                |
| password  | varchar(25)   | YES  |     | NULL     |                |
| telephone | char(11)      | YES  |     | NULL     |                |
+-----------+---------------+------+-----+----------+----------------+
6 rows in set (0.00 sec)

mysql>
```

3.5.6 为字段设置默认值

在创建 MySQL 数据库字段的时候可以为其设置默认值。如果已有默认值，则可以修改默认值，也可以将默认值删除。

为字段设置默认值的语法格式如下。

```
ALTER TABLE 表名 ALTER 字段名 SET default 默认值;
```

删除字段默认值的语法格式如下。

```
ALTER TABLE 表名 ALTER 字段名 DROP default;
```

实战演练——为字段设置默认值

创建一个部门表 dept，其中包含 3 个字段：id、deptName、userName。部门名称 deptName 字段的默认值为"软件事业部"。

#使用用户名 root 和相应密码，连接本地 MySQL
```
C:\Users\Administrator>mysql -u root -p123456
mysql: [Warning] Using a password on the command line interface can be insecure.
```

#使用 shop 数据库
```
mysql> USE shop;
Database changed
```

```
#创建部门表 dept
mysql> CREATE TABLE dept(
    id int not null,
    deptName varchar(255) not null default '软件事业部',
    userName varchar(25) not null,
    PRIMARY KEY(id))
    ENGINE=InnoDB default charset=utf8;
Query OK, 0 rows affected (0.41 sec)
```

```
#插入数据，但不插入 deptName 字段的值
mysql> INSERT INTO dept(id,userName) VALUES(1,'kevin');
Query OK, 1 row affected (0.02 sec)
```

```
#查询部门表 dept，可发现虽然没有插入 deptName 字段的值，但是会插入默认值
mysql> SELECT * FROM dept;
+----+-------------+----------+
| id | deptName    | userName |
+----+-------------+----------+
|  1 | 软件事业部   | kevin    |
+----+-------------+----------+
1 row in set (0.00 sec)
```

```
#修改 deptName 字段的默认值
mysql> ALTER TABLE dept ALTER deptName SET default '办公室';
Query OK, 0 rows affected (0.10 sec)
Records: 0  Duplicates: 0  Warnings: 0
```

```
#插入数据，但不插入 deptName 字段的值
mysql> INSERT INTO dept(id,userName) VALUES(2,'tom');
Query OK, 1 row affected (0.00 sec)
```

```
#查询部门表 dept，可发现虽然没有插入 deptName 字段的值，但是会插入新的默认值
mysql> SELECT * FROM dept;
+----+-------------+----------+
| id | deptName    | userName |
+----+-------------+----------+
|  1 | 软件事业部   | kevin    |
|  2 | 办公室       | tom      |
+----+-------------+----------+
2 rows in set (0.01 sec)
```

```
#删除 deptName 的默认值
mysql> ALTER TABLE dept ALTER deptName DROP default;
Query OK, 0 rows affected (0.12 sec)
Records: 0  Duplicates: 0  Warnings: 0
```

```
#插入数据时，如果没有默认值，则不允许插入
mysql> INSERT INTO dept(id,userName) VALUES(3,'david');
ERROR 1364 (HY000): Field 'deptName' doesn't have a default value
```

```
#插入数据
```

```
mysql> INSERT INTO dept(id,deptName,userName) VALUES(3,'人力资源部','david');
Query OK, 1 row affected (0.00 sec)

#查询数据
mysql> SELECT * FROM dept;
+----+------------+----------+
| id | deptName   | userName |
+----+------------+----------+
|  1 | 软件事业部  | kevi     |
|  2 | 办公室      | tom      |
|  3 | 人力资源部  | david    |
+----+------------+----------+
3 rows in set (0.00 sec)
mysql>
```

3.5.7　设置自增字段

MySQL 数据库的表经常会将主键设置为自增字段。从设计的角度来说，表的主键应尽量设计为与业务无关的字段，如果将它设计为自增字段，则在开发应用系统的时候不用关心主键的设定，由数据库自己来维护，但是这样的主键设置有在高并发下成为瓶颈的风险（如果并发并不是非常高，则一般不会成为瓶颈）。如果用户自己控制主键的值，则需要多付出一点代价来生成相应的值，并发问题可以通过扩展应用集群来解决。

在 MySQL 中，使用 AUTO_INCREMENT 定义字段为自增字段。

（1）如果把 NULL 插入一个自增字段，则 MySQL 将自动生成下一个序列编号，编号从 1 开始，并以 1 为基数递增。

（2）当插入数据时，如果没有为自增字段明确指定值，则等同于插入 NULL。

（3）当插入数据时，如果为自增字段明确指定了值，则会出现两种情况：如果插入的值与已有的编号重复，则会出现出错信息，因为自增字段的值必须是唯一的；如果插入的值大于已有的编号，则会把该值插入自增字段，下一个编号将从这个新值开始递增。

（4）对于 MyISAM 引擎，可以使用 UPDATE 语句更新自增字段的值，若列值与已有值重复，则会出错；若列值大于已有值，则下一个编号从该值开始递增。但是对于 InnoDB 引擎，使用 UPDATE 语句更新自增字段会报错。

（5）对于被 DELETE 语句删除的自增字段的值，除非在 SQL 语句中将该值重新插入，否则前面空余的列值不会复用。

实战演练——设置自增字段

```
#使用用户名 root 和相应密码，连接本地 MySQL
C:\Users\Administrator>mysql -u root -p123456
mysql: [Warning] Using a password on the command line interface can be insecure.

#使用 shop 数据库
mysql> USE shop;
Database changed

#创建 t_zizeng 表，设置 id 字段为自增字段，但是没有将其设置为主键，MySQL 会报错
mysql> CREATE TABLE t_zizeng(id int auto_increment,name varchar(255));
ERROR 1075 (42000): Incorrect table definition; there can be only one auto column
and it must be defined as a key
```

```
#创建 t_zizeng 表，将 id 字段设置为自增字段，并把它设置为主键
mysql> CREATE TABLE t_zizeng(id int auto_increment,name varchar(255),primary key(id));
Query OK, 0 rows affected (0.32 sec)

#插入一条数据，自增字段的值为 null，它会自动生成
mysql> INSERT INTO t_zizeng(id,name) VALUES(null,'小明');
Query OK, 1 row affected (0.00 sec)

#查询 t_zizeng 表，可以看到 id 字段的值自动生成为 1
mysql> SELECT * FROM t_zizeng;
+----+------+
| id | name |
+----+------+
|  1 | 小明 |
+----+------+
1 row in set (0.00 sec)

#插入一条数据，自增字段可以不用赋值，MySQL 会自动增加
mysql> INSERT INTO t_zizeng(name) VALUES('小刚');
Query OK, 1 row affected (0.00 sec)

#查询 t_zizeng 表，可以看到 id 字段的值自动生成为 2
mysql> SELECT * FROM t_zizeng;
+----+------+
| id | name |
+----+------+
|  1 | 小明 |
|  2 | 小刚 |
+----+------+
2 rows in set (0.00 sec)

#插入重复的主键 id 字段的值，MySQL 会报错
mysql> INSERT INTO t_zizeng(id,name) VALUES(1,'小王');
ERROR 1062 (23000): Duplicate entry '1' for key 'PRIMARY'

#手动插入主键 id 字段的值 100，下次自动生成 id 字段的值时会从 100 开始递增
mysql> INSERT INTO t_zizeng(id,name) VALUES(100,'小王');
Query OK, 1 row affected (0.00 sec)

#插入一条数据，自增字段可以不用赋值，它会自动增加
mysql> INSERT INTO t_zizeng(name) VALUES('小红');
Query OK, 1 row affected (0.00 sec)

#查询 t_zizeng 表，可以看到 id 字段的值自动生成为 101
mysql> SELECT * FROM t_zizeng;
+-----+------+
| id  | name |
+-----+------+
|  1  | 小明 |
|  2  | 小刚 |
```

```
| 100 | 小王  |
| 101 | 小红  |
+-----+------+
4 rows in set (0.00 sec)
```

#对于被DELETE语句删除的id字段的值，除非在SQL语句中将该值重新插入，否则前面空余的列值不会复用
```
mysql> DELETE FROM t_zizeng WHERE id=101;
Query OK, 1 row affected (0.05 sec)
```

#插入一条数据，自增字段可以不用赋值，它会自动增加
```
mysql> INSERT INTO t_zizeng(name) VALUES('小张');
Query OK, 1 row affected (0.00 sec)
```

#可以看到删除的101没有再次使用，而是使用了102
```
mysql> SELECT * FROM t_zizeng;
+-----+------+
| id  | name |
+-----+------+
|   1 | 小明  |
|   2 | 小刚  |
| 100 | 小王  |
| 102 | 小张  |
+-----+------+
4 rows in set (0.00 sec)
mysql>
```

> **注意** 在MySQL 8.0之前的版本中，自增主键的值如果大于主键最大值+1，则在MySQL重启后，会重置自增主键的值为主键最大值+1，这样在某些情况下会导致业务主键冲突。MySQL 8.0通过引入自增主键持久化机制，彻底解决了此前版本中服务器重启后自增值回退的问题，确保主键id的连续性和业务数据的一致性。

实战演练——演示MySQL 5.7/8.0自增主键问题

#使用用户名root和相应密码，连接本地MySQL
```
C:\Users\Administrator>mysql -u root -p123456
mysql: [Warning] Using a password on the command line interface can be insecure.
```

#使用shop数据库
```
mysql> USE shop;
Database changed
```

====MySQL 5.7数据库自增主键问题====
#创建测试表test
```
mysql> CREATE TABLE test(id int auto_increment primary key,name varchar(20));
Query OK, 0 rows affected (0.03 sec)
```

#向测试表test插入数据
```
mysql> INSERT INTO test(name) VALUES('xiaogang1'),( 'xiaogang2'),( 'xiaogang3');
Query OK, 3 rows affected (0.00 sec)
Records: 3  Duplicates: 0  Warnings: 0
```

```
#查询测试表 test 中的数据
mysql> SELECT * FROM test;
+----+-----------+
| id | name      |
+----+-----------+
|  1 | xiaogang1 |
|  2 | xiaogang2 |
|  3 | xiaogang3 |
+----+-----------+
3 rows in set (0.00 sec)

#删除测试表 test 中 id 字段的值为 3 的数据
mysql> DELETE FROM test WHERE id = 3;
Query OK, 1 row affected (0.01 sec)

#查询测试表 test 中的数据
mysql> SELECT * FROM test;
+----+-----------+
| id | name      |
+----+-----------+
|  1 | xiaogang1 |
|  2 | xiaogang2 |
+----+-----------+
2 rows in set (0.00 sec)

#退出 MySQL
mysql> EXIT;
Bye

#重启 MySQL 服务，并重新连接 MySQL

#向测试表 test 插入数据
mysql> INSERT INTO test(name) VALUES('xiaogang4');
Query OK, 1 row affected (0.01 sec)

#查询测试表 test 中的数据
mysql> SELECT * FROM test;
+----+-----------+
| id | name      |
+----+-----------+
|  1 | xiaogang1 |
|  2 | xiaogang2 |
|  3 | xiaogang4 |
+----+-----------+
3 rows in set (0.00 sec)

#修改测试表 test，将 name = 'xiaogang1'的 id 字段的值设置为 5
mysql> UPDATE test SET id = 5 WHERE name = 'xiaogang1';
Query OK, 1 row affected (0.01 sec)
Rows matched: 1  Changed: 1  Warnings: 0
```

```
#查询测试表 test 中的数据
mysql> SELECT * FROM test;
+----+----------+
| id | name     |
+----+----------+
|  2 | xiaogang2 |
|  3 | xiaogang4 |
|  5 | xiaogang1 |
+----+----------+
3 rows in set (0.00 sec)
```

```
#向测试表 test 插入数据
mysql> INSERT INTO test(name) VALUES('xiaogang5');
Query OK, 1 row affected (0.01 sec)
```

```
#查询测试表 test 中的数据
mysql> SELECT * FROM test;
+----+----------+
| id | name     |
+----+----------+
|  2 | xiaogang2 |
|  3 | xiaogang4 |
|  4 | xiaogang5 |
|  5 | xiaogang1 |
+----+----------+
4 rows in set (0.00 sec)
```

```
#向测试表 test 插入数据，MySQL 会报错，主键重复
mysql> INSERT INTO test(name) VALUES('xiaogang6');
ERROR 1062 (23000): Duplicate entry '5' for key 'PRIMARY'
```

```
# ====MySQL 8.0 数据库自增主键问题====
#创建测试表 test
mysql> CREATE TABLE test(id int auto_increment primary key,name varchar(20));
Query OK, 0 rows affected (0.02 sec)
```

```
#向测试表 test 插入数据
mysql> INSERT INTO test(name) VALUES('xiaogang1'),('xiaogang2'),('xiaogang3');
Query OK, 3 rows affected (0.00 sec)
Records: 3  Duplicates: 0  Warnings: 0
```

```
#查询测试表 test 中的数据
mysql> SELECT * FROM test;
+----+----------+
| id | name     |
+----+----------+
|  1 | xiaogang1 |
|  2 | xiaogang2 |
|  3 | xiaogang3 |
+----+----------+
3 rows in set (0.00 sec)
```

#删除测试表 test 中 id 字段的值为 3 的数据
```
mysql> DELETE FROM test WHERE id = 3;
Query OK, 1 row affected (0.01 sec)
```

#查询测试表 test 中的数据
```
mysql> SELECT * FROM test;
+----+-----------+
| id | name      |
+----+-----------+
|  1 | xiaogang1 |
|  2 | xiaogang2 |
+----+-----------+
2 rows in set (0.00 sec)
```

#退出 MySQL
```
mysql> EXIT;
Bye
```

#重启 MySQL 服务, 并重新连接 MySQL

#向测试表 test 插入数据
```
mysql> INSERT INTO test(name) VALUES('xiaogang4');
Query OK, 1 row affected (0.00 sec)
```

#测试表 test 生成的 id 字段的值为 4, 不是 3
```
mysql> SELECT * FROM test;
+----+-----------+
| id | name      |
+----+-----------+
|  1 | xiaogang1 |
|  2 | xiaogang2 |
|  4 | xiaogang4 |
+----+-----------+
3 rows in set (0.00 sec)
```

#修改测试表 test, 将 name = 'xiaogang1'的 id 字段的值设置为 5
```
mysql> UPDATE test SET id = 5 WHERE name = 'xiaogang1';
Query OK, 1 row affected (0.01 sec)
Rows matched: 1  Changed: 1  Warnings: 0
```

#查询测试表 test 中的数据
```
mysql> SELECT * FROM test;
+----+-----------+
| id | name      |
+----+-----------+
|  2 | xiaogang2 |
|  4 | xiaogang4 |
|  5 | xiaogang1 |
+----+-----------+
3 rows in set (0.00 sec)
```

#向测试表 test 插入数据
```
mysql> INSERT INTO test(name) VALUES('xiaogang5');
```

```
Query OK, 1 row affected (0.00 sec)

#查询测试表 test 中的数据
mysql> SELECT * FROM test;
+----+-----------+
| id | name      |
+----+-----------+
|  2 | xiaogang2 |
|  4 | xiaogang4 |
|  5 | xiaogang1 |
|  6 | xiaogang5 |
+----+-----------+
4 rows in set (0.00 sec)
```

3.6 客户端操作数据库

对于 MySQL 数据库，不仅可以使用命令行来进行数据库的创建、删除，表的创建、删除以及数据的插入、删除、修改、查询等操作，也可以使用图形化的客户端来进行操作。下面介绍使用 MySQL Workbench 客户端管理工具来操作 MySQL 数据库。

客户端操作数据库

实战演练——使用 MySQL Workbench 客户端管理工具操作 MySQL 数据库

（1）从 MySQL 官网下载 MySQL Workbench 客户端管理工具安装程序，并进行安装。

（2）连接本地 MySQL 数据库，如图 3.3 所示。

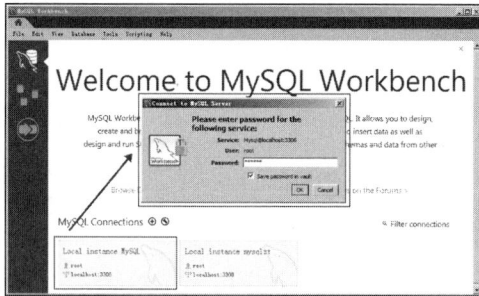

图 3.3　连接本地 MySQL 数据库

（3）在 MySQL Workbench 客户端管理工具的工作界面中，经常会用到数据库区域、输入 SQL 语句区域、输出结果区域等，如图 3.4 所示。

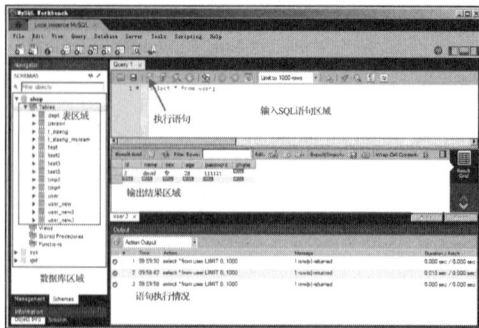

图 3.4　MySQL Workbench 客户端管理工具的工作界面

（4）在 MySQL Workbench 客户端管理工具中插入一条数据，可以单击"新增数据"按钮，然后编写要插入的数据，单击"Apply"按钮，执行插入，如图 3.5 和图 3.6 所示。

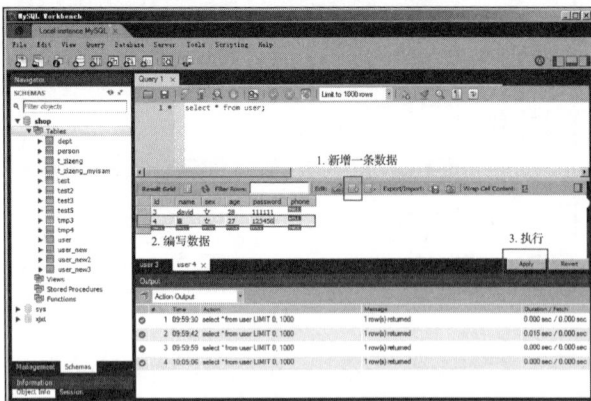

图 3.5　插入一条数据

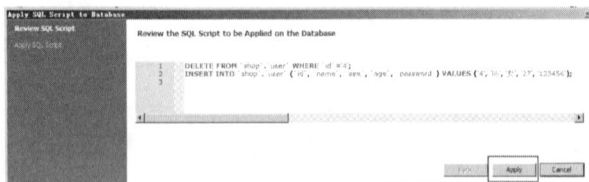

图 3.6　执行插入

（5）在 MySQL Workbench 客户端管理工具中删除一条数据，可以选中要删除的行数据，然后单击"删除"按钮，如图 3.7 所示。

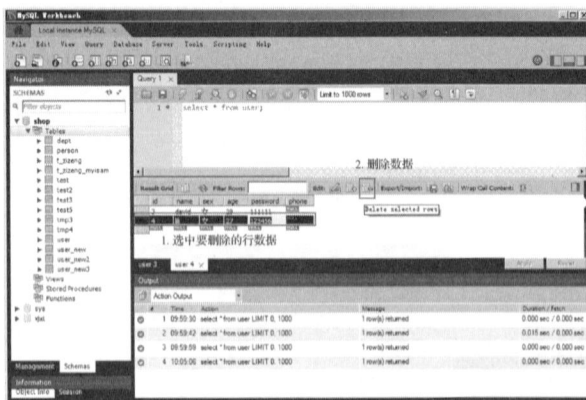

图 3.7　删除一条数据

（6）在 MySQL Workbench 客户端管理工具中修改数据，可以选中要修改的行数据，然后单击"修改"按钮，编辑行数据，单击"Apply"按钮，执行修改如图 3.8 所示。

（7）在 MySQL Workbench 客户端管理工具中，在输入 SQL 语句区域可以输入 SQL 语句进行操作，包括修改数据、插入数据、删除数据、查询数据等，如图 3.9 所示。如果要注释 SQL 语句，则可以按空格键。

（8）在 MySQL Workbench 客户端管理工具中，可以创建数据库及数据表，如图 3.10 所示。

除了以上介绍的操作外，MySQL Workbench 客户端管理工具还可以进行很多其他操作，如保存 SQL 语句等，读者可以自行尝试。

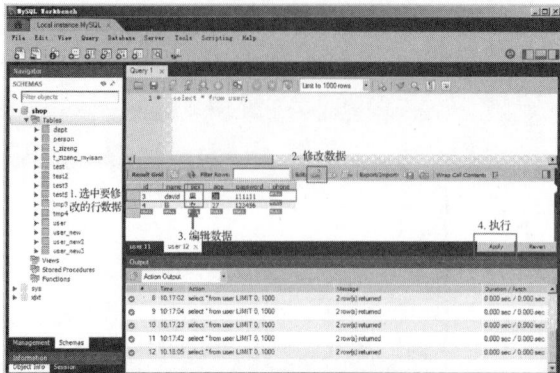

图 3.8　修改数据

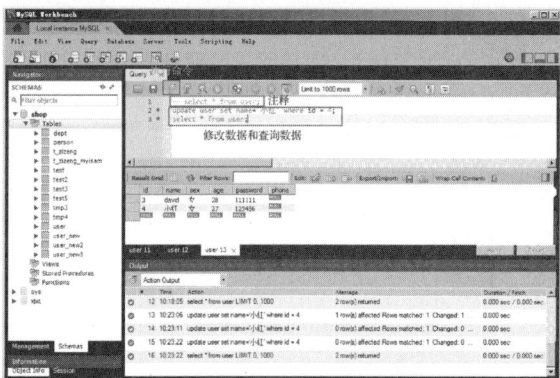

图 3.9　输入 SQL 语句进行操作

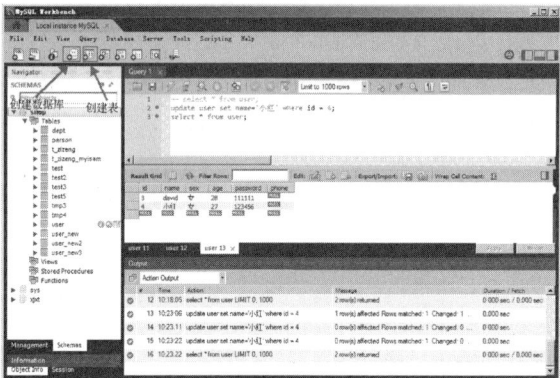

图 3.10　创建数据库及数据表

3.7　综合实训：设计电商平台订单表

在电商平台中，可以设计订单表 orders 来存储订单信息。以下是 MySQL 的表操作、数据操作和字段操作在该综合实训中的实现。

1. 表操作

（1）创建表：使用 CREATE TABLE 语句创建订单表 orders，包括订单编号、用户编号、商品编号、数量、订单日期等字段。

综合实训：设计电商
平台订单表

```
CREATE TABLE orders (
    order_id INT AUTO_INCREMENT PRIMARY KEY,
    user_id INT,
    product_id INT,
    quantity INT,
    order_date DATE
);
```

（2）修改表：使用 ALTER TABLE 语句修改表结构，如添加新的字段用于记录订单状态。

```
ALTER TABLE orders
ADD COLUMN status VARCHAR(20);
```

（3）查询表：使用 SELECT 语句查询订单表中的数据，可以按照特定条件检索订单数据。

```
SELECT * FROM orders WHERE user_id = 1001;
```

（4）删除表：使用 DROP TABLE 语句删除订单表 orders（当不再需要该表时）。

```
DROP TABLE orders;
```

2. 数据操作

（1）插入数据：使用 INSERT INTO 语句向订单表 orders 中插入订单数据，每条插入语句对应一条订单的数据。

```
INSERT INTO orders (order_id, user_id, product_id, quantity, order_date, status)
VALUES (1, 1001, 2001, 2, '2023-06-01', 'Pending'),
       (2, 1002, 2002, 1, '2023-06-02', 'Shipped'),
       (3, 1001, 2003, 3, '2023-06-03', 'Delivered');
```

（2）查询数据：使用 SELECT 语句从订单表 orders 中检索订单数据，可以按照特定条件过滤和排序数据。

```
SELECT * FROM orders WHERE status = 'Delivered';
```

（3）更新数据：使用 UPDATE 语句更新订单表中的订单数据，如根据订单编号更新特定订单的状态。

```
UPDATE orders SET status = 'Cancelled' WHERE order_id = 2;
```

（4）删除数据：使用 DELETE FROM 语句从订单表 orders 中删除订单数据，可以根据条件删除特定订单的数据。

```
DELETE FROM orders WHERE order_id = 3;
```

3. 字段操作

（1）添加字段：使用 ALTER TABLE 语句的 ADD COLUMN 子句向订单表 orders 中添加新的字段，如添加 shipping_address 字段用于记录订单的收货地址。

```
ALTER TABLE orders
ADD COLUMN shipping_address VARCHAR(100);
```

（2）修改字段：使用 ALTER TABLE 语句的 MODIFY COLUMN 子句修改订单表 orders 中已有字段的定义，如修改 quantity 字段的数据类型。

```
ALTER TABLE orders
MODIFY COLUMN quantity INT UNSIGNED;
```

（3）重命名字段：使用 ALTER TABLE 语句的 CHANGE COLUMN 子句将订单表 orders 中的字段重命名，如将 order_date 字段重命名为 created_at。

```
ALTER TABLE orders
CHANGE COLUMN order_date created_at DATE;
```

（4）删除字段：使用 ALTER TABLE 语句的 DROP COLUMN 子句从订单表 orders 中删除不再需要的字段，如删除 shipping_address 字段。

```
ALTER TABLE orders
DROP COLUMN shipping_address;
```

通过表操作，可以设计一个订单表 orders。通过数据操作，可以插入、查询、更新和删除订单数据，以及根据特定条件检索订单信息。通过字段操作，可以根据需要添加、修改和删除表中的字段，以适应系统的功能需求和数据管理要求。这样的设计使得订单表 orders 能够有效地记录和管理与订单相关的数据，为商家和客户提供便捷的订单管理及查询功能。

3.8 小结

本单元主要讲述了 MySQL 的常用操作，这是读者必须掌握的内容。通过本单元的学习，读者应学会数据库用户管理，包括连接 MySQL 数据库、新增用户、修改用户密码；学会数据库操作，包括创建数据库、查看数据库、使用数据库及删除数据库；学会表操作，包括创建表、查看表结构、修改表结构、复制表、使用临时表和内存表；学会数据操作，包括插入和查询数据、修改数据、删除数据、对查询结果进行排序、对查询结果进行分组、设置分组条件、限制查询数量；学会字段操作，包括设置为主键、设置为复合主键、添加/删除字段、改变字段类型、字段重命名、为字段设置默认值、设置自增字段；学会使用 MySQL Workbench 客户端管理工具来进行数据库操作。

3.9 习题

1. 选择题

（1）在 MySQL 中，用于创建表的关键字是（　　）。

    A. CREATE   B. INSERT   C. UPDATE   D. SELECT

（2）在 MySQL 中，以下（　　）操作可以用于修改已有表的结构。

    A. CREATE TABLE   B. INSERT INTO

    C. ALTER TABLE   D. DELETE FROM

（3）在 MySQL 中，删除 MySQL 中的表可以使用以下（　　）语句。

    A. DROP TABLE   B. DELETE FROM

    C. REMOVE TABLE   D. CLEAR TABLE

（4）在 MySQL 中，用于向表中插入数据的关键字是（　　）。

    A. CREATE   B. INSERT   C. UPDATE   D. SELECT

（5）在 MySQL 中，使用 SELECT 语句从表中检索数据时，可以使用以下（　　）关键字进行条件过滤。

    A. WHERE   B. FROM   C. JOIN   D. ORDER BY

2. 填空题

（1）在 MySQL 中，使用＿＿＿＿＿＿＿＿＿＿＿＿＿＿＿关键字可以向表中插入数据。

（2）在 MySQL 中，使用＿＿＿＿＿＿＿＿＿＿＿＿＿＿＿关键字可以删除表中的数据。

（3）在 MySQL 中，修改表中已有字段的数据类型可以使用＿＿＿＿＿＿＿＿＿＿语句。

（4）在 MySQL 中，删除表中的字段可以使用 ALTER TABLE 语句的＿＿＿＿＿＿＿＿＿子句。

3. 简答题

（1）什么是表操作？请举例说明。

（2）如何创建一张新的表？请给出一个创建表的示例。

（3）如何向表中插入数据？请给出一个插入数据的示例。

（4）如何查询表中的数据？请给出一个查询数据的示例。

（5）如何添加一个新的字段到表中？请给出一个添加字段的示例。

（6）如何修改表中字段的数据类型？请给出一个修改字段数据类型的示例。

第4单元
MySQL查询

04

在软件项目开发过程中，应用最多的就是MySQL查询。MySQL提供了各种场景的查询，以满足软件项目的开发要求。本单元将介绍基本查询语法、数据过滤、子查询、聚合函数、高级查询，这些也是读者必须掌握的内容。熟练使用这些查询，在项目开发过程中可以提高开发效率。

本单元要点

- 基本查询语法。
- 数据过滤。
- 子查询。
- 聚合函数。
- 高级查询。
- 综合实训：设计电商平台查询。

【学习导读】

针对社交媒体平台进行数据分析，可以了解用户发布的帖子中的热门话题和热门用户。使用MySQL查询，可以轻松获得这些信息。可以编写一条 SQL 查询语句，选择帖子表中的内容字段，并使用正则表达式或字符串函数来提取帖子中的话题关键词。此后，可以使用 COUNT()函数计算每个话题出现的次数，并按次数降序排列结果。此外，还可以连接用户表，使用 COUNT()函数来计算每个用户发布的帖子数量，并按数量降序排列结果。这样就可以获得热门话题和热门用户的排行榜，从而更好地了解用户的兴趣和社交互动情况。

【学习目标】

知识目标

1. 掌握基本查询语法。
2. 掌握数据过滤的使用方法。
3. 掌握子查询的使用方法。
4. 掌握聚合函数的使用方法。
5. 掌握高级查询的使用方法。

能力目标

1. 能够使用MySQL查询进行各种数据的复杂查询。
2. 能够熟练使用各种查询方式。

素质目标

1. 培养解决问题的能力，能够分析问题并提出解决方案。

2. 培养组织能力，能够灵活组织、应用各种知识。

【思维导图】

基本查询语法 —— SELECT、FROM、WHERE、GROUP BY、HAVING、ORDER BY和LIMIT等关键字及子句

数据过滤 —— 基本查询过滤、条件查询过滤、模糊查询过滤
数据过滤 —— 字段控制查询过滤、正则表达式查询过滤

子查询 —— 一条查询语句中可以嵌套另一条查询语句，内部查询被称为子查询
子查询 —— 按返回结果进行分类，子查询可以分为表子查询、行子查询、列子查询、标量子查询
子查询 —— 按对返回结果的调用方法进行分类，子查询可以分为WHERE子查询、FROM子查询、EXISTS子查询

MySQL查询

聚合函数 —— AVG()函数、COUNT()函数、MAX()/MIN()函数
聚合函数 —— SUM()函数、窗口函数

高级查询 —— 内连接查询、外连接查询
高级查询 —— 自然连接查询、交叉连接查询
高级查询 —— 联合查询

综合实训：设计电商平台查询

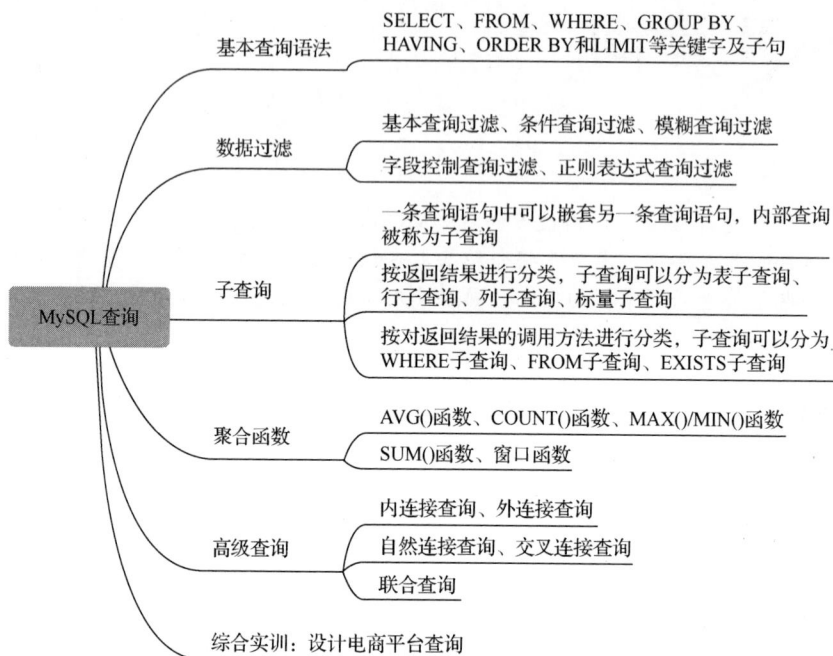

4.1 基本查询语法

MySQL 的基本查询语法包括 SELECT、FROM、WHERE、GROUP BY、HAVING、ORDER BY 和 LIMIT 等关键字及子句。通过组合使用这些关键字和子句，可以构建各种复杂的查询语句来满足特定的需求。例如，实现选择特定列的数据、根据条件过滤数据、按列分组和汇总数据、对结果进行排序、限制结果数量等操作。

基本查询语法

SELECT 语句的基本语法格式如下。

```
SELECT 查询内容
FROM 表名
WHERE 表达式
GROUP BY 字段名
HAVING 表达式
ORDER BY 字段名
LIMIT 记录数
```

（1）SELECT 查询内容：用于指定要查询的列或表达式。可以选择多个列，使用逗号分隔。也可以使用通配符"*"选择所有列。

```
#查询所有字段 SELECT * FROM 表名，*通配符表示所有字段
SELECT column1, column2 FROM table_name;
SELECT * FROM table_name;
SELECT column1 + column2 AS sum FROM table_name;
```

（2）FROM 表名：用于指定要查询的表名。可以查询单个表，也可以连接多个表进行复杂查询。

```
SELECT column1, column2 FROM table_name1, table_name2;
SELECT column1, column2 FROM table_name1 JOIN table_name2 ON table_name1.id =
table_name2.id;
```

（3）WHERE 表达式（按条件查询）：可选的子句，用于过滤查询结果。可以使用各种条件表达式和逻辑运算符进行条件过滤。在进行查询时，往往并不需要将所有内容全部查出，而是根据实际需求查询所需数据。

```
SELECT column1, column2 FROM table_name WHERE column1 > 10;
SELECT column1, column2 FROM table_name WHERE column1 = 'value' AND column2 LIKE
'%keyword%';
```

在 MySQL 语句中，条件表达式是 SELECT 语句的查询条件，在 WHERE 子句中可以使用关系运算符连接操作数作为查询条件对数据进行选择。常见的关系运算符如下。

① =：等于。

② <>：不等于。

③ !=：不等于。

④ <：小于。

⑤ >：大于。

⑥ <=：小于等于。

⑦ >=：大于等于。

（4）GROUP BY 字段名：可选的子句，用于按指定的字段对结果进行分组。通常与聚合函数一起使用，如 SUM()、COUNT()、AVG() 等。GROUP BY 子句把符合条件的同一类分在一组，一般 GROUP BY 子句是和聚合函数配合使用的，如按男生分组查询、按女生分组查询。

```
SELECT column1, COUNT(column2) FROM table_name GROUP BY column1;
SELECT column1, SUM(column2) FROM table_name GROUP BY column1 HAVING
SUM(column2) > 100;
```

（5）HAVING 表达式：可选的子句，用于对分组结果进行条件过滤。类似于 WHERE 子句，但作用于分组后的结果。HAVING 关键字用于设置条件表达式，对查询结果进行过滤，区别是 HAVING 后面可以跟聚合函数，而 WHERE 不能。HAVING 关键字通常与 GROUP BY 子句一起使用，表示对分组后的数据进行过滤。

```
SELECT column1, SUM(column2) FROM table_name GROUP BY column1 HAVING SUM
(column2) > 100;
```

（6）ORDER BY 字段名：可选的子句，用于对查询结果进行排序。可以按照一个或多个列进行升序（ASC）或降序（DESC）排列。可以按某个字段进行排序，如商品可以按销量排序、按好评数排序、按价格排序等。

```
SELECT column1, column2 FROM table_name ORDER BY column1 ASC;
SELECT column1, column2 FROM table_name ORDER BY column1 DESC, column2 ASC;
```

（7）LIMIT 记录数：可选的子句，用于限制查询结果的数量。可以指定返回的记录数量，也可以指定跳过的记录数量和返回的记录数量。可以限制每次查询多少条记录，以进行分页查询。

实战演练——查询数据

```
#使用用户名 root 和相应密码，连接本地 MySQL
C:\Users\Administrator>mysql -u root -p123456
mysql: [Warning] Using a password on the command line interface can be insecure.

#使用 shop 数据库
mysql> USE shop;
Database changed
```

```
#查询用户表 user 中的数据，显示所有字段的数据
mysql> SELECT * FROM user;
+----+-------+------+------+----------+
| id | name  | sex  | age  | password |
+----+-------+------+------+----------+
| 3  | david | 女   | 28   | 111111   |
| 4  | 小红  | 女   | 27   | 123456   |
| 5  | 小明  | 男   | 10   | 123456   |
| 6  | 小刚  | 男   | 12   | 123456   |
| 7  | 小王  | 男   | 14   | 111111   |
| 8  | 小绿  | 女   | 34   | 222222   |
| 9  | 晓峰  | 男   | 15   | 333333   |
| 10 | 小影  | 女   | 26   | 444444   |
| 11 | 大梅  | 女   | 27   | 555555   |
+----+-------+------+------+----------+
9 rows in set (0.00 sec)

#查询用户表 user 中的数据，只显示 name 字段的数据
mysql> SELECT name FROM user;
+-------+
| name  |
+-------+
| david |
| 小红  |
| 小明  |
| 小刚  |
| 小王  |
| 小绿  |
| 晓峰  |
| 小影  |
| 大梅  |
+-------+
9 rows in set (0.00 sec)

#按条件进行查询，查询性别为男的数据
mysql> SELECT * FROM user WHERE sex='男';
+----+------+------+------+----------+
| id | name | sex  | age  | password |
+----+------+------+------+----------+
| 5  | 小明 | 男   | 10   | 123456   |
| 6  | 小刚 | 男   | 12   | 123456   |
| 7  | 小王 | 男   | 14   | 111111   |
| 9  | 晓峰 | 男   | 15   | 333333   |
+----+------+------+------+----------+
4 rows in set (0.00 sec)

#查询年龄大于 20 的数据
mysql> SELECT * FROM user WHERE age > 20;
```

```
+----+--------+------+------+----------+
| id | name   | sex  | age  | password |
+----+--------+------+------+----------+
|  3 | david  | 女   | 28   | 111111   |
|  4 | 小红   | 女   | 27   | 123456   |
|  8 | 小绿   | 女   | 34   | 222222   |
| 10 | 小影   | 女   | 26   | 444444   |
| 11 | 大梅   | 女   | 27   | 555555   |
+----+--------+------+------+----------+
5 rows in set (0.00 sec)
```

```
#查询总共有多少条记录
mysql> SELECT count(*) FROM user;
+----------+
| count(*) |
+----------+
|        9 |
+----------+
1 row in set (0.08 sec)
```

```
#查询年龄总和
mysql> SELECT sum(age) FROM user;
+----------+
| sum(age) |
+----------+
|      193 |
+----------+
1 row in set (0.05 sec)
```

```
#查询年龄最大的数据
mysql> SELECT max(age) FROM user;
+----------+
| max(age) |
+----------+
|       34 |
+----------+
1 row in set (0.04 sec)
```

```
#按性别进行分组查询
mysql> SELECT sex,count(*) FROM user GROUP BY sex;
+------+----------+
| sex  | count(*) |
+------+----------+
| 女   |        5 |
| 男   |        4 |
+------+----------+
2 rows in set (0.01 sec)
```

```
#按年龄降序排列查询结果
mysql> SELECT * FROM user ORDER BY age DESC;
+----+--------+------+------+----------+
| id | name   | sex  | age  | password |
```

```
+----+-------+------+------+----------+
|  8 | 小绿  | 女   | 34   | 222222   |
|  3 | david | 女   | 28   | 111111   |
|  4 | 小红  | 女   | 27   | 123456   |
| 11 | 大梅  | 女   | 27   | 555555   |
| 10 | 小影  | 女   | 26   | 444444   |
|  9 | 晓峰  | 男   | 15   | 333333   |
|  7 | 小王  | 男   | 14   | 111111   |
|  6 | 小刚  | 男   | 12   | 123456   |
|  5 | 小明  | 男   | 10   | 123456   |
+----+-------+------+------+----------+
9 rows in set (0.00 sec)
```

```
#按年龄升序排列查询结果
mysql> SELECT * FROM user ORDER BY age ASC;
+----+-------+------+------+----------+
| id | name  | sex  | age  | password |
+----+-------+------+------+----------+
|  5 | 小明  | 男   | 10   | 123456   |
|  6 | 小刚  | 男   | 12   | 123456   |
|  7 | 小王  | 男   | 14   | 111111   |
|  9 | 晓峰  | 男   | 15   | 333333   |
| 10 | 小影  | 女   | 26   | 444444   |
|  4 | 小红  | 女   | 27   | 123456   |
| 11 | 大梅  | 女   | 27   | 555555   |
|  3 | david | 女   | 28   | 111111   |
|  8 | 小绿  | 女   | 34   | 222222   |
+----+-------+------+------+----------+
9 rows in set (0.00 sec)
```

```
#查询前 5 条记录
mysql> SELECT * FROM user LIMIT 0,5;
+----+-------+------+------+----------+
| id | name  | sex  | age  | password |
+----+-------+------+------+----------+
|  3 | david | 女   | 28   | 111111   |
|  4 | 小红  | 女   | 27   | 123456   |
|  5 | 小明  | 男   | 10   | 123456   |
|  6 | 小刚  | 男   | 12   | 123456   |
|  7 | 小王  | 男   | 14   | 111111   |
+----+-------+------+------+----------+
5 rows in set (0.00 sec)
mysql>
```

4.2 数据过滤

MySQL 数据过滤是指通过使用 WHERE 子句来筛选满足特定条件的数据行。它允许根据列的值、逻辑运算符和比较运算符来定义条件，以获取符合条件

数据过滤

的数据。数据过滤用于 WHERE 表达式中，常用的有基本查询过滤、条件查询过滤、模糊查询过滤、字段控制查询过滤以及正则表达式查询过滤。

4.2.1 基本查询过滤

基本查询过滤可以用来查询所有字段的数据，或者指定一个字段或多个字段的数据。

```
#查询所有字段的数据
SELECT * FROM table_name;
#查询指定一个字段的数据
SELECT column1 FROM table_name;
#查询指定多个字段的数据
SELECT column1, column2 FROM table_name;
```

实战演练——基本查询过滤

```
#使用用户名 root 和相应密码，连接本地 MySQL
C:\Users\Administrator>mysql -u root -p123456

#使用 shop 数据库
mysql> USE shop;
Database changed

#查询所有字段的数据
mysql> SELECT * FROM user;
+----+-------+------+------+----------+
| id | name  | sex  | age  | password |
+----+-------+------+------+----------+
|  3 | david | 女   | 28   | 111111   |
|  4 | 小红  | 女   | 27   | 123456   |
|  5 | 小明  | 男   | 10   | 123456   |
|  6 | 小刚  | 男   | 12   | 123456   |
|  7 | 小王  | 男   | 14   | 111111   |
|  8 | 小绿  | 女   | 34   | 222222   |
|  9 | 晓峰  | 男   | 15   | 333333   |
| 10 | 小影  | 女   | 26   | 444444   |
| 11 | 大梅  | 女   | 27   | 555555   |
+----+-------+------+------+----------+
9 rows in set (0.00 sec)

#查询指定多个字段的数据
mysql> SELECT name,sex,age FROM user;
+-------+------+------+
| name  | sex  | age  |
+-------+------+------+
| david | 女   | 28   |
| 小红  | 女   | 27   |
| 小明  | 男   | 10   |
| 小刚  | 男   | 12   |
| 小王  | 男   | 14   |
| 小绿  | 女   | 34   |
```

```
| 晓峰    | 男    | 15    |
| 小影    | 女    | 26    |
| 大梅    | 女    | 27    |
+-------+------+------+
9 rows in set (0.00 sec)
```

4.2.2　条件查询过滤

条件查询过滤是指使用关键字来筛选满足特定条件的数据。条件查询过滤关键字包括 AND、OR、IN、NOT IN、IS NULL、IS NOT NULL、BETWEEN AND 等。可以设置一个条件或者多个条件进行查询。

```
#使用一个条件的条件过滤查询
SELECT * FROM table_name WHERE column1 = 'value';
#使用多个条件的条件过滤查询
SELECT * FROM table_name WHERE column1 = 'value' AND column2 > 10;
```

（1）AND（与）。使用 AND 进行查询的时候，查询出来的数据要满足所有条件。

```
SELECT * FROM table_name WHERE  condition1 AND condition2;
```

（2）OR（或）。使用 OR 进行查询的时候，查询出来的数据满足任意一个条件即可。

```
SELECT * FROM table_name WHERE  condition1 OR condition2;
```

（3）IN（在范围内）。使用 IN 进行查询的时候，查询出来的数据在指定范围内。

```
SELECT * FROM table_name WHERE column_name IN (value1, value2, value3);
```

（4）NOT IN（不在范围内）。使用 NOT IN 进行查询的时候，查询出来的数据不在指定范围内。

```
SELECT * FROM table_name WHERE column_name NOT IN (value1, value2, value3);
```

（5）IS NULL（为空）。使用 IS NULL 进行查询的时候，不能使用"=NULL"，因为 MySQL 中的 NULL 不等于任何其他值，也不等于另一个 NULL，优化器会把"=NULL"的查询过滤掉而不返回数据。查询某字段为非空时使用 IS NOT NULL。

```
#IS NULL: 使用 IS NULL 关键字可以过滤出某字段值为 NULL 的结果
SELECT * FROM table_name WHERE column_name IS NULL;

#IS NOT NULL: 使用 IS NOT NULL 关键字可以过滤出某字段值不为 NULL 的结果
SELECT * FROM table_name WHERE column_name IS NOT NULL;
```

（6）BETWEEN AND（在……区间）。使用 BETWEEN AND 进行查询的时候，查询出来的数据在指定区间内。

```
SELECT * FROM table_name WHERE column_name BETWEEN value1 AND value2;
```

通过合理使用这些关键字，可以编写复杂的条件查询语句，以满足各种过滤需求，并获取所需数据结果。

实战演练——条件查询过滤

```
#使用用户名 root 和相应密码，连接本地 MySQL
C:\Users\Administrator>mysql -u root -p123456
mysql: [Warning] Using a password on the command line interface can be insecure.

#使用 shop 数据库
mysql> USE shop;
Database changed

#无条件查询所有数据
mysql> SELECT * FROM user;
```

```
+----+-------+------+------+----------+
| id | name  | sex  | age  | password |
+----+-------+------+------+----------+
| 3  | david | 女   | 28   | 111111   |
| 4  | 小红  | 女   | 27   | 123456   |
| 5  | 小明  | 男   | 10   | 123456   |
| 6  | 小刚  | 男   | 12   | 123456   |
| 7  | 小王  | 男   | 14   | 111111   |
| 8  | 小绿  | 女   | 34   | 222222   |
| 9  | 晓峰  | 男   | 15   | 333333   |
| 10 | 小影  | 女   | 26   | 444444   |
| 11 | 大梅  | 女   | 27   | 555555   |
+----+-------+------+------+----------+
9 rows in set (0.00 sec)
```

#使用 AND 查询性别为女且年龄大于 27 的数据
```
mysql> SELECT * FROM user WHERE sex='女' AND age > 27;
+----+-------+------+------+----------+
| id | name  | sex  | age  | password |
+----+-------+------+------+----------+
| 3  | david | 女   | 28   | 111111   |
| 8  | 小绿  | 女   | 34   | 222222   |
+----+-------+------+------+----------+
2 rows in set (0.00 sec)
```

#使用 OR 查询姓名为小影或者姓名为小明的数据
```
mysql> SELECT * FROM user WHERE name ='小影' OR name='小明';
+----+-------+------+------+----------+
| id | name  | sex  | age  | password |
+----+-------+------+------+----------+
| 5  | 小明  | 男   | 10   | 123456   |
| 10 | 小影  | 女   | 26   | 444444   |
+----+-------+------+------+----------+
2 rows in set (0.00 sec)
```

#使用 IN 查询 id 在（3,5,7）范围内的数据
```
mysql> SELECT * FROM user WHERE id IN (3,5,7);
+----+-------+------+------+----------+
| id | name  | sex  | age  | password |
+----+-------+------+------+----------+
| 3  | david | 女   | 28   | 111111   |
| 5  | 小明  | 男   | 10   | 123456   |
| 7  | 小王  | 男   | 14   | 111111   |
+----+-------+------+------+----------+
3 rows in set (0.00 sec)
```

#使用 NOT IN 查询 id 不在（3,5,7）范围内的数据
```
mysql> SELECT * FROM user WHERE id NOT IN (3,5,7);
```

```
+----+------+------+------+----------+
| id | name | sex  | age  | password |
+----+------+------+------+----------+
|  4 | 小红 | 女   |  27  | 123456   |
|  6 | 小刚 | 男   |  12  | 123456   |
|  8 | 小绿 | 女   |  34  | 222222   |
|  9 | 晓峰 | 男   |  15  | 333333   |
| 10 | 小影 | 女   |  26  | 444444   |
| 11 | 大梅 | 女   |  27  | 555555   |
+----+------+------+------+----------+
6 rows in set (0.00 sec)
```

#使用 IS NULL 查询年龄为空的数据
```
mysql> SELECT * FROM user WHERE age IS NULL;
Empty set (0.00 sec)
```

#使用 IS NOT NULL 查询年龄不为空的数据
```
mysql> SELECT * FROM user WHERE age IS NOT NULL;
+----+-------+------+------+----------+
| id | name  | sex  | age  | password |
+----+-------+------+------+----------+
|  3 | david | 女   |  28  | 111111   |
|  4 | 小红  | 女   |  27  | 123456   |
|  5 | 小明  | 男   |  10  | 123456   |
|  6 | 小刚  | 男   |  12  | 123456   |
|  7 | 小王  | 男   |  14  | 111111   |
|  8 | 小绿  | 女   |  34  | 222222   |
|  9 | 晓峰  | 男   |  15  | 333333   |
| 10 | 小影  | 女   |  26  | 444444   |
| 11 | 大梅  | 女   |  27  | 555555   |
+----+-------+------+------+----------+
9 rows in set (0.00 sec)
```

#使用 AND 查询年龄大于 20 且小于 30 的数据
```
mysql> SELECT * FROM user WHERE age > 20 AND age < 30;
+----+-------+------+------+----------+
| id | name  | sex  | age  | password |
+----+-------+------+------+----------+
|  3 | david | 女   |  28  | 111111   |
|  4 | 小红  | 女   |  27  | 123456   |
| 10 | 小影  | 女   |  26  | 444444   |
| 11 | 大梅  | 女   |  27  | 555555   |
+----+-------+------+------+----------+
4 rows in set (0.00 sec)
```

#使用 BETWEEN AND 查询年龄大于 20 且小于 30 的数据
```
mysql> SELECT * FROM user WHERE age BETWEEN 20 AND 30;
+----+-------+------+------+----------+
| id | name  | sex  | age  | password |
```

```
+----+-------+------+------+----------+
| 3  | david | 女   | 28   | 111111   |
| 4  | 小红  | 女   | 27   | 123456   |
| 10 | 小影  | 女   | 26   | 444444   |
| 11 | 大梅  | 女   | 27   | 555555   |
+----+-------+------+------+----------+
4 rows in set (0.01 sec)
```

#查询性别为男的数据
mysql> SELECT * FROM user WHERE sex = '男';

```
+----+-------+------+------+----------+
| id | name  | sex  | age  | password |
+----+-------+------+------+----------+
| 5  | 小明  | 男   | 10   | 123456   |
| 6  | 小刚  | 男   | 12   | 123456   |
| 7  | 小王  | 男   | 14   | 111111   |
| 9  | 晓峰  | 男   | 15   | 333333   |
+----+-------+------+------+----------+
4 rows in set (0.00 sec)
```

#查询性别不为男的数据
mysql> SELECT * FROM user WHERE sex != '男';

```
+----+-------+------+------+----------+
| id | name  | sex  | age  | password |
+----+-------+------+------+----------+
| 3  | david | 女   | 28   | 111111   |
| 4  | 小红  | 女   | 27   | 123456   |
| 8  | 小绿  | 女   | 34   | 222222   |
| 10 | 小影  | 女   | 26   | 444444   |
| 11 | 大梅  | 女   | 27   | 555555   |
+----+-------+------+------+----------+
5 rows in set (0.00 sec)
```

#查询性别不为男的数据
mysql> SELECT * FROM user WHERE sex <> '男';

```
+----+-------+------+------+----------+
| id | name  | sex  | age  | password |
+----+-------+------+------+----------+
| 3  | david | 女   | 28   | 111111   |
| 4  | 小红  | 女   | 27   | 123456   |
| 8  | 小绿  | 女   | 34   | 222222   |
| 10 | 小影  | 女   | 26   | 444444   |
| 11 | 大梅  | 女   | 27   | 555555   |
+----+-------+------+------+----------+
5 rows in set (0.00 sec)
mysql>
```

4.2.3 模糊查询过滤

模糊查询过滤是一种在 MySQL 中使用通配符进行模糊匹配的技术。它允许根据部分匹配的模式来搜索数据。模糊查询过滤使用关键字 LIKE 进行查询。

1. 百分号（%）通配符

在模糊查询中，百分号（%）用于匹配任意字符（包括空字符），可以出现在模式的任意位置。

（1）LIKE '张%'：使用 LIKE 查询指定字段以"张"开头的数据。

```
SELECT * FROM table_name WHERE name like '张%';
```

（2）LIKE '%明'：使用 LIKE 查询指定字段以"明"结尾的数据。

```
SELECT * FROM table_name WHERE name like '%明';
```

（3）LIKE '%明%'：使用 LIKE 查询指定字段包含"明"的数据。

```
SELECT * FROM table_name WHERE name like '%明%';
```

2. 下画线（_）通配符

下画线（_）用于匹配单个字符，可以出现在模式的任意位置。

```
SELECT * FROM table_name WHERE column_name LIKE 'pattern_';
```

3. 通配符的结合使用

可以同时使用百分号（%）和下画线（_）来创建更精确的模式。

```
SELECT * FROM table_name WHERE column_name LIKE 'p%ttern_';
```

4. ESCAPE 关键字

ESCAPE 关键字用于指定转义字符，以避免与模糊查询通配符产生冲突。当模糊查询的模式中包含通配符本身而不是通配符的含义时，可以使用 ESCAPE 关键字来转义这些字符，使其被视为普通字符而不是通配符。

```
#'pattern'是要匹配的模式
#'escape_character'是指定的转义字符
SELECT * FROM table_name WHERE column_name LIKE 'pattern' ESCAPE 'escape_character';

#将第二个%字符前面的!字符作为转义字符，使得第二个%字符被视为普通字符进行匹配
SELECT * FROM table_name WHERE column_name LIKE '%!%' ESCAPE '!';
```

注意事项如下。

（1）转义字符在模式中只对紧随其后的特殊字符有效。

（2）当使用ESCAPE关键字时，如果模式中有多个特殊字符需要转义，则应确保在每个特殊字符前面都加上转义字符。

实战演练——模糊查询过滤

```
#使用用户名 root 和相应密码，连接本地 MySQL
C:\Users\Administrator>mysql -u root -p123456
mysql: [Warning] Using a password on the command line interface can be insecure.

#使用 shop 数据库
mysql> USE shop;
Database changed

#查询用户表 user 中的所有数据
mysql> SELECT * FROM user;
+----+-------+------+------+----------+
| id | name  | sex  | age  | password |
+----+-------+------+------+----------+
| 3  | david | 女   | 28   | 111111   |
| 4  | 小红  | 女   | 27   | 123456   |
```

```
| 5 | 小明    | 男   | 10   | 123456   |
| 6 | 小刚    | 男   | 12   | 123456   |
| 7 | 小王    | 男   | 14   | 111111   |
| 8 | 小绿    | 女   | 34   | 222222   |
| 9 | 晓峰    | 男   | 15   | 333333   |
| 10 | 小影   | 女   | 26   | 444444   |
| 11 | 大梅   | 女   | 27   | 555555   |
+----+-------+------+------+----------+
9 rows in set (0.00 sec)
```

#查询姓名以"小"开头的数据，百分号（%）用于匹配任意字符
```
mysql> SELECT * FROM user WHERE name like '小%';
+----+------+------+------+----------+
| id | name | sex  | age  | password |
+----+------+------+------+----------+
| 4 | 小红  | 女   | 27   | 123456   |
| 5 | 小明  | 男   | 10   | 123456   |
| 6 | 小刚  | 男   | 12   | 123456   |
| 7 | 小王  | 男   | 14   | 111111   |
| 8 | 小绿  | 女   | 34   | 222222   |
| 10 | 小影 | 女   | 26   | 444444   |
+----+------+------+------+----------+
6 rows in set (0.00 sec)
```

#查询姓名以"明"结尾的数据
```
mysql> SELECT * FROM user WHERE name like '%明';
+----+------+------+------+----------+
| id | name | sex  | age  | password |
+----+------+------+------+----------+
| 5 | 小明  | 男   | 10   | 123456   |
+----+------+------+------+----------+
1 row in set (0.00 sec)
```

#查询姓名包含"小"的数据
```
mysql> SELECT * FROM user WHERE name like '%小%';
+----+------+------+------+----------+
| id | name | sex  | age  | password |
+----+------+------+------+----------+
| 4 | 小红  | 女   | 27   | 123456   |
| 5 | 小明  | 男   | 10   | 123456   |
| 6 | 小刚  | 男   | 12   | 123456   |
| 7 | 小王  | 男   | 14   | 111111   |
| 8 | 小绿  | 女   | 34   | 222222   |
| 10 | 小影 | 女   | 26   | 444444   |
+----+------+------+------+----------+
6 rows in set (0.00 sec)
```

```
#查询年龄以"1"开头的数据,下画线(_)用于匹配单个字符
mysql> SELECT * FROM user WHERE age like '1_';
+----+------+------+------+----------+
| id | name | sex  | age  | password |
+----+------+------+------+----------+
|  5 | 小明 | 男   | 10   | 123456   |
|  6 | 小刚 | 男   | 12   | 123456   |
|  7 | 小王 | 男   | 14   | 111111   |
|  9 | 晓峰 | 男   | 15   | 333333   |
+----+------+------+------+----------+
4 rows in set (0.01 sec)

#使用ESCAPE关键字指定\作为转义字符。模式'%\_%'中的\_表示匹配下画线字符
mysql> SELECT * FROM user WHERE name LIKE '%\_%' ESCAPE '_';
Empty set (0.00 sec)

mysql>
```

4.2.4 字段控制查询过滤

在 MySQL 中,DISTINCT 关键字用于在查询结果中去除重复的行。它可以应用于 SELECT 语句,使得查询结果只返回唯一的值。字段控制查询过滤可以使用 DISTINCT 关键字去重,使用 AS 关键字设置别名。

（1）DISTINCT: 去除重复的字段值。

```
SELECT DISTINCT column_name FROM table_name;
```

（2）AS: 可以设置字段的别名,也可以省略 AS 关键字。

```
SELECT column_name as 姓名 FROM table_name;
```

或者

```
SELECT column_name 姓名 FROM table_name;
```

DISTINCT 关键字的使用场景如下。

去除重复值: 当查询结果中存在重复的行时,使用 DISTINCT 关键字可以仅返回唯一的行,去除重复的值。

统计唯一值: 可以使用 DISTINCT 关键字来统计某个字段中唯一值的数量。

实战演练——字段控制查询过滤

```
#使用用户名root和相应密码,连接本地MySQL
C:\Users\Administrator>mysql -u root -p123456
mysql: [Warning] Using a password on the command line interface can be insecure.

#使用shop数据库
mysql> USE shop;
Database changed

#查询用户表user中的所有数据
mysql> SELECT * FROM user;
+----+-------+------+------+----------+
| id | name  | sex  | age  | password |
+----+-------+------+------+----------+
|  3 | david | 女   | 28   | 111111   |
```

```
|  4 | 小红   | 女   |  27 | 123456    |
|  5 | 小明   | 男   |  10 | 123456    |
|  6 | 小刚   | 男   |  12 | 123456    |
|  7 | 小王   | 男   |  14 | 111111    |
|  8 | 小绿   | 女   |  34 | 222222    |
|  9 | 晓峰   | 男   |  15 | 333333    |
| 10 | 小影   | 女   |  26 | 444444    |
| 11 | 大梅   | 女   |  27 | 555555    |
+----+-------+------+------+----------+
9 rows in set (0.01 sec)
```

#去重查询性别
mysql> SELECT DISTINCT sex FROM user;
```
+-----+
| sex |
+-----+
| 女  |
| 男  |
+-----+
2 rows in set (0.00 sec)
```

#去重查询年龄
mysql> SELECT DISTINCT age FROM user;
```
+------+
| age  |
+------+
| 28   |
| 27   |
| 10   |
| 12   |
| 14   |
| 34   |
| 15   |
| 26   |
+------+
8 rows in set (0.00 sec)
```

#查询 id 与 age 之和
mysql> SELECT *,id+age FROM user;
```
+----+-------+------+------+----------+--------+
| id | name  | sex  | age  | password | id+age |
+----+-------+------+------+----------+--------+
|  3 | david | 女   |  28 | 111111   |  31    |
|  4 | 小红   | 女   |  27 | 123456   |  31    |
|  5 | 小明   | 男   |  10 | 123456   |  15    |
|  6 | 小刚   | 男   |  12 | 123456   |  18    |
|  7 | 小王   | 男   |  14 | 111111   |  21    |
|  8 | 小绿   | 女   |  34 | 222222   |  42    |
|  9 | 晓峰   | 男   |  15 | 333333   |  24    |
```

```
| 10 | 小影   | 女   | 26   | 444444   | 36     |
| 11 | 大梅   | 女   | 27   | 555555   | 38     |
+----+-------+------+------+----------+--------+
9 rows in set (0.01 sec)
```

#查询 id 与 age 之和，使用 AS 关键字设置别名 total
```
mysql> SELECT *,id+age AS total FROM user;
+----+-------+------+------+----------+-------+
| id | name  | sex  | age  | password | total |
+----+-------+------+------+----------+-------+
| 3  | david | 女   | 28   | 111111   | 31    |
| 4  | 小红   | 女   | 27   | 123456   | 31    |
| 5  | 小明   | 男   | 10   | 123456   | 15    |
| 6  | 小刚   | 男   | 12   | 123456   | 18    |
| 7  | 小王   | 男   | 14   | 111111   | 21    |
| 8  | 小绿   | 女   | 34   | 222222   | 42    |
| 9  | 晓峰   | 男   | 15   | 333333   | 24    |
| 10 | 小影   | 女   | 26   | 444444   | 36    |
| 11 | 大梅   | 女   | 27   | 555555   | 38    |
+----+-------+------+------+----------+-------+
9 rows in set (0.00 sec)
```

#查询 id 与 age 之和，不使用 AS 关键字设置别名 total
```
mysql> SELECT *,id+age total FROM user;
+----+-------+------+------+----------+-------+
| id | name  | sex  | age  | password | total |
+----+-------+------+------+----------+-------+
| 3  | david | 女   | 28   | 111111   | 31    |
| 4  | 小红   | 女   | 27   | 123456   | 31    |
| 5  | 小明   | 男   | 10   | 123456   | 15    |
| 6  | 小刚   | 男   | 12   | 123456   | 18    |
| 7  | 小王   | 男   | 14   | 111111   | 21    |
| 8  | 小绿   | 女   | 34   | 222222   | 42    |
| 9  | 晓峰   | 男   | 15   | 333333   | 24    |
| 10 | 小影   | 女   | 26   | 444444   | 36    |
| 11 | 大梅   | 女   | 27   | 555555   | 38    |
+----+-------+------+------+----------+-------+
9 rows in set (0.00 sec)
mysql>
```

4.2.5 正则表达式查询过滤

正则表达式用来匹配文本中的特殊字符串或字符集合。可以将正则表达式与文本进行比较，查询出满足正则表达式的数据。几乎所有种类的程序设计语言、文本编辑器、操作系统等都支持正则表达式。MySQL 使用 WHERE 子句对正则表达式提供初步的支持，使用 REGEXP 关键字指定正则表达式的字符匹配模式，MySQL 支持通过指定正则表达式来过滤 SELECT 语句检索出的数据。

在使用 MySQL 进行正则表达式查询之前，要掌握特殊字符在正则表达式中的使用方法，如表 4.1 所示。

表 4.1　正则表达式中特殊字符的使用方法

匹配模式	含义	例子及说明	示例
^	匹配文本开始字符	^b：匹配以字母 b 开头的字符串	banner、bag
$	匹配文本结束字符	st$：匹配以 st 结尾的字符串	test、persist
.	匹配任何单个字符	b.t：匹配任何 b 和 t 之间有一个字符的字符串	bit、bat、but
*	匹配 0 个或多个其中的字符	f*n：匹配 f 和 n 之间有任意个字符的字符串	fn、fan、faan
+	匹配至少一个前面的字符	ba+：匹配以 b 开头后面紧跟至少一个 a 的字符串	ba、bay、bare
<字符串>	匹配包含指定字符串的字符串	fa：匹配包含 fa 字符串的字符串	fan、afa、faad
[字符集合]	匹配包含字符集合中的任何一个字符的字符串	[xz]：匹配包含 x 或者 z 的字符串	dizzy、zebra、x-ray
[^]	匹配不包含括号中的字符的任何字符串	[^abc]：匹配不包含 a、b、c 的任何字符串	desk、fox、f8ke
字符串{n,}	匹配前面的字符串至少 n 次	b{2}：匹配 2 个或更多个 b	bbb、bbb、bbbbbb
字符串{n,m}	匹配前面的字符串至少 n 次，至多 m 次。如果 n 为 0，则此参数为可选参数	b{2,4}：匹配最少 2 个 b，最多 4 个 b	bb、bbb、bbbb

下面来查询以特定字符或字符串开头的记录、查询以特定字符或字符串结尾的记录、用 "." 来替代字符串中的任意一个字符、用 "*" 和 "+" 来匹配多个字符、匹配指定字符串、匹配指定字符串中的任意一个、匹配指定字符以外的字符、使用{n,}或者{n,m}来指定字符串连续出现的次数。

实战演练——使用正则表达式

```
#使用用户名 root 和相应密码，连接本地 MySQL
C:\Users\Administrator>mysql -u root -p123456
mysql: [Warning] Using a password on the command line interface can be insecure.

#使用 shop 数据库
mysql> USE shop;
Database changed

#查询用户表 user 中的所有记录
mysql> SELECT * FROM user;
+----+-------+------+------+----------+
| id | name  | sex  | age  | password |
+----+-------+------+------+----------+
|  3 | david | 女   | 28   | 111111   |
|  4 | 小红  | 女   | 27   | 123456   |
|  5 | 小明  | 男   | 10   | 123456   |
|  6 | 小刚  | 男   | 12   | 123456   |
|  7 | 小王  | 男   | 14   | 111111   |
|  8 | 小绿  | 女   | 34   | 222222   |
|  9 | 晓峰  | 男   | 15   | 333333   |
| 10 | 小影  | 女   | 26   | 444444   |
```

```
| 11 | 大梅   | 女   | 27   | 555555   |
+----+-------+------+------+----------+
9 rows in set (0.00 sec)
```

#查询 name 字段中以"小"开头的数据

```
mysql> SELECT * FROM user WHERE name REGEXP '^小';
+----+------+------+------+----------+
| id | name | sex  | age  | password |
+----+------+------+------+----------+
| 4  | 小红  | 女   | 27   | 123456   |
| 5  | 小明  | 男   | 10   | 123456   |
| 6  | 小刚  | 男   | 12   | 123456   |
| 7  | 小王  | 男   | 14   | 111111   |
| 8  | 小绿  | 女   | 34   | 222222   |
| 10 | 小影  | 女   | 26   | 444444   |
+----+------+------+------+----------+
6 rows in set (0.02 sec)
```

#查询 password 字段中以"456"结尾的数据

```
mysql> SELECT * FROM user WHERE password REGEXP '456$';
+----+------+------+------+----------+
| id | name | sex  | age  | password |
+----+------+------+------+----------+
| 4  | 小红  | 女   | 27   | 123456   |
| 5  | 小明  | 男   | 10   | 123456   |
| 6  | 小刚  | 男   | 12   | 123456   |
+----+------+------+------+----------+
3 rows in set (0.00 sec)
```

#用"."来替代字符串中的任意一个字符

```
mysql> SELECT * FROM user WHERE password REGEXP '123.5';
+----+------+------+------+----------+
| id | name | sex  | age  | password |
+----+------+------+------+----------+
| 4  | 小红  | 女   | 27   | 123456   |
| 5  | 小明  | 男   | 10   | 123456   |
| 6  | 小刚  | 男   | 12   | 123456   |
+----+------+------+------+----------+
3 rows in set (0.00 sec)
```

#用"'*'"匹配前面的字符任意次，包括 0 次

```
mysql> SELECT * FROM user WHERE password REGEXP '^1234*';
+----+------+------+------+----------+
| id | name | sex  | age  | password |
+----+------+------+------+----------+
| 4  | 小红  | 女   | 27   | 123456   |
| 5  | 小明  | 男   | 10   | 123456   |
| 6  | 小刚  | 男   | 12   | 123456   |
```

```
+----+------+------+------+----------+
3 rows in set (0.00 sec)
```

#用 "+" 匹配至少一个前面的字符
```
mysql> SELECT * FROM user WHERE password REGEXP '^123+';
+----+------+------+------+----------+
| id | name | sex  | age  | password |
+----+------+------+------+----------+
|  4 | 小红 | 女   |  27  | 123456   |
|  5 | 小明 | 男   |  10  | 123456   |
|  6 | 小刚 | 男   |  12  | 123456   |
+----+------+------+------+----------+
3 rows in set (0.00 sec)
```

#匹配指定字符串
```
mysql> SELECT * FROM user WHERE password REGEXP 11;
+----+-------+------+------+----------+
| id | name  | sex  | age  | password |
+----+-------+------+------+----------+
|  3 | david | 女   |  28  | 111111   |
|  7 | 小王  | 男   |  14  | 111111   |
+----+-------+------+------+----------+
2 rows in set (0.00 sec)
```

#匹配指定字符串中的任何一个,将多个字符串使用分隔符 "|" 隔开
```
mysql> SELECT * FROM user WHERE password REGEXP '123|222';
+----+------+------+------+----------+
| id | name | sex  | age  | password |
+----+------+------+------+----------+
|  4 | 小红 | 女   |  27  | 123456   |
|  5 | 小明 | 男   |  10  | 123456   |
|  6 | 小刚 | 男   |  12  | 123456   |
|  8 | 小绿 | 女   |  34  | 222222   |
+----+------+------+------+----------+
4 rows in set (0.00 sec)
```

/*使用 "[ ]" 指定一个字符集合,只匹配其中任何一个字符,即对所查找的文本还可以指定数值集合
"[a-z]" 表示集合区间为 a~z 的字母,"[0-9]" 表示集合区间为 0~9 的数字*/
```
mysql> SELECT * FROM user WHERE id REGEXP '[15]';
+----+------+------+------+----------+
| id | name | sex  | age  | password |
+----+------+------+------+----------+
|  5 | 小明 | 男   |  10  | 123456   |
| 10 | 小影 | 女   |  26  | 444444   |
| 11 | 大梅 | 女   |  27  | 555555   |
+----+------+------+------+----------+
3 rows in set (0.00 sec)
```

#查询不在指定集合范围内的数据
```
mysql> SELECT * FROM user WHERE id REGEXP '[^1-4]';
```

```
+----+------+------+------+----------+
| id | name | sex  | age  | password |
+----+------+------+------+----------+
| 5  | 小明  | 男    | 10   | 123456   |
| 6  | 小刚  | 男    | 12   | 123456   |
| 7  | 小王  | 男    | 14   | 111111   |
| 8  | 小绿  | 女    | 34   | 222222   |
| 9  | 晓峰  | 男    | 15   | 333333   |
| 10 | 小影  | 女    | 26   | 444444   |
+----+------+------+------+----------+
6 rows in set (0.00 sec)
```

#字符串{n,}：匹配前面的字符串至少 n 次
```
mysql> SELECT * FROM user WHERE password REGEXP '333{2,}';
+----+------+------+------+----------+
| id | name | sex  | age  | password |
+----+------+------+------+----------+
| 9  | 晓峰  | 男    | 15   | 333333   |
+----+------+------+------+----------+
1 row in set (0.00 sec)
```

#字符串{n,m}：匹配前面的字符串至少 n 次，至多 m 次。如果 n 为 0，则此参数为可选参数
```
mysql> SELECT * FROM user WHERE password REGEXP '33{1,3}';
+----+------+------+------+----------+
| id | name | sex  | age  | password |
+----+------+------+------+----------+
| 9  | 晓峰  | 男    | 15   | 333333   |
+----+------+------+------+----------+
1 row in set (0.00 sec)
mysql>
```

4.3 子查询

4.3.1 什么是子查询

在 MySQL 中，一条查询语句中可以嵌套另一条查询语句，内部查询被称为子查询。子查询可以作为主查询的一部分，用于实现更复杂、更灵活的查询操作。子查询是一个父表达式调用一个子表达式结果的查询操作，子表达式结果传递给父表达式继续处理，子查询也被称为内嵌查询。子查询可以包含普通 SELECT 语句可以包括的任何子句或关键字，如 DISTINCT、 GROUP BY、ORDER BY、LIMIT、JOIN 和 UNION 等，但是对应的外部查询必须是 SELECT、INSERT、UPDATE、DELETE、SET 或者 DO 中的一种。

子查询可以按返回结果或按对返回结果的调用方法进行分类。按照返回结果，子查询可以分为表子查询、行子查询、列子查询、标量子查询；按照对返回结果的调用方法，子查询可以分为 WHERE 子查询、FROM 子查询、EXISTS 子查询。

1. 子查询的语法

子查询可以出现在 SELECT、FROM、WHERE 或 HAVING 子句中，并且可以嵌套多个层级。在 SELECT 子句中，子查询可以作为列的值，返回单个值或单列结果集。

子查询

在 FROM 子句中，子查询可以作为派生表，返回多列结果集。

在 WHERE 或 HAVING 子句中，子查询可以作为条件，返回符合条件的数据。

2. 子查询的作用

过滤数据：可以使用子查询在 WHERE 子句中过滤数据，根据子查询的结果来决定主查询的结果。

进行计算：子查询可以作为 SELECT 子句的一部分，用于计算和返回特定的值。

进行连接：子查询可以作为主查询的表之一，与其他表进行连接操作。

进行子集查询：子查询可以用于查询某个表中的子集数据，从而满足更复杂的查询需求。

3. 子查询的特点

子查询可以返回单个值、单列结果集或多列结果集，具体取决于子查询的语法和位置。

子查询可以引用外部查询的列和表，以进行关联和比较操作。

子查询可以使用各种查询运算符（如 IN、ANY、ALL、EXISTS）和比较运算符（如=、<、>）来实现不同的逻辑。

4.3.2　按返回结果进行分类的子查询

MySQL 中的子查询可以根据返回结果进行分类，子查询按返回结果可以分为表子查询、行子查询、列子查询、标量子查询。

1. 表子查询

表子查询是在主查询中嵌套的查询语句，其返回的结果是一个表。表子查询可以作为主查询的一个数据源，用于与其他表进行连接或作为派生表使用。表子查询的语法格式类似于普通的 SELECT 语句，返回的结果集可以包含多列多行，其返回的结果集由多行（至少一行）数据组成，表子查询中要设置表的别名，常用于父查询的 FROM 子句中。

查询用户表 user 中年龄大于 20 的用户的姓名、性别、年龄。

```
SELECT * FROM (SELECT name,sex,age FROM user WHERE age >20) AS user20;
```

实战演练——表子查询

```
#使用用户名 root 和相应密码，连接本地 MySQL
C:\Users\Administrator>mysql -u root -p123456
mysql: [Warning] Using a password on the command line interface can be insecure.


#使用 shop 数据库
mysql> USE shop;
Database changed

#查询用户表 user 中年龄大于 20 的用户的姓名、性别、年龄
mysql> SELECT * FROM (SELECT name,sex,age FROM user WHERE age > 20) AS user20;
+-------+------+------+
| name  | sex  | age  |
+-------+------+------+
| david | 女   | 28   |
| 小红  | 女   | 27   |
| 小绿  | 女   | 34   |
| 小影  | 女   | 26   |
| 大梅  | 女   | 27   |
+-------+------+------+
5 rows in set (0.00 sec)
mysql>
```

2. 行子查询

行子查询是在主查询的 WHERE 或 HAVING 子句中嵌套的查询语句，其返回的结果是一个或多个行。行子查询可以根据查询的条件过滤出满足条件的行，然后将这些行作为主查询的条件进行进一步操作。行子查询的结果可以用作比较运算符（如=、<、>）或 IN 子句中的条件。其返回结果集由一行数据组成，可以包含多列，常用于父查询的 FROM 子句或者 WHERE 子句中。

查询和 david 性别相同的用户。

```
SELECT * FROM user WHERE sex = (SELECT sex FROM user WHERE name='david');
```

实战演练——行子查询

```
#使用用户名 root 和相应密码，连接本地 MySQL
C:\Users\Administrator>mysql -u root -p123456
mysql: [Warning] Using a password on the command line interface can be insecure.

#使用 shop 数据库
mysql> USE shop;
Database changed

#查询和 david 性别相同的用户
mysql> SELECT * FROM user WHERE sex = (SELECT sex FROM user WHERE name='david');
+----+-------+------+------+----------+
| id | name  | sex  | age  | password |
+----+-------+------+------+----------+
| 3  | david | 女   | 28   | 111111   |
| 4  | 小红  | 女   | 27   | 123456   |
| 8  | 小绿  | 女   | 34   | 222222   |
| 10 | 小影  | 女   | 26   | 444444   |
| 11 | 大梅  | 女   | 27   | 555555   |
+----+-------+------+------+----------+
5 rows in set (0.01 sec)
mysql>
```

3. 列子查询

列子查询是在主查询的 SELECT 子句中嵌套的查询语句，其返回的结果是一个或多个列。列子查询通常用于获取某个列的单一值或多个列的组合值，然后将这些值作为主查询的一部分进行处理。列子查询的结果可以作为主查询中的列或计算表达式的一部分。其返回的结果集由多行一列数据组成，可以使用 IN、ANY 和 ALL 操作符。其中，IN 表示在指定项内，格式为 IN(项 1,项 2,...)；ANY 与比较操作符联合使用，ANY 关键字必须接在一个比较操作符的后面，表示若与子查询返回的任何值比较为 true，则返回 true；ALL 与比较操作符联合使用，ALL 关键字必须接在一个比较操作符的后面，表示若与子查询返回的所有值比较都为 true，则返回 true。

查询性别为女的 id 和姓名。

```
SELECT id,name FROM user WHERE id IN (SELECT id FROM user WHERE sex='女') ;
```

查询年龄大于 david 的用户的 id、姓名和年龄。

```
SELECT id,name,age FROM user WHERE age > ANY (SELECT age FROM user WHERE
name='david');
```

查询年龄最小的用户。

```
SELECT * FROM user WHERE age <= ALL (SELECT age FROM user);
```

实战演练——列子查询

```
#使用用户名 root 和相应密码，连接本地 MySQL
C:\Users\Administrator>mysql -u root -p123456
```

```
mysql: [Warning] Using a password on the command line interface can be insecure.
```

#使用 shop 数据库
```
mysql> USE shop;
Database changed
```

#查询用户表 user
```
mysql> SELECT * FROM user;
+----+-------+------+------+----------+
| id | name  | sex  | age  | password |
+----+-------+------+------+----------+
| 3  | david | 女   | 28   | 111111   |
| 4  | 小红  | 女   | 27   | 123456   |
| 5  | 小明  | 男   | 10   | 123456   |
| 6  | 小刚  | 男   | 12   | 123456   |
| 7  | 小王  | 男   | 14   | 111111   |
| 8  | 小绿  | 女   | 34   | 222222   |
| 9  | 晓峰  | 男   | 15   | 333333   |
| 10 | 小影  | 女   | 26   | 444444   |
| 11 | 大梅  | 女   | 27   | 555555   |
+----+-------+------+------+----------+
9 rows in set (0.00 sec)
```

#查询性别为女的 id 和姓名
```
mysql> SELECT id,name FROM user WHERE id IN (SELECT id FROM user WHERE sex='女') ;
+----+-------+
| id | name  |
+----+-------+
| 3  | david |
| 4  | 小红  |
| 8  | 小绿  |
| 10 | 小影  |
| 11 | 大梅  |
+----+-------+
5 rows in set (0.01 sec)
```

#查询年龄大于 david 的用户的 id、姓名和年龄
```
mysql> SELECT id,name,age FROM user WHERE age > ANY (SELECT age FROM user WHERE name='david');
+----+------+------+
| id | name | age  |
+----+------+------+
| 8  | 小绿 | 34   |
+----+------+------+
1 row in set (0.00 sec)
```

#查询年龄最小的用户
```
mysql> SELECT * FROM user WHERE age <= ALL (SELECT age FROM user);
+----+------+------+------+----------+
| id | name | sex  | age  | password |
+----+------+------+------+----------+
```

```
| 5 | 小明  | 男  | 10  | 123456    |
+----+------+------+------+----------+
1 row in set (0.00 sec)
mysql>
```

4. 标量子查询

标量子查询是返回单个标量（单个值）的子查询。它通常用于获取一个表达式的值，如计算总数、平均值或最大值等。标量子查询的结果可以直接作为主查询的一部分进行使用，如作为 SELECT 语句的一部分、WHERE 子句的条件或作为其他计算的输入。其返回的结果集是一个标量集合，一行一列就是一个标量值。每个标量子查询是一个行子查询和一个列子查询；每个行子查询和列子查询是一个表子查询。

查询和 id 为 4 的用户年龄相同的用户。

```
SELECT name FROM user WHERE age = (SELECT age FROM user WHERE id=4) and id !=4;
```

实战演练——标量子查询

```
#使用用户名 root 和相应密码，连接本地 MySQL
C:\Users\Administrator>mysql -u root -p123456
mysql: [Warning] Using a password on the command line interface can be insecure.

#使用 shop 数据库
mysql> USE shop;
Database changed

#查询用户表 user
mysql> SELECT * FROM user;
+----+-------+------+------+----------+
| id | name  | sex  | age  | password |
+----+-------+------+------+----------+
|  3 | david | 女   | 28   | 111111   |
|  4 | 小红  | 女   | 27   | 123456   |
|  5 | 小明  | 男   | 10   | 123456   |
|  6 | 小刚  | 男   | 12   | 123456   |
|  7 | 小王  | 男   | 14   | 111111   |
|  8 | 小绿  | 女   | 34   | 222222   |
|  9 | 晓峰  | 男   | 15   | 333333   |
| 10 | 小影  | 女   | 26   | 444444   |
| 11 | 大梅  | 女   | 27   | 555555   |
+----+-------+------+------+----------+
9 rows in set (0.00 sec)

#查询和 id 为 4 的用户年龄相同的用户
mysql> SELECT name FROM user WHERE age = (SELECT age FROM user WHERE id=4) and id !=4;
+------+
| name |
+------+
| 大梅 |
+------+
1 row in set (0.00 sec)
mysql>
```

4.3.3 按对返回结果的调用方法进行分类的子查询

在 MySQL 中，子查询可以根据返回结果的调用方法进行分类。子查询按对返回结果的调用方法可以分为 WHERE 子查询、FROM 子查询、EXISTS 子查询。

1. WHERE 子查询

嵌套在主查询的 WHERE 子句中的子查询即为 WHERE 子查询。它可以用来根据子查询的结果过滤主查询的数据，而子查询的结果通常与主查询的某个条件进行比较，如使用比较运算符（如=、<、>）或 IN 子句。WHERE 子查询返回的结果可以是一个值、一列或多行数据，把内层查询的结果作为外层查询的条件。

```
SELECT column1, column2
FROM table1
WHERE column1 IN (SELECT column1 FROM table2);
```

查询比小刚年龄大的用户。

```
SELECT * FROM user WHERE age > (SELECT age FROM user WHERE name='小刚');
```

实战演练——WHERE 子查询

```
#使用用户名 root 和相应密码，连接本地 MySQL
C:\Users\Administrator>mysql -u root -p123456
mysql: [Warning] Using a password on the command line interface can be insecure.

#使用 shop 数据库
mysql> USE shop;
Database changed

#查询用户表 user
mysql> SELECT * FROM user;
+----+-------+------+------+----------+
| id | name  | sex  | age  | password |
+----+-------+------+------+----------+
|  3 | david | 女   | 28   | 111111   |
|  4 | 小红  | 女   | 27   | 123456   |
|  5 | 小明  | 男   | 10   | 123456   |
|  6 | 小刚  | 男   | 12   | 123456   |
|  7 | 小王  | 男   | 14   | 111111   |
|  8 | 小绿  | 女   | 34   | 222222   |
|  9 | 晓峰  | 男   | 15   | 333333   |
| 10 | 小影  | 女   | 26   | 444444   |
| 11 | 大梅  | 女   | 27   | 555555   |
+----+-------+------+------+----------+
9 rows in set (0.00 sec)

#查询比小刚年龄大的用户
mysql> SELECT * FROM user WHERE age > (SELECT age FROM user WHERE name='小刚');
+----+-------+------+------+----------+
| id | name  | sex  | age  | password |
+----+-------+------+------+----------+
|  3 | david | 女   | 28   | 111111   |
|  4 | 小红  | 女   | 27   | 123456   |
|  7 | 小王  | 男   | 14   | 111111   |
|  8 | 小绿  | 女   | 34   | 222222   |
|  9 | 晓峰  | 男   | 15   | 333333   |
| 10 | 小影  | 女   | 26   | 444444   |
```

```
| 11 | 大梅  | 女   | 27   | 555555   |
+----+-------+------+------+----------+
7 rows in set (0.00 sec)
mysql>
```

2. FROM 子查询

嵌套在主查询的 FROM 子句中的子查询即为 FROM 子查询。它将子查询作为一个派生表，并将其结果与其他表进行连接操作。FROM 子查询可以用于处理复杂的数据关联和多表查询。子查询的结果作为派生表，可以与主查询的表进行 JOIN 操作。其将返回的结果集作为一个临时表，临时表要设置别名，并在临时表中进行查询。

```
SELECT *
FROM (SELECT column1, column2 FROM table1) AS derived_table
JOIN table2 ON derived_table.column1 = table2.column1;
```

查询性别为男且年龄大于 12 的用户。

```
SELECT * FROM (SELECT name,age,password FROM user WHERE sex='男') AS temp WHERE
temp.age > 12 ;
```

实战演练——FROM 子查询

```
#使用用户名 root 和相应密码，连接本地 MySQL
C:\Users\Administrator>mysql -u root -p123456
mysql: [Warning] Using a password on the command line interface can be insecure.

#使用 shop 数据库
mysql> USE shop;
Database changed

#查询用户表 user
mysql> SELECT * FROM user;
+----+-------+------+------+----------+
| id | name  | sex  | age  | password |
+----+-------+------+------+----------+
| 3  | david | 女   | 28   | 111111   |
| 4  | 小红  | 女   | 27   | 123456   |
| 5  | 小明  | 男   | 10   | 123456   |
| 6  | 小刚  | 男   | 12   | 123456   |
| 7  | 小王  | 男   | 14   | 111111   |
| 8  | 小绿  | 女   | 34   | 222222   |
| 9  | 晓峰  | 男   | 15   | 333333   |
| 10 | 小影  | 女   | 26   | 444444   |
| 11 | 大梅  | 女   | 27   | 555555   |
+----+-------+------+------+----------+
9 rows in set (0.00 sec)

#查询性别为男的用户
mysql> SELECT * FROM (SELECT name,age,password FROM user WHERE sex='男') AS temp ;
+-------+------+----------+
| name  | age  | password |
+-------+------+----------+
| 小明  | 10   | 123456   |
| 小刚  | 12   | 123456   |
| 小王  | 14   | 111111   |
```

```
| 晓峰   | 15    | 333333   |
+------+------+----------+
4 rows in set (0.00 sec)
```

#查询性别为男且年龄大于 12 的用户
```
mysql> SELECT * FROM (SELECT name,age,password FROM user WHERE sex='男') AS temp
WHERE temp.age > 12 ;
+------+------+----------+
| name | age  | password |
+------+------+----------+
| 小王 | 14   | 111111   |
| 晓峰 | 15   | 333333   |
+------+------+----------+
2 rows in set (0.00 sec)
mysql>
```

3. EXISTS 子查询

EXISTS 子查询是一种特殊的子查询，它用于判断子查询是否返回结果，并根据结果的存在与否决定主查询的行是否被包含。EXISTS 子查询通常用于将子查询的结果与主查询进行关联，以判断是否存在匹配的数据。

如果把外层查询结果拿到内层，看内层的查询是否成立，则当使用 EXISTS 关键字时，内层查询语句不返回查询的记录，而是返回一个布尔值。如果内层查询语句查询到满足条件的记录，只要子查询中至少返回一个值，EXISTS 语句的值就为 true，并返回 true，否则返回 false。当返回 true 时，外层查询语句将进行查询，否则不进行查询。NOT EXISTS 刚好与之相反。

```
SELECT column1, column2
FROM table1
WHERE EXISTS (SELECT *
            FROM table2
            WHERE table1.column1 = table2.column1);
```

查询密码为 111111 的用户是否存在。
```
SELECT * FROM user WHERE EXISTS (SELECT * FROM user WHERE password='111111');
```

实战演练——EXISTS 子查询

#使用用户名 root 和相应密码，连接本地 MySQL
```
C:\Users\Administrator>mysql -u root -p123456
mysql: [Warning] Using a password on the command line interface can be insecure.
```

#使用 shop 数据库
```
mysql> USE shop;
Database changed
```

#查询用户表 user
```
mysql> SELECT * FROM user;
+----+-------+------+------+----------+
| id | name  | sex  | age  | password |
+----+-------+------+------+----------+
| 3  | david | 女   | 28   | 111111   |
| 4  | 小红  | 女   | 27   | 123456   |
| 5  | 小明  | 男   | 10   | 123456   |
| 6  | 小刚  | 男   | 12   | 123456   |
| 7  | 小王  | 男   | 14   | 111111   |
```

101

```
| 8  | 小绿  | 女   | 34   | 222222   |
| 9  | 晓峰  | 男   | 15   | 333333   |
| 10 | 小影  | 女   | 26   | 444444   |
| 11 | 大梅  | 女   | 27   | 555555   |
+----+-------+------+------+----------+
9 rows in set (0.00 sec)
```

#查询密码为 111111 的用户是否存在
```
mysql> SELECT * FROM user WHERE EXISTS (SELECT * FROM user WHERE password='111111');
+----+-------+------+------+----------+
| id | name  | sex  | age  | password |
+----+-------+------+------+----------+
| 3  | david | 女   | 28   | 111111   |
| 4  | 小红  | 女   | 27   | 123456   |
| 5  | 小明  | 男   | 10   | 123456   |
| 6  | 小刚  | 男   | 12   | 123456   |
| 7  | 小王  | 男   | 14   | 111111   |
| 8  | 小绿  | 女   | 34   | 222222   |
| 9  | 晓峰  | 男   | 15   | 333333   |
| 10 | 小影  | 女   | 26   | 444444   |
| 11 | 大梅  | 女   | 27   | 555555   |
+----+-------+------+------+----------+
9 rows in set (0.01 sec)
```

#查询密码为 1111121 的用户是否存在
```
mysql> SELECT * FROM user WHERE EXISTS (SELECT * FROM user WHERE password=
'1111121');
Empty set (0.04 sec)
```

#查询密码为 1111121 的用户是否不存在
```
mysql> SELECT * FROM user WHERE NOT EXISTS (SELECT * FROM user WHERE password=
'1111121');
+----+-------+------+------+----------+
| id | name  | sex  | age  | password |
+----+-------+------+------+----------+
| 3  | david | 女   | 28   | 111111   |
| 4  | 小红  | 女   | 27   | 123456   |
| 5  | 小明  | 男   | 10   | 123456   |
| 6  | 小刚  | 男   | 12   | 123456   |
| 7  | 小王  | 男   | 14   | 111111   |
| 8  | 小绿  | 女   | 34   | 222222   |
| 9  | 晓峰  | 男   | 15   | 333333   |
| 10 | 小影  | 女   | 26   | 444444   |
| 11 | 大梅  | 女   | 27   | 555555   |
+----+-------+------+------+----------+
9 rows in set (0.00 sec)
```

#查询密码为 1123456 的用户是否不存在

```
mysql> SELECT * FROM user WHERE NOT EXISTS (SELECT * FROM user WHERE
password='1123456');
+----+-------+------+------+----------+
| id | name  | sex  | age  | password |
+----+-------+------+------+----------+
| 3  | david | 女   | 28   | 111111   |
| 4  | 小红  | 女   | 27   | 123456   |
| 5  | 小明  | 男   | 10   | 123456   |
| 6  | 小刚  | 男   | 12   | 123456   |
| 7  | 小王  | 男   | 14   | 111111   |
| 8  | 小绿  | 女   | 34   | 222222   |
| 9  | 晓峰  | 男   | 15   | 333333   |
| 10 | 小影  | 女   | 26   | 444444   |
| 11 | 大梅  | 女   | 27   | 555555   |
+----+-------+------+------+----------+
9 rows in set (0.00 sec)

#查询密码为 123456 的用户是否不存在
mysql> SELECT * FROM user WHERE NOT EXISTS (SELECT * FROM user WHERE
password='123456');
Empty set (0.00 sec)

#先判断密码为 123456 的用户是否存在, 再输出密码为 123456 的数据
mysql> SELECT * FROM user WHERE EXISTS (SELECT * FROM user WHERE password='123456')
and password='123456';
+----+-------+------+------+----------+
| id | name  | sex  | age  | password |
+----+-------+------+------+----------+
| 4  | 小红  | 女   | 27   | 123456   |
| 5  | 小明  | 男   | 10   | 123456   |
| 6  | 小刚  | 男   | 12   | 123456   |
+----+-------+------+------+----------+
3 rows in set (0.00 sec)
mysql>
```

4.4 聚合函数

在 MySQL 数据库中，聚合函数是用于对数据进行计算和汇总的函数。它们可以对一组数据进行统计操作，并返回单一的结果。MySQL 数据库提供了一些常用的聚合函数，下面介绍 AVG()函数、COUNT()函数、MAX()函数、MIN()函数和 SUM()函数。

聚合函数

4.4.1 AVG()函数

MySQL 数据库中的 AVG()函数用来计算某列的平均值，如可以用于计算平均分数、平均薪资、平均年龄等。

```
#返回 column1 列的平均值
SELECT AVG(column1) FROM table_name;
```

```
#返回满足条件的 column2 列的平均值
SELECT AVG(column2) FROM table_name WHERE column1 > 100;
```

实战演练——AVG()函数

```
#使用用户名 root 和相应密码，连接本地 MySQL
C:\Users\Administrator>mysql -u root -p123456
mysql: [Warning] Using a password on the command line interface can be insecure.

#使用 shop 数据库
mysql> USE shop;
Database changed

#查询用户表 user 中的数据
mysql> SELECT * FROM user;
+----+-------+------+------+----------+
| id | name  | sex  | age  | password |
+----+-------+------+------+----------+
| 3  | david | 女   | 28   | 111111   |
| 4  | 小红  | 女   | 27   | 123456   |
| 5  | 小明  | 男   | 10   | 123456   |
| 6  | 小刚  | 男   | 12   | 123456   |
| 7  | 小王  | 男   | 14   | 111111   |
| 8  | 小绿  | 女   | 34   | 222222   |
| 9  | 晓峰  | 男   | 15   | 333333   |
| 10 | 小影  | 女   | 26   | 444444   |
| 11 | 大梅  | 女   | 27   | 555555   |
+----+-------+------+------+----------+
9 rows in set (0.00 sec)

#计算平均年龄
mysql> SELECT AVG(age) FROM user;
+----------+
| avg(age) |
+----------+
| 21.4444  |
+----------+
1 row in set (0.00 sec)
mysql>
```

4.4.2 COUNT()函数

MySQL 数据库中的 COUNT()函数用来计算表中记录的个数或者列中值的个数，可以用于计算满足特定条件的行数。其计算内容由 SELECT 语句指定。

```
#返回表中的总行数
SELECT COUNT(*) FROM table_name;

#返回 column1 列的非空值行数
SELECT COUNT(column1) FROM table_name;

#返回满足条件的行数
SELECT COUNT(*) FROM table_name WHERE column > 100;
```

获取用户表 user 中 age > 20 的行数。

```
SELECT COUNT(*) FROM user WHERE age >20;
```

实战演练——COUNT()函数

```
#使用用户名 root 和相应密码，连接本地 MySQL
C:\Users\Administrator>mysql -u root -p123456
mysql: [Warning] Using a password on the command line interface can be insecure.

#使用 shop 数据库
mysql> USE shop;
Database changed

#查询用户表 user
mysql> SELECT * FROM user;
+----+-------+------+------+----------+
| id | name  | sex  | age  | password |
+----+-------+------+------+----------+
| 3  | david | 女   | 28   | 111111   |
| 4  | 小红  | 女   | 27   | 123456   |
| 5  | 小明  | 男   | 10   | 123456   |
| 6  | 小刚  | 男   | 12   | 123456   |
| 7  | 小王  | 男   | 14   | 111111   |
| 8  | 小绿  | 女   | 34   | 222222   |
| 9  | 晓峰  | 男   | 15   | 333333   |
| 10 | 小影  | 女   | 26   | 444444   |
| 11 | 大梅  | 女   | 27   | 555555   |
+----+-------+------+------+----------+
9 rows in set (0.00 sec)

#计算年龄大于 20 的行数
mysql> SELECT COUNT(*) FROM user WHERE age > 20;
+----------+
| count(*) |
+----------+
|        5 |
+----------+
1 row in set (0.00 sec)
mysql>
```

4.4.3　MAX()/MIN()函数

MySQL 数据库中的 MAX()函数用于选取数据中的最大值，MIN()函数用于选取数据中的最小值。

```
#返回 column1 列的最大值
SELECT MAX(column1) FROM table_name;

#返回满足条件的 column2 列的最大值
SELECT MAX(column2) FROM table_name WHERE column1 > 100;

#返回 column1 列的最小值
SELECT MIN(column1) FROM table_name;
```

#返回满足条件的 column2 列的最小值
```
SELECT MIN(column2) FROM table_name WHERE column1 > 100;
```

获取年龄的最大值或者最小值。
```
SELECT MAX(age) FROM user;
SELECT MIN(age) FROM user;
```

实战演练——MAX()/MIN()函数

#使用用户名 root 和相应密码，连接本地 MySQL
```
C:\Users\Administrator>mysql -u root -p123456
mysql: [Warning] Using a password on the command line interface can be insecure.
```

#使用 shop 数据库
```
mysql> USE shop;
Database changed
```

#查询用户表 user
```
mysql> SELECT * FROM user;
+----+-------+------+------+----------+
| id | name  | sex  | age  | password |
+----+-------+------+------+----------+
|  3 | david | 女   |  28  | 111111   |
|  4 | 小红  | 女   |  27  | 123456   |
|  5 | 小明  | 男   |  10  | 123456   |
|  6 | 小刚  | 男   |  12  | 123456   |
|  7 | 小王  | 男   |  14  | 111111   |
|  8 | 小绿  | 女   |  34  | 222222   |
|  9 | 晓峰  | 男   |  15  | 333333   |
| 10 | 小影  | 女   |  26  | 444444   |
| 11 | 大梅  | 女   |  27  | 555555   |
+----+-------+------+------+----------+
9 rows in set (0.00 sec)
```

#查询年龄的最大值
```
mysql> SELECT MAX(age) FROM user;
+----------+
| MAX(age) |
+----------+
|       34 |
+----------+
1 row in set (0.00 sec)
```

#查询男生年龄的最大值
```
mysql> SELECT MAX(age) FROM user WHERE sex='男';
+----------+
| MAX(age) |
+----------+
|       15 |
+----------+
1 row in set (0.00 sec)
```

```
#查询年龄的最小值
mysql> SELECT MIN(age) FROM user;
+----------+
| MIN(age) |
+----------+
|       10 |
+----------+
1 row in set (0.00 sec)

#查询女生年龄的最小值
mysql> SELECT MIN(age) FROM user WHERE sex='女';
+----------+
| MIN(age) |
+----------+
|       26 |
+----------+
1 row in set (0.00 sec)
mysql>
```

4.4.4 SUM()函数

MySQL 数据库中的 SUM()函数用来计算满足条件的某一列的总和,聚合函数都可以设置别名。

```
#返回 column1 列的总和
SELECT SUM(column1) FROM table_name;

#返回满足条件的 column2 列的总和
SELECT SUM(column2) FROM table_name WHERE column1 > 100;
```

计算用户年龄的总和。

```
SELECT SUM(age) FROM user ;
```

实战演练——SUM()函数

```
#使用用户名 root 和相应密码, 连接本地 MySQL
C:\Users\Administrator>mysql -u root -p123456
mysql: [Warning] Using a password on the command line interface can be insecure.

#使用 shop 数据库
mysql> USE shop;
Database changed

#查询用户表 user
mysql> SELECT * FROM user;
+----+-------+------+------+----------+
| id | name  | sex  | age  | password |
+----+-------+------+------+----------+
|  3 | david | 女   | 28   | 111111   |
|  4 | 小红  | 女   | 27   | 123456   |
|  5 | 小明  | 男   | 10   | 123456   |
|  6 | 小刚  | 男   | 12   | 123456   |
|  7 | 小王  | 男   | 14   | 111111   |
|  8 | 小绿  | 女   | 34   | 222222   |
|  9 | 晓峰  | 男   | 15   | 333333   |
```

```
| 10 | 小影   | 女    | 26   | 444444   |
| 11 | 大梅   | 女    | 27   | 555555   |
+----+-------+------+------+----------+
9 rows in set (0.00 sec)
```

#用户年龄求和
```
mysql> SELECT SUM(age) FROM user;
+----------+
| SUM(age) |
+----------+
|      193 |
+----------+
1 row in set (0.00 sec)
```

#用户年龄求和，设置别名
```
mysql> SELECT SUM(age) total FROM user;
+-------+
| total |
+-------+
|   193 |
+-------+
1 row in set (0.00 sec)
```

4.4.5　窗口函数

从 MySQL 8.0 开始，窗口函数（Window Function）用于在查询结果集中执行聚合操作或计算特定列的值。窗口函数可以在查询中创建一个"窗口"，并对窗口内的数据进行计算和排序，而不影响查询结果的行数。窗口函数与 SUM()、COUNT()这种分组聚合函数类似，在聚合函数后面加上 OVER()即可变成窗口函数，在括号中可以加上 PARTITION BY 等分组关键字指定如何分组。窗口函数即便分组也不会将多行查询结果合并为一行，而是将结果放回多行中，即窗口函数不需要再使用 GROUP BY。

窗口函数的语法格式如下。

```
<聚合函数>(<列或表达式>) OVER (PARTITION BY <分组列> ORDER BY <排序列> <窗口帧>)

SELECT
  customer_id,
  order_date,
  total_amount,
  SUM(total_amount) OVER (PARTITION BY customer_id ORDER BY order_date) AS
cumulative_amount
  FROM orders;
```

（1）PARTITION BY 子句用于将数据划分为不同的分组。窗口函数将在每个分组内进行计算，并为每个分组生成相应的结果。

（2）ORDER BY 子句用于对窗口内的数据进行排序。它指定了用于排序的列，可以按升序或降序排列。

（3）窗口帧（Window Frame）定义了窗口函数要应用的行的范围。常用的窗口帧包括 ROWS BETWEEN、RANGE BETWEEN 和 UNBOUNDED PRECEDING 等。

常用的窗口函数如下。

① ROW_NUMBER()：为每一行生成一个唯一的行号。

② RANK()：为每个分组内的行分配一个排名。

③ DENSE_RANK()：为每个分组内的行分配一个密集排名，跳过相同排名的空位。

④ NTILE()：将每个分组划分为指定数量的子集，并为每个行分配子集编号。

⑤ LAG()：获取当前行之前指定偏移量的列值。

⑥ LEAD()：获取当前行之后指定偏移量的列值。

⑦ SUM()、AVG()、MIN()、MAX()等聚合函数：通过 OVER 子句实现对窗口内数据的聚合操作。

以下是一些窗口函数的示例。

（1）ROW_NUMBER()：为每一行生成唯一的行号。

```
SELECT ROW_NUMBER() OVER (ORDER BY column1) AS row_number, column1 FROM table1;
```

（2）RANK()：为每个分组内的行分配一个排名。

```
SELECT RANK() OVER (PARTITION BY column2 ORDER BY column1) AS ranks, column1,
column2 FROM table1;
```

（3）SUM()：计算指定列的累计总和。

```
SELECT column1, column2, SUM(column3) OVER (ORDER BY column1) AS cumulative_sum
FROM table1;
```

（4）LAG()：获取当前行之前指定偏移量的列值。

```
SELECT column1, column2, LAG(column2, 1) OVER (ORDER BY column1) AS previous_value
FROM table1;
```

窗口函数提供了更灵活和强大的数据计算及分析能力，可以根据具体需求对数据进行分组、排序、累计计算等操作。它们在处理复杂查询和生成报表时非常有用，并且能够极大地简化查询的逻辑和语法。

实战演练——窗口函数

```
#使用用户名 root 和相应密码，连接本地 MySQL
C:\Users\Administrator>mysql -u root -p123456
mysql: [Warning] Using a password on the command line interface can be insecure.

#使用 shop 数据库
mysql> USE shop;
Database changed

#查询用户表 user
mysql> SELECT * FROM user;
+----+-------+------+------+----------+
| id | name  | sex  | age  | password |
+----+-------+------+------+----------+
|  3 | david | 女   | 28   | 111111   |
|  4 | 小红  | 女   | 27   | 123456   |
|  5 | 小明  | 男   | 10   | 123456   |
|  6 | 小刚  | 男   | 12   | 123456   |
|  7 | 小王  | 男   | 14   | 111111   |
|  8 | 小绿  | 女   | 34   | 222222   |
|  9 | 晓峰  | 男   | 15   | 333333   |
| 10 | 小影  | 女   | 26   | 444444   |
| 11 | 大梅  | 女   | 27   | 555555   |
+----+-------+------+------+----------+
9 rows in set (0.00 sec)
```

109

```
#根据性别进行分组，对年龄求和
mysql>  SELECT name,sex,age,SUM(age) OVER(PARTITION BY sex) as sum_age FROM user;
+-------+------+------+---------+
| name  | sex  | age  | sum_age |
+-------+------+------+---------+
| david | 女   | 28   |     142 |
| 小红  | 女   | 27   |     142 |
| 小绿  | 女   | 34   |     142 |
| 小影  | 女   | 26   |     142 |
| 大梅  | 女   | 27   |     142 |
| 小明  | 男   | 10   |      51 |
| 小刚  | 男   | 12   |      51 |
| 小王  | 男   | 14   |      51 |
| 晓峰  | 男   | 15   |      51 |
+-------+------+------+---------+
9 rows in set (0.00 sec)

#根据性别进行分组，根据年龄进行排序
mysql> SELECT name,sex,age,SUM(age) OVER(PARTITION BY sex ORDER BY age) as sum_age
FROM user;
+-------+------+-------+---------+
| name  | sex  | age   | sum_age |
+-------+------+-------+---------+
| 小影  | 女   | 26    |      26 |
| 小红  | 女   | 27    |      80 |
| 大梅  | 女   | 27    |      80 |
| david | 女   | 28    |     108 |
| 小绿  | 女   | 34    |     142 |
| 小明  | 男   | 10    |      10 |
| 小刚  | 男   | 12    |      22 |
| 小王  | 男   | 14    |      36 |
| 晓峰  | 男   | 15    |      51 |
+-------+------+-------+---------+
9 rows in set (0.00 sec)

#如果OVER()中不加条件，则默认使用整个表的数据进行运算
mysql> SELECT name,sex,age,SUM(age) OVER() as sum_age FROM user;
+-------+------+------+---------+
| name  | sex  | age  | sum_age |
+-------+------+------+---------+
| david | 女   | 28   |     193 |
| 小红  | 女   | 27   |     193 |
| 小明  | 男   | 10   |     193 |
| 小刚  | 男   | 12   |     193 |
| 小王  | 男   | 14   |     193 |
| 小绿  | 女   | 34   |     193 |
```

```
| 晓峰  | 男   | 15   |    193 |
| 小影  | 女   | 26   |    193 |
| 大梅  | 女   | 27   |    193 |
+-------+------+------+---------+
9 rows in set (0.00 sec)
```

查询 user 表中的 name、sex、age 字段，同时计算 age 的总和，并通过 ROW_NUMBER() OVER() 为所有行分配一个全局连续的行号

mysql> SELECT name,sex,age,SUM(age),ROW_NUMBER() OVER() as sum_age FROM user;

/*这个错误是因为 MySQL 服务器的 sql_mode 设置为 "only_full_group_by"，可以通过修改 MySQL 服务器的配置文件（如 my.cnf 或 my.ini）来调整 sql_mode。找到并编辑配置文件中的 sql_mode 行，删除其中的 "only_full_group_by"，保存并重启 MySQL 服务器*/

ERROR 1140 (42000): In aggregated query without GROUP BY, expression #1 of SELECT list contains nonaggregated column 'shop.user.name'; this is incompatible with sql_mode=only_full_group_by

ROW_NUMBER()：为每一行生成唯一的行号
mysql> SELECT ROW_NUMBER() OVER (ORDER BY age) AS row_num,name,age FROM user;

```
+---------+-------+------+
| row_num | name  | age  |
+---------+-------+------+
|       1 | 小明  | 10   |
|       2 | 小刚  | 12   |
|       3 | 小王  | 14   |
|       4 | 晓峰  | 15   |
|       5 | 小影  | 26   |
|       6 | 小红  | 27   |
|       7 | 大梅  | 27   |
|       8 | david | 28   |
|       9 | 小绿  | 34   |
+---------+-------+------+
9 rows in set (0.00 sec)
```

RANK()：为每个分组内的行分配一个排名
mysql> SELECT RANK() OVER (PARTITION BY sex ORDER BY age) AS ranks, age, sex FROM user;

```
+-------+------+------+
| ranks | age  | sex  |
+-------+------+------+
|     1 | 26   | 女   |
|     2 | 27   | 女   |
|     2 | 27   | 女   |
|     4 | 28   | 女   |
|     5 | 34   | 女   |
|     1 | 10   | 男   |
|     2 | 12   | 男   |
|     3 | 14   | 男   |
|     4 | 15   | 男   |
+-------+------+------+
9 rows in set (0.00 sec)
```

```
# LAG()：获取当前行之前指定偏移量的列值
mysql> SELECT age, name, LAG(name, 1) OVER (ORDER BY age) AS previous_value FROM
user;
+------+-------+----------------+
| age  | name  | previous_value |
+------+-------+----------------+
| 10   | 小明  | NULL           |
| 12   | 小刚  | 小明           |
| 14   | 小王  | 小刚           |
| 15   | 晓峰  | 小王           |
| 26   | 小影  | 晓峰           |
| 27   | 小红  | 小影           |
| 27   | 大梅  | 小红           |
| 28   | david | 大梅           |
| 34   | 小绿  | david          |
+------+-------+----------------+
9 rows in set (0.00 sec)
```

4.5 高级查询

MySQL 提供了几种高级查询语句，用于在复杂场景下进行多表连接查询，包括内连接查询、外连接查询、自然连接查询、交叉连接查询和联合查询。内连接查询通过指定连接条件将两张或多张表中的行连接起来，返回满足连接条件的行；外连接查询在内连接查询的基础上，还返回不满足连接条件的行；自然连接查询根据两张表中具有相同名称和数据类型的列进行连接；交叉连接查询返回两张表中的所有可能的组合；联合查询将多个查询的结果合并成一个结果集。这些查询方式提供了灵活的数据检索方式，可以根据需求选择适当的查询类型来获取所需数据，以满足日常业务查询的需求。

高级查询

4.5.1 内连接查询

内连接查询使用 JOIN 关键字将两张或多张表中的行连接起来，只返回满足连接条件的行。它基于连接条件在两张表之间匹配相应的行。内连接查询可以使用 ON 子句来指定连接条件。内连接查询分为等值连接查询和非等值连接查询，它使用关键字 INNER JOIN ON，关键字 INNER 可以省略。内连接查询从左表中取出每一条记录，将其与右表中的所有记录进行匹配，匹配成功后才会保留结果，否则不保留结果。其语法格式如下。

```
SELECT *
FROM 左表
[INNER] JOIN 右表 ON 左表.字段 = 右表.字段;
```

（1）ON 关键字表示连接条件，条件字段代表相同的业务含义，如 user.id 和 score.id。

（2）内连接查询可以没有连接条件，没有 ON 之后的内容，这样会保留所有结果。

（3）内连接查询可以使用 WHERE 代替 ON，但通常不使用 WHERE，因为 WHERE 没有 ON 效率高。ON 是指成功匹配到第一条记录后就结束；而 WHERE 会一直匹配，并进行判断。

（4）表名通常会使用表别名，在查询数据的时候，若不同表有同名字段，则需要使用字段别名加以区分。

（5）等值连接：使用等号"="比较两个表的连接列的值，取两个表连接列的值相等的记录。

（6）非等值连接：使用大于号">"或小于号"<"比较两个表的连接列的值，取一个表大于或小于另一个表的连接列的值的记录。

使用用户表 user 并创建一个用户成绩表 score，将用户表 user 的 id 和用户成绩表 score 的 id 作为连接条件查询用户的成绩。

实战演练——内连接查询

```
#使用用户名 root 和相应密码，连接本地 MySQL
C:\Users\Administrator>mysql -u root -p123456
mysql: [Warning] Using a password on the command line interface can be insecure.

#使用 shop 数据库
mysql> USE shop;
Database changed

#查询用户表 user
mysql> SELECT * FROM user;
+----+-------+------+------+----------+
| id | name  | sex  | age  | password |
+----+-------+------+------+----------+
|  3 | david | 女   |  28  | 111111   |
|  4 | 小红  | 女   |  27  | 123456   |
|  5 | 小明  | 男   |  10  | 123456   |
|  6 | 小刚  | 男   |  12  | 123456   |
|  7 | 小王  | 男   |  14  | 111111   |
|  8 | 小绿  | 女   |  34  | 222222   |
|  9 | 晓峰  | 男   |  15  | 333333   |
| 10 | 小影  | 女   |  26  | 444444   |
| 11 | 大梅  | 女   |  27  | 555555   |
+----+-------+------+------+----------+
9 rows in set (0.01 sec)

#创建用户成绩表 score
mysql> CREATE TABLE score (
    id int not null,
    score varchar(255),
    grade varchar(255),
    primary key(id));
Query OK, 0 rows affected (1.83 sec)

#插入 id 为 3 的用户的成绩
mysql> INSERT INTO score VALUES(3,'90','优秀');
Query OK, 1 row affected (0.22 sec)

#插入 id 为 4 的用户的成绩
mysql> INSERT INTO score VALUES(4,'87','中等');
Query OK, 1 row affected (0.00 sec)

#插入 id 为 5 的用户的成绩
```

```
mysql> INSERT INTO score VALUES(5,'70','中等');
Query OK, 1 row affected (0.00 sec)
```

#插入 id 为 11 的用户的成绩

```
mysql> INSERT INTO score VALUES(11,'40','不及格');
Query OK, 1 row affected (0.05 sec)
```

#查询用户成绩表 score 的数据

```
mysql> SELECT * FROM score;
+----+-------+--------+
| id | score | grade  |
+----+-------+--------+
|  3 | 90    | 优秀    |
|  4 | 87    | 中等    |
|  5 | 70    | 中等    |
| 11 | 40    | 不及格  |
+----+-------+--------+
4 rows in set (0.01 sec)
```

#使用等值内连接查询

```
mysql> SELECT * FROM user u INNER JOIN score s ON u.id = s.id;
+----+-------+------+------+----------+----+-------+--------+
| id | name  | sex  | age  | password | id | score | grade  |
+----+-------+------+------+----------+----+-------+--------+
|  3 | david | 女   | 28   | 111111   |  3 | 90    | 优秀    |
|  4 | 小红  | 女   | 27   | 123456   |  4 | 87    | 中等    |
|  5 | 小明  | 男   | 10   | 123456   |  5 | 70    | 中等    |
| 11 | 大梅  | 女   | 27   | 555555   | 11 | 40    | 不及格  |
+----+-------+------+------+----------+----+-------+--------+
4 rows in set (0.01 sec)
```

#省略关键字 INNER

```
mysql> SELECT * FROM user u JOIN score s ON u.id = s.id;
+----+-------+------+------+----------+----+-------+--------+
| id | name  | sex  | age  | password | id | score | grade  |
+----+-------+------+------+----------+----+-------+--------+
|  3 | david | 女   | 28   | 111111   |  3 | 90    | 优秀    |
|  4 | 小红  | 女   | 27   | 123456   |  4 | 87    | 中等    |
|  5 | 小明  | 男   | 10   | 123456   |  5 | 70    | 中等    |
| 11 | 大梅  | 女   | 27   | 555555   | 11 | 40    | 不及格  |
+----+-------+------+------+----------+----+-------+--------+
4 rows in set (0.00 sec)
```

#使用别名查询指定字段的数据

```
mysql> SELECT u.id uid,u.name,u.sex,u.age,s.score,s.grade FROM user u JOIN score
s ON u.id = s.id;
+-----+-------+------+------+-------+--------+
| uid | name  | sex  | age  | score | grade  |
+-----+-------+------+------+-------+--------+
|   3 | david | 女   | 28   | 90    | 优秀    |
```

```
|   4 | 小红   | 女    | 27   | 87    | 中等    |
|   5 | 小明   | 男    | 10   | 70    | 中等    |
|  11 | 大梅   | 女    | 27   | 40    | 不及格   |
+-----+-------+------+------+-------+--------+
4 rows in set (0.01 sec)
```

#省略 ON 关键字
mysql> SELECT * FROM user u JOIN score s;

```
+----+-------+------+------+----------+----+-------+--------+
| id | name  | sex  | age  | password | id | score | grade  |
+----+-------+------+------+----------+----+-------+--------+
|  3 | david | 女    | 28   | 111111   | 11 | 40    | 不及格   |
|  3 | david | 女    | 28   | 111111   |  5 | 70    | 中等    |
|  3 | david | 女    | 28   | 111111   |  4 | 87    | 中等    |
|  3 | david | 女    | 28   | 111111   |  3 | 90    | 优秀    |
|  4 | 小红   | 女    | 27   | 123456   | 11 | 40    | 不及格   |
|  4 | 小红   | 女    | 27   | 123456   |  5 | 70    | 中等    |
|  4 | 小红   | 女    | 27   | 123456   |  4 | 87    | 中等    |
|  4 | 小红   | 女    | 27   | 123456   |  3 | 90    | 优秀    |
|  5 | 小明   | 男    | 10   | 123456   | 11 | 40    | 不及格   |
|  5 | 小明   | 男    | 10   | 123456   |  5 | 70    | 中等    |
|  5 | 小明   | 男    | 10   | 123456   |  4 | 87    | 中等    |
|  5 | 小明   | 男    | 10   | 123456   |  3 | 90    | 优秀    |
|  6 | 小刚   | 男    | 12   | 123456   | 11 | 40    | 不及格   |
|  6 | 小刚   | 男    | 12   | 123456   |  5 | 70    | 中等    |
|  6 | 小刚   | 男    | 12   | 123456   |  4 | 87    | 中等    |
|  6 | 小刚   | 男    | 12   | 123456   |  3 | 90    | 优秀    |
|  7 | 小王   | 男    | 14   | 111111   | 11 | 40    | 不及格   |
|  7 | 小王   | 男    | 14   | 111111   |  5 | 70    | 中等    |
|  7 | 小王   | 男    | 14   | 111111   |  4 | 87    | 中等    |
|  7 | 小王   | 男    | 14   | 111111   |  3 | 90    | 优秀    |
|  8 | 小绿   | 女    | 34   | 222222   | 11 | 40    | 不及格   |
|  8 | 小绿   | 女    | 34   | 222222   |  5 | 70    | 中等    |
|  8 | 小绿   | 女    | 34   | 222222   |  4 | 87    | 中等    |
|  8 | 小绿   | 女    | 34   | 222222   |  3 | 90    | 优秀    |
|  9 | 晓峰   | 男    | 15   | 333333   | 11 | 40    | 不及格   |
|  9 | 晓峰   | 男    | 15   | 333333   |  5 | 70    | 中等    |
|  9 | 晓峰   | 男    | 15   | 333333   |  4 | 87    | 中等    |
|  9 | 晓峰   | 男    | 15   | 333333   |  3 | 90    | 优秀    |
| 10 | 小影   | 女    | 26   | 444444   | 11 | 40    | 不及格   |
| 10 | 小影   | 女    | 26   | 444444   |  5 | 70    | 中等    |
| 10 | 小影   | 女    | 26   | 444444   |  4 | 87    | 中等    |
| 10 | 小影   | 女    | 26   | 444444   |  3 | 90    | 优秀    |
| 11 | 大梅   | 女    | 27   | 555555   | 11 | 40    | 不及格   |
| 11 | 大梅   | 女    | 27   | 555555   |  5 | 70    | 中等    |
```

115

```
| 11 | 大梅   | 女    | 27    | 555555   | 4 | 87    | 中等    |
| 11 | 大梅   | 女    | 27    | 555555   | 3 | 90    | 优秀    |
+----+------+------+------+----------+----+-------+-------+
36 rows in set (0.01 sec)
```

```
#使用非等值内连接查询，查询 u.id > s.id 的数据
mysql> SELECT * FROM user u INNER JOIN score s ON u.id > s.id;
+----+------+------+------+----------+----+-------+-------+
| id | name | sex  | age  | password | id | score | grade |
+----+------+------+------+----------+----+-------+-------+
|  4 | 小红 | 女    | 27   | 123456   |  3 | 90    | 优秀  |
|  5 | 小明 | 男    | 10   | 123456   |  3 | 90    | 优秀  |
|  6 | 小刚 | 男    | 12   | 123456   |  3 | 90    | 优秀  |
|  7 | 小王 | 男    | 14   | 111111   |  3 | 90    | 优秀  |
|  8 | 小绿 | 女    | 34   | 222222   |  3 | 90    | 优秀  |
|  9 | 晓峰 | 男    | 15   | 333333   |  3 | 90    | 优秀  |
| 10 | 小影 | 女    | 26   | 444444   |  3 | 90    | 优秀  |
| 11 | 大梅 | 女    | 27   | 555555   |  3 | 90    | 优秀  |
|  5 | 小明 | 男    | 10   | 123456   |  4 | 87    | 中等  |
|  6 | 小刚 | 男    | 12   | 123456   |  4 | 87    | 中等  |
|  7 | 小王 | 男    | 14   | 111111   |  4 | 87    | 中等  |
|  8 | 小绿 | 女    | 34   | 222222   |  4 | 87    | 中等  |
|  9 | 晓峰 | 男    | 15   | 333333   |  4 | 87    | 中等  |
| 10 | 小影 | 女    | 26   | 444444   |  4 | 87    | 中等  |
| 11 | 大梅 | 女    | 27   | 555555   |  4 | 87    | 中等  |
|  6 | 小刚 | 男    | 12   | 123456   |  5 | 70    | 中等  |
|  7 | 小王 | 男    | 14   | 111111   |  5 | 70    | 中等  |
|  8 | 小绿 | 女    | 34   | 222222   |  5 | 70    | 中等  |
|  9 | 晓峰 | 男    | 15   | 333333   |  5 | 70    | 中等  |
| 10 | 小影 | 女    | 26   | 444444   |  5 | 70    | 中等  |
| 11 | 大梅 | 女    | 27   | 555555   |  5 | 70    | 中等  |
+----+------+------+------+----------+----+-------+-------+
21 rows in set (0.01 sec)
mysql>
```

4.5.2 外连接查询

外连接查询使用 LEFT JOIN、RIGHT JOIN 关键字，将两张或多张表中的行连接起来，并返回满足连接条件的行和未满足连接条件的行。外连接查询分为左外连接查询和右外连接查询。左外连接（LEFT JOIN）返回左表中的所有行和与右表匹配的行，右外连接（RIGHT JOIN）返回右表中的所有行和与左表匹配的行。外连接查询是以一张表为基础，取出其中的所有记录，然后将每条记录与另外一张表进行连接，不管能不能匹配上，最终都会保留。也就是说，能匹配，正确保留；不能匹配，其他表的字段都设置为 NULL。它使用关键字 OUTER JOIN ON 进行连接查询。其语法格式如下。

```
SELECT *
FROM 左表
LEFT/RIGHT JOIN 右表 ON 左表.字段 = 右表.字段;
```

（1）LEFT JOIN 也可写为 LEFT OUTER JOIN，左外连接查询返回左表中符合条件的所有行。如果左表中的记录在右表中没有匹配，那么在结果集中相关右表的列显示为 NULL。

（2）RIGHT JOIN 也可写为 RIGHT OUTER JOIN，右外连接查询返回右表中符合条件的所有行。如果右表中的记录在左表中没有匹配，那么相关左表的列显示为 NULL。

（3）ON 后面的条件不可以省略。

下面以用户表 user 和用户成绩表 score 进行左外连接和右外连接。

实战演练——外连接查询

```
#使用用户名 root 和相应密码，连接本地 MySQL
C:\Users\Administrator>mysql -u root -p123456
mysql: [Warning] Using a password on the command line interface can be insecure.

#使用 shop 数据库
mysql> USE shop;
Database changed

#查询用户表 user
mysql> SELECT * FROM user;
+----+-------+------+------+----------+
| id | name  | sex  | age  | password |
+----+-------+------+------+----------+
|  3 | david | 女   | 28   | 111111   |
|  4 | 小红  | 女   | 27   | 123456   |
|  5 | 小明  | 男   | 10   | 123456   |
|  6 | 小刚  | 男   | 12   | 123456   |
|  7 | 小王  | 男   | 14   | 111111   |
|  8 | 小绿  | 女   | 34   | 222222   |
|  9 | 晓峰  | 男   | 15   | 333333   |
| 10 | 小影  | 女   | 26   | 444444   |
| 11 | 大梅  | 女   | 27   | 555555   |
+----+-------+------+------+----------+
9 rows in set (0.00 sec)

#查询用户成绩表 score
mysql> SELECT * FROM score;
+----+-------+--------+
| id | score | grade  |
+----+-------+--------+
|  3 | 90    | 优秀   |
|  4 | 87    | 中等   |
|  5 | 70    | 中等   |
| 11 | 40    | 不及格 |
+----+-------+--------+
4 rows in set (0.00 sec)

#左外连接，省略 OUTER
mysql> SELECT * FROM user u LEFT JOIN score s ON u.id = s.id;
+----+-------+------+------+----------+------+-------+-------+
| id | name  | sex  | age  | password | id   | score | grade |
```

```
+----+-------+------+------+----------+------+-------+--------+
|  3 | david | 女   | 28   | 111111   |    3 | 90    | 优秀   |
|  4 | 小红  | 女   | 27   | 123456   |    4 | 87    | 中等   |
|  5 | 小明  | 男   | 10   | 123456   |    5 | 70    | 中等   |
|  6 | 小刚  | 男   | 12   | 123456   | NULL | NULL  | NULL   |
|  7 | 小王  | 男   | 14   | 111111   | NULL | NULL  | NULL   |
|  8 | 小绿  | 女   | 34   | 222222   | NULL | NULL  | NULL   |
|  9 | 晓峰  | 男   | 15   | 333333   | NULL | NULL  | NULL   |
| 10 | 小影  | 女   | 26   | 444444   | NULL | NULL  | NULL   |
| 11 | 大梅  | 女   | 27   | 555555   |   11 | 40    | 不及格 |
+----+-------+------+------+----------+------+-------+--------+
9 rows in set (0.01 sec)
```

#右外连接，省略 OUTER
```
mysql> SELECT * FROM user u RIGHT JOIN score s ON u.id = s.id;
+------+-------+------+------+----------+------+-------+--------+
| id   | name  | sex  | age  | password | id   | score | grade  |
+------+-------+------+------+----------+------+-------+--------+
|    3 | david | 女   | 28   | 111111   |    3 | 90    | 优秀   |
|    4 | 小红  | 女   | 27   | 123456   |    4 | 87    | 中等   |
|    5 | 小明  | 男   | 10   | 123456   |    5 | 70    | 中等   |
|   11 | 大梅  | 女   | 27   | 555555   |   11 | 40    | 不及格 |
+------+-------+------+------+----------+------+-------+--------+
4 rows in set (0.00 sec)
```

#左外连接，不省略 OUTER
```
mysql> SELECT * FROM user u LEFT OUTER JOIN score s ON u.id = s.id;
+----+-------+------+------+----------+------+-------+--------+
| id | name  | sex  | age  | password | id   | score | grade  |
+----+-------+------+------+----------+------+-------+--------+
|  3 | david | 女   | 28   | 111111   |    3 | 90    | 优秀   |
|  4 | 小红  | 女   | 27   | 123456   |    4 | 87    | 中等   |
|  5 | 小明  | 男   | 10   | 123456   |    5 | 70    | 中等   |
|  6 | 小刚  | 男   | 12   | 123456   | NULL | NULL  | NULL   |
|  7 | 小王  | 男   | 14   | 111111   | NULL | NULL  | NULL   |
|  8 | 小绿  | 女   | 34   | 222222   | NULL | NULL  | NULL   |
|  9 | 晓峰  | 男   | 15   | 333333   | NULL | NULL  | NULL   |
| 10 | 小影  | 女   | 26   | 444444   | NULL | NULL  | NULL   |
| 11 | 大梅  | 女   | 27   | 555555   |   11 | 40    | 不及格 |
+----+-------+------+------+----------+------+-------+--------+
9 rows in set (0.00 sec)
```

#右外连接，不省略 OUTER
```
mysql> SELECT * FROM user u RIGHT OUTER JOIN score s ON u.id = s.id;
+------+-------+------+------+----------+------+-------+--------+
| id   | name  | sex  | age  | password | id   | score | grade  |
+------+-------+------+------+----------+------+-------+--------+
|    3 | david | 女   | 28   | 111111   |    3 | 90    | 优秀   |
```

```
|    4 | 小红   | 女   | 27   | 123456   |    4 | 87   | 中等    |
|    5 | 小明   | 男   | 10   | 123456   |    5 | 70   | 中等    |
|   11 | 大梅   | 女   | 27   | 555555   |   11 | 40   | 不及格  |
+------+-------+------+------+----------+----+------+--------+
4 rows in set (0.00 sec)

mysql>
```

4.5.3 自然连接查询

自然连接查询根据两张表中具有相同名称和数据类型的列进行连接。它会自动匹配这些列，并返回匹配的行。自然连接查询在连接的两张表中的列名称相同时才能使用，MySQL 以同名字段进行匹配，它使用关键字 NATURAL JOIN 进行自然连接，这种连接很少使用。自然连接又可以分为自然内连接和自然外连接。其语法格式如下。

```
SELECT *
FROM 左表
NATURAL LEFT/RIGHT JOIN 右表 ON  using(字段名);
```

自然内连接示例如下。

```
SELECT * FROM user NATURAL JOIN score;
```

自然左外连接示例如下。

```
SELECT * FROM user NATURAL LEFT JOIN score;
```

自然右外连接示例如下。

```
SELECT * FROM user NATURAL RIGHT JOIN score;
```

外连接模拟自然左外连接示例如下。

```
SELECT * FROM user LEFT JOIN score using(id);
```

实战演练——自然连接查询

```
#使用用户名 root 和相应密码，连接本地 MySQL
C:\Users\Administrator>mysql -u root -p123456
mysql: [Warning] Using a password on the command line interface can be insecure.

#使用 shop 数据库
mysql> USE shop;
Database changed

#查询用户表 user
mysql> SELECT * FROM user;
+----+-------+------+------+----------+
| id | name  | sex  | age  | password |
+----+-------+------+------+----------+
|  3 | david | 女   | 28   | 111111   |
|  4 | 小红  | 女   | 27   | 123456   |
|  5 | 小明  | 男   | 10   | 123456   |
|  6 | 小刚  | 男   | 12   | 123456   |
|  7 | 小王  | 男   | 14   | 111111   |
|  8 | 小绿  | 女   | 34   | 222222   |
|  9 | 晓峰  | 男   | 15   | 333333   |
| 10 | 小影  | 女   | 26   | 444444   |
```

```
| 11 | 大梅   | 女   | 27   | 555555   |
+----+-------+------+------+----------+
9 rows in set (0.00 sec)
```

#查询用户成绩表 score
```
mysql> SELECT * FROM score;
+----+-------+--------+
| id | score | grade  |
+----+-------+--------+
| 3  | 90    | 优秀   |
| 4  | 87    | 中等   |
| 5  | 70    | 中等   |
| 11 | 40    | 不及格 |
+----+-------+--------+
4 rows in set (0.00 sec)
```

#自然内连接，查询出两张表同时满足的数据
```
mysql> SELECT * FROM user NATURAL JOIN score;
+----+-------+------+------+----------+-------+--------+
| id | name  | sex  | age  | password | score | grade  |
+----+-------+------+------+----------+-------+--------+
| 3  | david | 女   | 28   | 111111   | 90    | 优秀   |
| 4  | 小红  | 女   | 27   | 123456   | 87    | 中等   |
| 5  | 小明  | 男   | 10   | 123456   | 70    | 中等   |
| 11 | 大梅  | 女   | 27   | 555555   | 40    | 不及格 |
+----+-------+------+------+----------+-------+--------+
4 rows in set (0.01 sec)
```

#自然左外连接，以左表 user 为主查询数据，不满足的数据使用 NULL
```
mysql> SELECT * FROM user NATURAL LEFT JOIN score;
+----+-------+------+------+----------+-------+--------+
| id | name  | sex  | age  | password | score | grade  |
+----+-------+------+------+----------+-------+--------+
| 3  | david | 女   | 28   | 111111   | 90    | 优秀   |
| 4  | 小红  | 女   | 27   | 123456   | 87    | 中等   |
| 5  | 小明  | 男   | 10   | 123456   | 70    | 中等   |
| 6  | 小刚  | 男   | 12   | 123456   | NULL  | NULL   |
| 7  | 小王  | 男   | 14   | 111111   | NULL  | NULL   |
| 8  | 小绿  | 女   | 34   | 222222   | NULL  | NULL   |
| 9  | 晓峰  | 男   | 15   | 333333   | NULL  | NULL   |
| 10 | 小影  | 女   | 26   | 444444   | NULL  | NULL   |
| 11 | 大梅  | 女   | 27   | 555555   | 40    | 不及格 |
+----+-------+------+------+----------+-------+--------+
9 rows in set (0.00 sec)
```

#自然右外连接，以右表 score 为主，查询满足的数据
```
mysql> SELECT * FROM user NATURAL RIGHT JOIN score;
+----+-------+--------+-------+------+------+----------+
| id | score | grade  | name  | sex  | age  | password |
```

```
+----+-------+--------+-------+------+------+----------+
|  3 |  90   | 优秀   | david | 女   |  28  | 111111   |
|  4 |  87   | 中等   | 小红  | 女   |  27  | 123456   |
|  5 |  70   | 中等   | 小明  | 男   |  10  | 123456   |
| 11 |  40   | 不及格 | 大梅  | 女   |  27  | 555555   |
+----+-------+--------+-------+------+------+----------+
4 rows in set (0.00 sec)
```

```
#外连接模拟自然左外连接
mysql> SELECT * FROM user LEFT JOIN score using(id);
+----+-------+------+------+----------+-------+--------+
| id | name  | sex  | age  | password | score | grade  |
+----+-------+------+------+----------+-------+--------+
|  3 | david | 女   |  28  | 111111   |  90   | 优秀   |
|  4 | 小红  | 女   |  27  | 123456   |  87   | 中等   |
|  5 | 小明  | 男   |  10  | 123456   |  70   | 中等   |
|  6 | 小刚  | 男   |  12  | 123456   | NULL  | NULL   |
|  7 | 小王  | 男   |  14  | 111111   | NULL  | NULL   |
|  8 | 小绿  | 女   |  34  | 222222   | NULL  | NULL   |
|  9 | 晓峰  | 男   |  15  | 333333   | NULL  | NULL   |
| 10 | 小影  | 女   |  26  | 444444   | NULL  | NULL   |
| 11 | 大梅  | 女   |  27  | 555555   |  40   | 不及格 |
+----+-------+------+------+----------+-------+--------+
9 rows in set (0.00 sec)
mysql>
```

4.5.4 交叉连接查询

交叉连接查询也称为笛卡儿积查询，它返回两张或多张表中的所有可能的组合。交叉连接查询在没有指定连接条件的情况下，将一张表中的每一行与另一张表中的每一行进行组合。交叉连接查询是从一张表中循环取出每一条记录，然后将每条记录都在另外一张表中进行匹配，匹配的结果都会保留，其最终结果称为笛卡儿积。MySQL 使用关键字 CROSS JOIN 进行交叉连接查询。交叉连接查询语法格式如下。

```
SELECT *
FROM 左表
CROSS JOIN 右表 或 FROM 左表,右表;
```

交叉连接查询将两张表变为一张表，两张表的任意行自由组合，最后作为一张完整的临时表进行查询操作，其示例如图 4.1 所示。

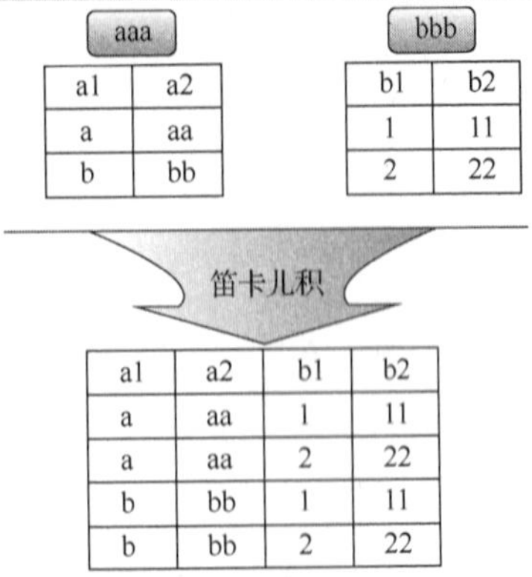

下面对用户表 user 和用户成绩表 score 进行交叉连接查询。

实战演练——交叉连接查询

```
#使用用户名 root 和相应密码，连接本地 MySQL
C:\Users\Administrator>mysql -u root -p123456
mysql: [Warning] Using a password on the command
line interface can be insecure.

#使用 shop 数据库
mysql> USE shop;
Database changed
```

图 4.1 交叉连接查询示例

121

```
#查询用户表 user
mysql> SELECT * FROM user;
+----+-------+------+------+----------+
| id | name  | sex  | age  | password |
+----+-------+------+------+----------+
|  3 | david | 女   |  28  | 111111   |
|  4 | 小红  | 女   |  27  | 123456   |
|  5 | 小明  | 男   |  10  | 123456   |
|  6 | 小刚  | 男   |  12  | 123456   |
|  7 | 小王  | 男   |  14  | 111111   |
|  8 | 小绿  | 女   |  34  | 222222   |
|  9 | 晓峰  | 男   |  15  | 333333   |
| 10 | 小影  | 女   |  26  | 444444   |
| 11 | 大梅  | 女   |  27  | 555555   |
+----+-------+------+------+----------+
9 rows in set (0.00 sec)

#查询用户成绩表 score
mysql> SELECT * FROM score;
+----+-------+--------+
| id | score | grade  |
+----+-------+--------+
|  3 |  90   | 优秀   |
|  4 |  87   | 中等   |
|  5 |  70   | 中等   |
| 11 |  40   | 不及格 |
+----+-------+--------+
4 rows in set (0.00 sec)

#交叉连接查询，使用关键字 CROSS JOIN
mysql> SELECT * FROM user CROSS JOIN score;
+----+-------+------+------+----------+----+-------+--------+
| id | name  | sex  | age  | password | id | score | grade  |
+----+-------+------+------+----------+----+-------+--------+
|  3 | david | 女   |  28  | 111111   | 11 |  40   | 不及格 |
|  3 | david | 女   |  28  | 111111   |  5 |  70   | 中等   |
|  3 | david | 女   |  28  | 111111   |  4 |  87   | 中等   |
|  3 | david | 女   |  28  | 111111   |  3 |  90   | 优秀   |
|  4 | 小红  | 女   |  27  | 123456   | 11 |  40   | 不及格 |
|  4 | 小红  | 女   |  27  | 123456   |  5 |  70   | 中等   |
|  4 | 小红  | 女   |  27  | 123456   |  4 |  87   | 中等   |
|  4 | 小红  | 女   |  27  | 123456   |  3 |  90   | 优秀   |
...
+----+-------+------+------+----------+----+-------+--------+
36 rows in set (0.00 sec)
```

#交叉连接查询，FROM 两张表

```
mysql> SELECT * FROM user,score;
+----+-------+------+------+----------+----+-------+--------+
| id | name  | sex  | age  | password | id | score | grade  |
+----+-------+------+------+----------+----+-------+--------+
| 3  | david | 女   | 28   | 111111   | 11 | 40    | 不及格 |
| 3  | david | 女   | 28   | 111111   | 5  | 70    | 中等   |
| 3  | david | 女   | 28   | 111111   | 4  | 87    | 中等   |
| 3  | david | 女   | 28   | 111111   | 3  | 90    | 优秀   |
| 4  | 小红  | 女   | 27   | 123456   | 11 | 40    | 不及格 |
| 4  | 小红  | 女   | 27   | 123456   | 5  | 70    | 中等   |
| 4  | 小红  | 女   | 27   | 123456   | 4  | 87    | 中等   |
| 4  | 小红  | 女   | 27   | 123456   | 3  | 90    | 优秀   |
…
+----+-------+------+------+----------+----+-------+--------+
36 rows in set (0.00 sec)
mysql>
```

4.5.5 联合查询

联合查询用于将多条 SELECT 语句的结果组合为一个结果集。它将多个查询的结果按照列的顺序进行组合。其列不会增加，要求两次查询的列数必须一致，列也必须拥有相似的数据类型，多次执行 SQL 语句查询出的列名不一致时，以第一条 SQL 语句的列名为准。使用关键字 UNION 进行联合查询时，会去掉重复的行；使用关键字 UNION ALL 进行联合查询时，不会去掉重复的行。ORDER BY 子句不能直接使用，需要使用括号。要想使 ORDER BY 子句生效，就必须搭配 LIMIT，LIMIT 使用限定的最大数即可（推荐将 ORDER BY 子句放到所有子句之后，即对最终合并的结果进行排序或筛选）。其基本语法如下。

```
SELECT column_name FROM table1
UNION (ALL)
SELECT column_name FROM table2
```

联合查询经常用于查询同一张表，但是需求不同，如查询学生信息、男生身高升序、女生身高降序；进行多表连接查询，多张表的结构是完全一样的，保存的数据（结构）也是一样的。

下面联合查询用户表的 id 和用户成绩表的 id 集合，使用 ORDER BY 进行排序。

实战演练——联合查询

```
#使用用户名 root 和相应密码，连接本地 MySQL
C:\Users\Administrator>mysql -u root -p123456
mysql: [Warning] Using a password on the command line interface can be insecure.

#使用 shop 数据库
mysql> USE shop;
Database changed

#查询用户表 user
mysql> SELECT * FROM user;
+----+-------+------+------+----------+-------+-----------+--------+
| id | name  | sex  | age  | password | phone | loginName | remark |
+----+-------+------+------+----------+-------+-----------+--------+
| 3  | david | 女   | 28   | 111111   | NULL  | david     | baann  |
| 4  | 小红  | 女   | 27   | 123456   | NULL  | xiaohong  | black  |
| 5  | 小明  | 男   | 10   | 123456   | NULL  | xiaoming  | berry  |
```

```
|  6  | 小刚  | 男   | 12   | 123456   | NULL | xiaogang | banner  |
|  7  | 小王  | 男   | 14   | 111111   | NULL | xiaowang | banana  |
|  8  | 小绿  | 女   | 34   | 222222   | NULL | xiaolv   | car     |
|  9  | 晓峰  | 男   | 15   | 333333   | NULL | xiaofeng | carray  |
| 10  | 小影  | 女   | 26   | 444444   | NULL | xiaoying | baaaa   |
| 11  | 大梅  | 女   | 27   | 555555   | NULL | damei    | accc    |
+----+-------+------+------+----------+------+----------+--------+
9 rows in set (0.11 sec)
```

#查询用户成绩表 score
```
mysql> SELECT * FROM score;
+----+-------+----------+
| id | score | grade    |
+----+-------+----------+
|  3 |  90   | 优秀     |
|  4 |  87   | 中等     |
|  5 |  70   | 中等     |
| 11 |  40   | 不及格   |
+----+-------+----------+
4 rows in set (0.05 sec)
```

#查询用户表 user 的 id 和用户成绩表 score 的 id 集合
```
mysql> SELECT id FROM user
    UNION
    SELECT id FROM score;
+----+
| id |
+----+
|  3 |
|  4 |
|  5 |
|  6 |
|  7 |
|  8 |
|  9 |
| 10 |
| 11 |
+----+
9 rows in set (0.00 sec)
```

#查询用户表 user 的 id、name 和用户成绩表 score 的 id、score 集合
```
mysql> SELECT id,name FROM user
    UNION
    SELECT id,score FROM score;
+----+-------+
| id | name  |
+----+-------+
|  3 | david |
|  4 | 小红  |
|  5 | 小明  |
|  6 | 小刚  |
|  7 | 小王  |
```

```
|  8 | 小绿   |
|  9 | 晓峰   |
| 10 | 小影   |
| 11 | 大梅   |
|  3 | 90     |
|  4 | 87     |
|  5 | 70     |
| 11 | 40     |
+----+--------+
13 rows in set (0.00 sec)
```

#使用 ORDER BY LIMIT 时未使用括号，MySQL 会报错
```
mysql> SELECT id,name FROM user ORDER BY id DESC LIMIT 0,2
    UNION
    SELECT id,score FROM score ORDER BY id DESC LIMIT 0,2;
ERROR 1064 (42000): You have an error in your SQL syntax; check the manual that
corresponds to your MySQL server version for the right syntax to use near 'UNION SELECT
id,score FROM score ORDER BY id DESC LIMIT 0,2' at line 1
```

#使用 ORDER BY LIMIT 时使用了括号
```
mysql> (SELECT id,name FROM user ORDER BY id DESC LIMIT 0,2)
    UNION
    (SELECT id,score FROM score ORDER BY id DESC LIMIT 0,2);
+----+--------+
| id | name   |
+----+--------+
| 11 | 大梅   |
| 10 | 小影   |
| 11 | 40     |
|  5 | 70     |
+----+--------+
4 rows in set (0.00 sec)
```

#使用 ORDER BY 时，推荐将之放到所有子句之后，即对最终合并的结果进行排序或筛选
```
mysql> (SELECT id,name FROM user WHERE age >20)
    UNION
    (SELECT id,score FROM score WHERE score > 80) ORDER BY id LIMIT 0,2;
+----+--------+
| id | name   |
+----+--------+
|  3 | david  |
|  3 | 90     |
+----+--------+
2 rows in set (0.00 sec)
mysql>
```

4.6 综合实训：设计电商平台查询

综合实训：设计电商
平台查询

电商平台有三张数据表，商品表 products 用于存储商品信息，包括商品编号、商品名称和商品价格；订单表 orders 用于存储订单信息，包括订单编号、用户编号、商品编号和购买数量；用户表 user 用于存储用户信息，包括用户编号、用户姓名、用户性别、用户年龄、密码等。现需要设计一些 MySQL 查询

案例，包括商品查询、订单查询、用户查询等。

（1）准备商品表 products、订单表 orders、用户表 user 的数据。

```
#使用用户名 root 和相应密码，连接本地 MySQL
C:\Users\Administrator>mysql -u root -p123456
mysql: [Warning] Using a password on the command line interface can be insecure.

#使用 shop 数据库
mysql> USE shop;
Database changed

#查询商品表 products
mysql>  SELECT product_id,product_name,price FROM products;
+------------+--------------------+---------+
| product_id | product_name       | price   |
+------------+--------------------+---------+
|          1 | HUAWEI Mate 60 Pro | 6199.00 |
|          2 | Xiaomi 15 Ultra    | 5899.00 |
|          3 | vivo X200 Pro      | 5999.00 |
+------------+--------------------+---------+
3 rows in set (0.00 sec)


mysql> INSERT INTO orders (order_id, user_id, product_id, quantity) VALUES
    (1001, 1, 1, 2),
    (1002, 2, 2, 1),
    (1003, 3, 3, 3);
Query OK, 3 rows affected (0.02 sec)
Records: 3  Duplicates: 0  Warnings: 0

#查询订单表 orders
mysql> SELECT * FROM orders;
+----------+---------+------------+----------+------------+
| order_id | user_id | product_id | quantity | order_date |
+----------+---------+------------+----------+------------+
|     1001 |       1 |          1 |        2 | NULL       |
|     1002 |       2 |          2 |        1 | NULL       |
|     1003 |       3 |          3 |        3 | NULL       |
+----------+---------+------------+----------+------------+
3 rows in set (0.00 sec)

#查询用户表 user
mysql> SELECT * FROM user;
+----+-------+------+------+----------+
| id | name  | sex  | age  | password |
+----+-------+------+------+----------+
|  3 | david | 女   | 28   | 111111   |
|  4 | 小红  | 女   | 27   | 123456   |
|  5 | 小明  | 男   | 10   | 123456   |
|  6 | 小刚  | 男   | 12   | 123456   |
|  7 | 小王  | 男   | 14   | 111111   |
|  8 | 小绿  | 女   | 34   | 222222   |
```

```
|  9  | 晓峰  | 男  | 15  | 333333  |
| 10  | 小影  | 女  | 26  | 444444  |
| 11  | 大梅  | 女  | 27  | 555555  |
+----+-------+------+------+----------+
9 rows in set (0.00 sec)
```

（2）商品查询：查询商品表 products 中所有商品的信息。

```
SELECT * FROM products;
```

上述查询语句将返回商品表 products 中所有商品的信息。

（3）订单查询：查询某个用户的所有订单信息。

```
SELECT o.order_id, p.product_name, o.quantity, p.price
FROM orders o
INNER JOIN products p ON o.product_id = p.product_id
WHERE o.user_id = 1;
```

上述查询语句将返回用户编号为 1 的用户的订单信息，包括订单编号、商品名称、购买数量和商品价格。

（4）用户查询：查询购买了特定商品的所有用户信息。

```
SELECT DISTINCT o.user_id, u.name
FROM orders o
INNER JOIN user u ON o.user_id = u.id
WHERE o.product_id = 1;
```

上述查询语句将返回购买了商品编号为 1 的商品的所有用户的信息，包括用户编号、用户姓名。

（5）查询所有商品的名称和价格信息。

```
SELECT product_name, price FROM products;
```

上述查询语句将在商品表 products 中选择 product_name 列和 price 列，返回所有商品的名称和价格信息。

（6）查询某个用户的订单列表及总金额。

```
SELECT o.order_id, p. product_name, p.price, o.quantity, o.quantity * p.price
AS total_amount
FROM orders o
INNER JOIN products p ON o.product_id = p.product_id
WHERE o.user_id = '123';
```

上述查询语句将使用 INNER JOIN 将订单表 orders 和商品表 products 连接，通过 WHERE 子句指定用户编号，返回相应用户的订单列表及总金额。

（7）查询订单数量最多的用户。

```
SELECT o.user_id, COUNT(*) AS order_count
FROM orders o
GROUP BY o.user_id
ORDER BY order_count DESC
LIMIT 1;
```

上述查询语句将在订单表 orders 中按用户分组，并使用 COUNT()函数计算每个用户的订单数量，通过 ORDER BY 子句和 LIMIT 子句获取订单数量最多的用户。

（8）计算订单总数。

```
SELECT COUNT(*) AS total_orders
FROM orders;
```

上述查询语句将返回订单表 orders 中的总订单数。

（9）计算商品总数。

```
SELECT COUNT(*) AS total_products
FROM products;
```

上述查询语句将返回商品表 products 中的总商品数。

（10）计算某个商品的平均价格。

```
SELECT AVG(price) AS average_price
FROM products
WHERE product_id = '123';
```

上述查询语句将返回商品编号为 123 的商品在商品表 products 中的平均价格。

（11）计算每个用户的总订单金额。

```
SELECT user_id, SUM(total_amount) AS total_order_amount
FROM (
SELECT o.user_id, o.quantity * p.price AS total_amount
FROM orders o
JOIN products p ON o.product_id = p.product_id
) AS order_summary
GROUP BY user_id;
```

上述查询语句将返回每个用户在订单表 orders 中的总订单金额，通过子查询计算每个订单的金额，并以用户编号进行分组。

（12）计算每个商品的最高价格。

```
SELECT product_id, MAX(price) AS max_price
FROM products
GROUP BY product_id;
```

上述查询语句将返回每个商品在商品表 products 中的最高价格。

（13）计算每个商品的最低价格。

```
SELECT product_id, MIN(price) AS min_price
FROM products
GROUP BY product_id;
```

上述查询语句将返回每个商品在商品表 products 中的最低价格。

4.7 小结

在实际项目实施过程中，查询是使用非常频繁的操作，可以应用于各种场景，以满足业务的需求。通过本单元的学习，读者应学会基本查询过滤、条件查询过滤、模糊查询过滤、字段控制查询过滤、正则表达式查询过滤这 5 种数据过滤方式；学会使用子查询，掌握按返回结果进行分类的子查询、按对返回结果的调用方法进行分类的子查询的使用方法；学会使用聚合函数，包括 AVG()函数、COUNT()函数、MAX()/MIN()函数、SUM()函数、窗口函数；掌握高级查询的使用方法，包括内连接查询、外连接查询、自然连接查询、交叉连接查询、联合查询。

4.8 习题

1. 选择题

（1）在 MySQL 中，（　　）关键字用于在 MySQL 中进行数据过滤。
    A. GROUP BY　　　B. ORDER BY　　C. WHERE　　　D. HAVING

（2）在 MySQL 中，（　　）用于从内部查询结果中过滤外部查询结果。
    A. 表子查询　　　B. 行子查询　　　C. 列子查询　　　D. 标量子查询

（3）在 MySQL 中，（　　）函数用于计算指定列的平均值。
    A. COUNT()　　　B. SUM()　　　C. AVG()　　　D. MAX()

（4）在 MySQL 中，（　　　　）关键字用于在聚合函数的结果上进行过滤。

  A．GROUP BY   B．ORDER BY C．WHERE   D．HAVING

（5）在 MySQL 中，（　　　　）关键字用于按照指定列对结果进行分组。

  A．GROUP BY   B．ORDER BY C．WHERE   D．HAVING

（6）在 MySQL 中，（　　　　）关键字用于连接多个查询结果集。

  A．UNION   B．JOIN   C．INNER JOIN D．LEFT JOIN

2．填空题

（1）使用聚合函数可以对数据进行计算，常见的聚合函数包括_____、_____、_____和_____等。

（2）子查询可以作为外部查询的_____来过滤和筛选结果集。

（3）使用_____关键字可以将多个查询结果合并为一个结果集，同时保留重复的行。

（4）使用_____关键字可以将多个查询结果合并为一个结果集，同时去除重复的行。

（5）使用_____关键字可以将查询结果按照指定列进行排序。

3．简答题

（1）什么是 MySQL 的过滤查询？

（2）什么是 MySQL 的子查询？

（3）什么是 MySQL 的聚合函数？

（4）什么是 MySQL 的 HAVING 子句？

（5）在 MySQL 中，如何对存在重复行的查询结果进行去重？

（6）在 MySQL 中，如何对查询结果进行分组并对每个分组应用聚合函数？

第5单元
MySQL函数和存储过程

05

MySQL函数和存储过程是用于封装与执行可重复使用的数据库逻辑的工具。函数是用于执行特定任务并返回单个值的代码块，可以在查询中使用。存储过程是一组预编译的SQL语句，可以在数据库中进行调用和执行。它们提供了更高的灵活性和复用性，并能提高数据库的性能和安全性。通过使用函数和存储过程，可以简化开发过程、减少代码重复，并实现更高效的数据操作和业务逻辑处理。函数可以分为流程控制函数、常用函数、自定义函数等。存储过程是一组为了完成特定功能的SQL语句集，经编译后存储在数据库中，用户可通过指定存储过程的名称并给定参数（如果该存储过程带有参数）来调用它，以提高数据库的执行效率。

本单元要点

■ MySQL流程控制函数。
■ MySQL常用函数。
■ 自定义函数。
■ 存储过程。
■ 自定义函数和存储过程的区别。
■ 综合实训：设计电商平台函数和存储过程。

【学习导读】

假设正在开发一个电子商务网站，需要计算每个用户的订单总金额并进行特定处理。可以使用MySQL函数来编写一个名为"calculateTotalAmount"的函数，该函数接收用户编号作为参数，并返回相应用户的订单总金额。还可以编写一个名为"processUserOrders"的存储过程，在其中调用函数并执行特定的业务逻辑，如检查订单总金额是否超过限定值并采取相应操作。使用函数和存储过程，能够更方便地计算和处理订单金额，并实现更高效的业务流程。

【学习目标】

知识目标
1. 掌握MySQL流程控制函数的使用方法。
2. 掌握MySQL常用函数的使用方法。
3. 掌握MySQL自定义函数的使用方法。
4. 掌握MySQL存储过程的使用方法。

能力目标
1. 能够熟练使用MySQL函数来处理特定业务。

2. 能够熟练使用MySQL存储过程来处理复杂业务。

素质目标

1. 培养灵活应用的能力。

2. 提升分析问题及解决问题的能力。

【思维导图】

```
                                              ┌── IF-THEN-ELSE语句、CASE语句
                            MySQL流程控制函数 ──┤
                                              └── WHILE循环、REPEAT循环、LOOP循环

                                          ┌── 数学函数、字符串函数、日期和时间函数
                            MySQL常用函数 ──┤
                                          └── 系统信息函数、加密函数、格式化函数

                                       ┌── 函数的基本语法
                            自定义函数 ──┼── 创建不带参数的自定义函数
                                       └── 创建带参数的自定义函数

                                    ┌── 存储过程的基本语法
                                    ├── 创建不带参数的存储过程
                                    ├── 创建带有IN类型参数的存储过程
                                    ├── 创建带有IN和OUT类型参数的存储过程
  MySQL函数和存储过程 ──┤   存储过程 ──┼── 创建带有多个OUT类型参数的存储过程
                                    ├── 创建带有INOUT类型参数的存储过程
                                    ├── 创建带有IF语句的存储过程
                                    ├── 创建带有CASE语句的存储过程
                                    └── 创建带有WHILE循环的存储过程

                                              ┌── 自定义函数和存储过程的区别
                            自定义函数和存储过程 ──┤
                                              └── 存储过程的使用建议

                            综合实训：设计电商平台函数和存储过程
```

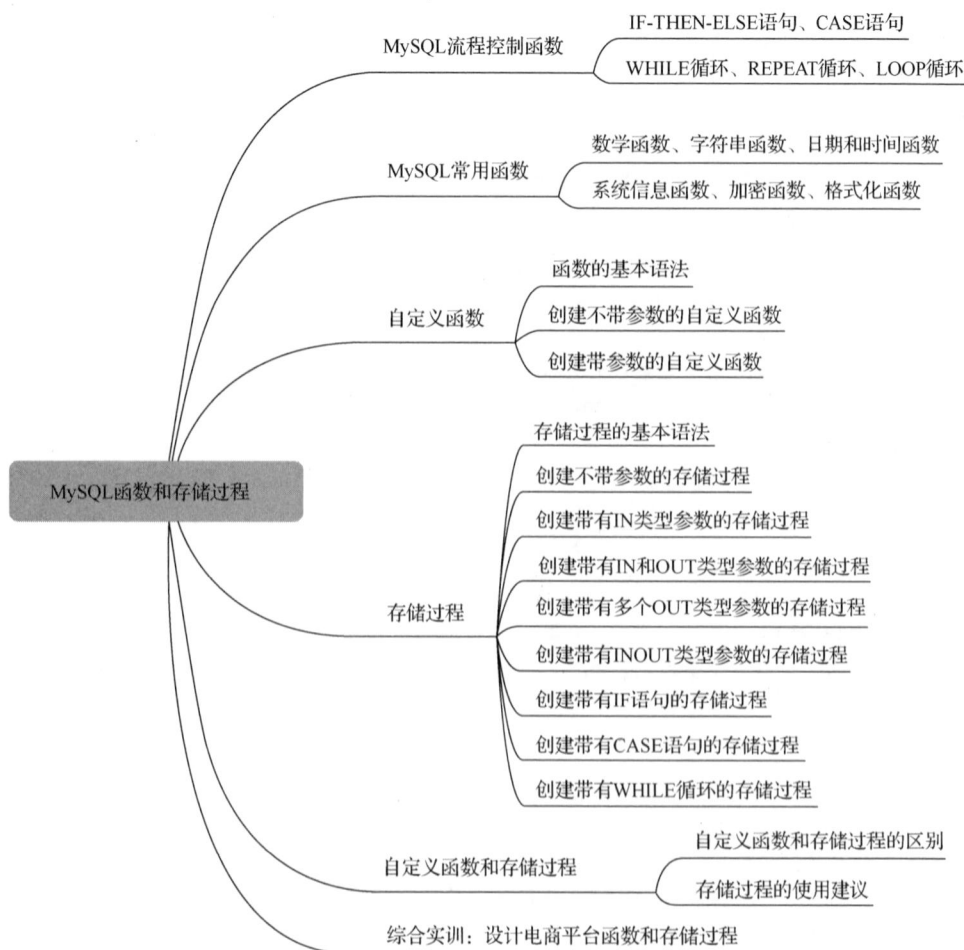

5.1 MySQL 流程控制函数

　　MySQL 提供了一些流程控制函数，来进行条件判断、循环和分支控制。MySQL 流程控制函数用于控制 SQL 语句中实现条件的选择。

1. IF-THEN-ELSE 语句

　　IF-THEN-ELSE 语句用于在条件满足时执行一段代码，否则执行另一段代码。其语法格式如下。

MySQL 流程控制
函数

```
IF condition THEN
    statement1;
ELSE
```

```
        statement2;
    END IF;
```

示例如下。

```
SET @score = 80;
IF @score >= 90 THEN
    SELECT 'Excellent';
ELSEIF @score >= 70 THEN
    SELECT 'Good';
ELSE
    SELECT 'Average';
END IF;
```

（1）IF()函数。

```
#IF(expr1,expr2,expr3)：如果 expr1 是真，返回 expr2，否则返回 expr3
SELECT name,IF(age>18,'成年','未成年') FROM user;
```

（2）IFNULL()函数。

```
#IFNULL(expr1,expr2)：如果 expr1 不是 NULL，返回 expr1，否则返回 expr2
SELECT name,IFNULL(age,0) FROM user;
```

（3）NULLIF()函数。

```
#NULLIF(expr1,expr2)：如果 expr1 = expr2 成立，返回 NULL，否则返回 expr1
SELECT name,NULLIF(name,loginName) FROM user;
```

2. CASE 语句

CASE 语句用于根据不同的条件执行不同的操作，类似于多重条件判断。其语法格式如下。

```
CASE
    WHEN condition1 THEN
        statement1;
    WHEN condition2 THEN
        statement2;
    ELSE
        statement3;
END CASE;
```

示例如下。

```
#CASE[expr] WHEN [value] THEN[result] … ELSE[default] END：如果 value 是真，返
回 result，否则返回 default

SELECT name, CASE sex WHEN '女' THEN '女生' WHEN '男' THEN '男生' ELSE '未知' END
as result FROM user;

SET @grade = 'B';
CASE @grade
    WHEN 'A' THEN SELECT 'Excellent';
    WHEN 'B' THEN SELECT 'Good';
    WHEN 'C' THEN SELECT 'Average';
    ELSE SELECT 'Fail';
END CASE;
```

3. WHILE 循环

WHILE 循环用于在满足条件的情况下重复执行一段代码。其语法格式如下。

```
WHILE condition DO
    statement;
END WHILE;
```

示例如下。

```
SET @count = 1;
WHILE @count <= 5 DO
    SELECT @count;
    SET @count = @count + 1;
END WHILE;
```

4. REPEAT 循环

REPEAT 循环用于先执行一段代码，再根据条件判断是否继续执行。其语法格式如下。

```
REPEAT
    statement;
UNTIL condition;
END REPEAT;
```

示例如下。

```
SET @count = 1;
REPEAT
    SELECT @count;
    SET @count = @count + 1;
UNTIL @count > 5;
END REPEAT;
```

5. LOOP 循环

LOOP 循环用于无限循环，直到遇到 LEAVE 语句退出循环。其语法格式如下。

```
LOOP
    statement;
    IF condition THEN
        LEAVE;
    END IF;
END LOOP;
```

示例如下。

```
SET @count = 1;
LOOP
    SELECT @count;
    SET @count = @count + 1;
    IF @count > 5 THEN
        LEAVE;
    END IF;
END LOOP;
```

这些流程控制函数可用于实现复杂的逻辑和条件判断，提供灵活的数据处理和流程控制能力。

实战演练——使用流程控制函数

使用流程控制函数完成以下任务。

（1）判断年龄是否大于 18，是则输出"成年"，否则输出"未成年"。

（2）判断年龄是否为 NULL，是则输出默认值"0"。

（3）判断用户名和密码是否正确，正确则返回 NULL，否则返回用户名。

（4）判断性别为女时，输出"女生"；判断性别为男时，输出"男生"。

```
#使用用户名 root 和相应密码，连接本地 MySQL
C:\Users\Administrator>mysql -uroot -p123456
mysql: [Warning] Using a password on the command line interface can be insecure.

#使用 shop 数据库
mysql> USE shop;
Database changed
```

```
#查询用户表 user
mysql> SELECT * FROM user;
+----+-------+------+------+----------+
| id | name  | sex  | age  | password |
+----+-------+------+------+----------+
|  3 | david | 女   | 28   | 111111   |
|  4 | 小红  | 女   | 27   | 123456   |
|  5 | 小明  | 男   | 10   | 123456   |
|  6 | 小刚  | 男   | 12   | 123456   |
|  7 | 小王  | 男   | 14   | 111111   |
|  8 | 小绿  | 女   | 34   | 222222   |
|  9 | 晓峰  | 男   | 15   | 333333   |
| 10 | 小影  | 女   | 26   | 444444   |
| 11 | 大梅  | 女   | 27   | 555555   |
+----+-------+------+------+----------+
9 rows in set (0.06 sec)

#使用 IF()函数，判断年龄是否大于 18，是则输出"成年"，否则输出"未成年"
mysql> SELECT name,IF(age>18,'成年','未成年') FROM user;
+-------+----------------------------+
| name  | IF(age>18,'成年','未成年') |
+-------+----------------------------+
| david | 成年                       |
| 小红  | 成年                       |
| 小明  | 未成年                     |
| 小刚  | 未成年                     |
| 小王  | 未成年                     |
| 小绿  | 成年                       |
| 晓峰  | 未成年                     |
| 小影  | 成年                       |
| 大梅  | 成年                       |
+-------+----------------------------+
9 rows in set (0.01 sec)

#使用 IFNULL()函数，判断年龄是否为 NULL，是则输出默认值"0"，不是则返回 age 值
mysql> SELECT name,IFNULL(age,0) FROM user;
+-------+---------------+
| name  | IFNULL(age,0) |
+-------+---------------+
| david |            28 |
| 小红  |            27 |
| 小明  |            10 |
| 小刚  |            12 |
| 小王  |            14 |
| 小绿  |            34 |
| 晓峰  |            15 |
```

```
| 小影    |              26 |
| 大梅    |              27 |
+--------+----------------+
9 rows in set (0.01 sec)
```

#使用 NULLIF() 函数，判断用户名和密码是否相等，相等则返回 NULL，否则返回用户名
```
mysql> SELECT name,NULLIF(name,password) FROM user;
+--------+-----------------------+
| name   | NULLIF(name,password) |
+--------+-----------------------+
| david  | david                 |
| 小红    | 小红                   |
| 小明    | 小明                   |
| 小刚    | 小刚                   |
| 小王    | 小王                   |
| 小绿    | 小绿                   |
| 晓峰    | 晓峰                   |
| 小影    | 小影                   |
| 大梅    | 大梅                   |
+--------+-----------------------+
9 rows in set (0.01 sec)
```

#使用 CASE 语句，判断性别为女时，输出"女生"；判断性别为男时，输出"男生"
```
mysql> SELECT name, CASE sex WHEN '女' THEN '女生' WHEN '男' THEN '男生' ELSE
'未知' END as result FROM user;
+--------+--------+
| name   | result |
+--------+--------+
| david  | 女生   |
| 小红    | 女生   |
| 小明    | 男生   |
| 小刚    | 男生   |
| 小王    | 男生   |
| 小绿    | 女生   |
| 晓峰    | 男生   |
| 小影    | 女生   |
| 大梅    | 女生   |
+--------+--------+
9 rows in set (0.02 sec)
mysql>
```

5.2 MySQL 常用函数

　　MySQL 提供了丰富的函数来处理和操作数据，常用函数包括数学函数、字符串函数、日期和时间函数、系统信息函数、加密函数和格式化函数。这些常用函数方便了用户日常进行数据库、表以及查询等操作。数学函数用于执行数值运算，字符串函数用于处理和操作文本数据，日期和时间函数用于处理日期和时间等。合理使用这些函数，可以简化数据处理，并提高查询效率和准确性。

MySQL 常用函数

5.2.1 数学函数

MySQL 提供了一系列强大的数学函数，用于执行各种数值运算操作。这些数学函数包括基本的四则运算、取整、取余、求绝对值、幂运算、求平方根等。它们可以应用于查询语句、计算字段、存储过程等场景，提供了灵活和高效的数值处理能力。使用这些函数可以轻松地对数据进行数值计算、求和、求平均值、求最大值、求最小值等操作。MySQL 的数学函数为开发者提供了强大的数值处理功能，使数据的计算和操作更加方便及准确。数学函数如表 5.1 所示。

表 5.1　数学函数

函数名称	含义	示例
ABS(x)	返回 x 的绝对值	SELECT ABS(-12.3);
BIN(x)	返回 x 的二进制形式（OCT(x)表示返回 x 的八进制形式,HEX(x)表示返回 x 的十六进制形式）	SELECT BIN(5);
CEILING(x)	返回大于 x 的最小整数值	SELECT CEILING(13.6);
EXP(x)	返回值 e（自然对数的底数）的 x 次方	SELECT EXP(2);
FLOOR(x)	返回小于 x 的最大整数值	SELECT FLOOR(12.7);
GREATEST(x1,x2,...,xn)	返回集合中最大的值	SELECT GREATEST(1,20,33,78);
LEAST(x1,x2,...,xn)	返回集合中最小的值	SELECT LEAST(1,20,33);
LN(x)	返回 x 的自然对数	SELECT LN(20);
LOG(x,y)	返回 x 的以 y 为底数的对数	SELECT LOG(2,10);
MOD(x,y)	返回 x/y 的模（余数）	SELECT MOD(3,5);
PI()	返回 π 的值（圆周率）	SELECT PI();
RAND()	返回 0 到 1 中的随机值,可以提供一个参数（种子）使 RAND()随机数生成器生成一个指定的值	SELECT RAND();
ROUND(x,y)	返回参数 x 的四舍五入且有 y 位小数的值	SELECT ROUND(123.678,2);
SIGN(x)	返回代表数字 x 的符号的值	SELECT SIGN(10);
SQRT(x)	返回一个数的平方根	SELECT SQRT(16);
TRUNCATE(x,y)	返回数字 x 截短为 y 位小数的结果	SELECT TRUNCATE(5642.356,2);

其中，常用的数学函数如下。

（1）CEILING(x)：返回大于 x 的最小整数值，它向上取整。

（2）FLOOR(x)：返回小于 x 的最大整数值，它向下取整。

（3）ROUND(x,y)：返回参数 x 的四舍五入且有 y 位小数的值，即对 x 进行四舍五入，保留 y 位小数。

（4）MOD(x,y)：返回 x/y 的模，和 x%y 是等价的，也是取余数。

（5）TRUNCATE(x,y)：返回数字 x 截短为 y 位小数的结果，即对 x 不进行四舍五入，直接保留 y 位小数。

实战演练——使用数学函数

下面将 12.6 向上取整，27.4 向下取整，54362.8792 四舍五入、保留 2 位小数，678.3478 不四舍五入、保留 2 位小数，3 除以 5 取余数。

```
#使用用户名 root 和相应密码，连接本地 MySQL
C:\Users\Administrator>mysql -uroot -p123456
```

```
mysql: [Warning] Using a password on the command line interface can be insecure.
```

#将12.6 向上取整
```
mysql> SELECT CEILING(12.6);
+---------------+
| CEILING(12.6) |
+---------------+
|            13 |
+---------------+
1 row in set (0.01 sec)
```

#将 27.4 向下取整
```
mysql> SELECT FLOOR(27.4);
+-------------+
| FLOOR(27.4) |
+-------------+
|          27 |
+-------------+
1 row in set (0.00 sec)
```

#将 54362.8792 四舍五入、保留 2 位小数
```
mysql> SELECT ROUND(54362.8792,2);
+---------------------+
| ROUND(54362.8792,2) |
+---------------------+
|            54362.88 |
+---------------------+
1 row in set (0.00 sec)
```

#将 678.3478 不四舍五入、保留 2 位小数
```
mysql> SELECT TRUNCATE(678.3478,2);
+----------------------+
| TRUNCATE(678.3478,2) |
+----------------------+
|               678.34 |
+----------------------+
1 row in set (0.00 sec)
```

#将 3 除以 5 取余数
```
mysql> SELECT MOD(3,5);
+----------+
| MOD(3,5) |
+----------+
|        3 |
+----------+
1 row in set (0.00 sec)
```

#将 3 除以 5 取余数
```
mysql> SELECT 3%5;
+------+
| 3%5  |
+------+
```

```
#3 除以 5
mysql> SELECT 3/5;
+--------+
| 3/5    |
+--------+
| 0.6000 |
+--------+
1 row in set (0.00 sec)
```

5.2.2 字符串函数

　　MySQL 提供了丰富的字符串函数，用于对文本数据进行处理和操作。这些函数可以实现字符串的拼接、截取、替换、转换字母大小写等操作。MySQL 字符串函数如表 5.2 所示。

表 5.2　字符串函数

函数名称	含义	示例
ASCII(char)	返回字符的 ASCII 值	SELECT ASCII('A');
CHAR_LENGTH(str)	返回字符串 str 的字节数	SELECT CHAR_LENGTH('abc');
BIT_LENGTH(str)	返回字符串 str 的位数	SELECT BIT_LENGTH('hello');
CONCAT(s1,s2,...,sn)	将 s1,s2,...,sn 连接成字符串	SELECT CONCAT('I',' LOVE',' YOU');
CONCAT_WS(sep,s1, s2,...,sn)	将 s1,s2,...,sn 连接成字符串，并用 sep 字符分隔	SELECT CONCAT_WS('-','hello','mysql');
INSERT(str,x,y,instr)	将字符串 str 从第 x 个位置开始、y 个字符长的子串替换为字符串 instr，并返回结果	SELECT INSERT('hello',2,3,'aaa');
FIND_IN_SET(str,list)	分析以逗号分隔的 list，如果发现 str，则返回 str 在 list 中的位置	SELECT FIND_IN_SET('he','a,b,he,ef,d');
LCASE(str)、LOWER(str)	返回将字符串 str 中所有字符改变为小写后的结果	SELECT LOWER('ABC');
UCASE(str)、UPPER(str)	返回将字符串 str 中所有字符改变为大写后的结果	SELECT UPPER('mysql');
LEFT(str,x)	返回字符串 str 中最左边的 x 个字符	SELECT LEFT('hello',2);
RIGHT(str,x)	返回字符串 str 中最右边的 x 个字符	SELECT RIGHT('hello',3);
LPAD(s1,len,s2)	使用字符串 s2 来填充 s1 的开始处，使字符串的长度达到 len	SELECT LPAD('hello','10','a');
RPAD(s1,len,s2)	使用字符串 s2 来填充 s1 的结尾处，使字符串的长度达到 len	SELECT RPAD('hello','10','a');
LENGTH(str)	返回字符串 str 的字符数	SELECT LENGTH('hello');
POSITION(substr IN str)	返回子串 substr 在字符串 str 中第一次出现的位置	SELECT POSITION('he'IN 'love hello');
QUOTE(str)	用反斜线转义 str 中的单引号	SELECT QUOTE('hello');

续表

函数名称	含义	示例
REPEAT(str,x)	返回字符串 str 重复 x 次的结果	SELECT REPEAT('hello',2);
REPLACE(s,s1,s2)	用字符串 s2 代替字符串 s 中的字符串 s1	SELECT REPLACE ('hello','e','abc');
REVERSE(str)	返回颠倒字符串 str 的结果	SELECT REVERSE('hello');
LTRIM(str)	去掉字符串 str 首部的空格	SELECT LTRIM(' hello');
RTRIM(str)	去掉字符串 str 尾部的空格	SELECT RTRIM('hello ');
TRIM(str)	去掉字符串首部和尾部的所有空格	SELECT TRIM(' hello ');
TRIM(s1 FROM s)	去掉字符串 s 开始处和结尾处的字符串 s1	SELECT TRIM('$' FROM '$$hello$$$ab$$$');
SPACE(n)	返回空格 n 次	SELECT SPACE(10);
STRCMP(s1,s2)	比较字符串 s1 和 s2	SELECT STRCMP('hello','hello world');
SUBSTRING(s,n,len)	获取从字符串 s 中第 n 个位置开始长度为 len 的字符串	SELECT SUBSTRING('hello world',2,5);
ELT(n,s1,s2,...)	返回第 n 个字符串	SELECT ELT(2,'A','B','C','D');
FIELD(s,s1,s2,...)	返回第一个与字符串 s 匹配的字符串的位置	SELECT FIELD('he','ho','hello','he');

其中，常用的字符串函数如下。

（1）LENGTH(str)：获取字符串的字符数。

（2）LOWER(str)、UPPER(str)：进行大小写字母的转换。

（3）STRCMP(s1,s2)：比较两个字符串的大小（开头字母的顺序）。

（4）REPLACE(s,s1,s2)：替换字符串。

（5）CONCAT(s1,s2,...,sn)：拼接字符串。

（6）CONCAT_WS(sep,s1,s2,...,sn)：使用分隔符拼接字符串。

（7）LTRIM(str)、RTRIM(str)、TRIM(str)：去除字符串中的空格。

（8）SUBSTRING(s,n,len)：截取字符串。

实战演练——使用字符串函数

下面获取字符串"hello"的字符数；将"hello"的所有字母转换为大写；将"WORLD"的所有字母转换为小写；比较"hello"和"world"的大小；将字符串"hello"中的字母"e"替换为"abc"；将"hello"和"world"拼接成一个字符串；将"hello"和"world"使用分隔符"-"拼接成一个字符串；截取"helloworld"字符串，从第 2 个位置开始截取长度为 5 的字符串。

```
#使用用户名 root 和相应密码，连接本地 MySQL
C:\Users\Administrator>mysql -uroot -p123456
mysql: [Warning] Using a password on the command line interface can be insecure.

#获取字符串"hello"的字符数
mysql> SELECT LENGTH('hello');
+-----------------+
| LENGTH('hello') |
+-----------------+
|               5 |
```

```
+----------+
1 row in set (0.00 sec)
```

#将"hello"的所有字母转换为大写
```
mysql> SELECT UPPER('hello');
+----------------+
| UPPER('hello') |
+----------------+
| HELLO          |
+----------------+
1 row in set (0.00 sec)
```

#将"WORLD"的所有字母转换为小写
```
mysql> SELECT LOWER('WORLD');
+----------------+
| LOWER('WORLD') |
+----------------+
| world          |
+----------------+
1 row in set (0.00 sec)
```

#比较"hello"和"world"的大小
```
mysql> SELECT STRCMP('hello','world');
+-------------------------+
| STRCMP('hello','world') |
+-------------------------+
|                      -1 |
+-------------------------+
1 row in set (0.00 sec)
```

#将字符串"hello"中的字母"e"替换为"abc"
```
mysql> SELECT REPLACE('hello','e','abc');
+----------------------------+
| REPLACE('hello','e','abc') |
+----------------------------+
| habcllo                    |
+----------------------------+
1 row in set (0.00 sec)
```

#将"hello"和"world"拼接成一个字符串
```
mysql> SELECT CONCAT('hello','world');
+-------------------------+
| CONCAT('hello','world') |
+-------------------------+
| helloworld              |
+-------------------------+
1 row in set (0.00 sec)
```

#将"hello"和"world"使用分隔符"-"拼接成一个字符串
```
mysql> SELECT CONCAT_WS('-','hello','world');
+--------------------------------+
| CONCAT_WS('-','hello','world') |
+--------------------------------+
```

```
| hello-world                |
+----------------------------+
1 row in set (0.00 sec)

#截取 "helloworld" 字符串，从第 2 个位置开始截取长度为 5 的字符串
mysql> SELECT SUBSTRING('helloworld',2,5);
+----------------------------+
| SUBSTRING('helloworld',2,5) |
+----------------------------+
| ellow                      |
+----------------------------+
1 row in set (0.00 sec)
mysql>
```

5.2.3 日期和时间函数

MySQL 提供了丰富的日期和时间函数，用于处理及操作日期、时间和时间戳数据。这些函数可以实现日期和时间的格式转换、计算、比较、提取等操作。通过日期和时间函数可以获取当前日期、当前时间等。日期和时间函数如表 5.3 所示。

表 5.3　日期和时间函数

函数名称	含义	示例
CURDATE()、CURRENT_DATE()	返回当前日期	SELECT CURDATE();
CURTIME()、CURRENT_TIME()	返回当前时间	SELECT CURTIME();
NOW()、CURRENT_TIMESTAMP()、LOCALTIME()、SYSDATE()、LOCALTIMESTAMP()	返回当前日期和时间	SELECT NOW();
UNIX_TIMESTAMP()	以 UNIX 时间戳的形式返回当前时间	SELECT UNIX_TIMESTAMP();
UNIX_TIMESTAMP(d)	将时间 d 以 UNIX 时间戳的形式返回	SELECT UNIX_TIMESTAMP ('2024-11-30');
FROM_UNIXTIME(d)	把 UNIX 时间戳的时间转换为普通格式时间	SELECT FROM_UNIXTIME(2024);
UTC_DATE()	返回协调时间时（Universal Time Coordinated, UTC）日期	SELECT UTC_DATE();
UTC_TIME()	返回 UTC 时间	SELECT UTC_TIME();
MONTH(d)	返回日期 d 中的月份值，值为 1～12	SELECT MONTH('2024-11-22');
MONTHNAME(d)	返回日期 d 中的月份名称	SELECT MONTHNAME ('2024-11-30');
DAYNAME(d)	返回日期 d 的星期名称	SELECT DAYNAME('2024-11-29');
DAYOFWEEK(d)	返回日期 d 是星期几，1 代表星期一	SELECT DAYOFWEEK ('2024-11-29');
WEEKDAY(d)	返回日期 d 是星期几，0 代表星期一	SELECT WEEKDAY ('2024-11-29');
WEEK(d)	计算日期 d 是本年的第几周，值为 0～53	SELECT WEEK ('2024-11-29');

续表

函数名称	含义	示例
WEEKOFYEAR(d)	计算日期 d 是本年的第几周，值为 1～54	SELECT WEEKOFYEAR ('2024-11-30');
DAYOFYEAR(d)	计算日期 d 是本年的第几天	SELECT DAYOFYEAR ('2024-11-30');
DAYOFMONTH(d)	计算日期 d 是本月的第几天	SELECT DAYOFMONTH ('2024-11-30');
YEAR(d)	返回日期 d 的年份值	SELECT YEAR ('2024-11-30');
QUARTER(d)	返回日期 d 是第几个季度，值为 1～4	SELECT QUARTER ('2024-11-30');
HOUR(t)	返回时间 t 中的小时值	SELECT HOUR('22:30:11');
MINUTE(t)	返回时间 t 中的分钟值	SELECT MINUTE ('22:30:11');
SECOND(t)	返回时间 t 中的秒钟值	SELECT SECOND ('22:30:11');
EXTRACT(type FROM d)	从日期 d 中获取指定值，type 指定返回的值，如 YEAR、HOUR 等	SELECT EXTRACT(YEAR FROM '2024-11-20');
TIME_TO_SEC(t)	将时间 t 转换为秒	SELECT TIME_TO_SEC ('22:30:11');
SEC_TO_TIME(s)	将以秒为单位的时间 s 转换为时:分:秒的格式	SELECT SEC_TO_TIME ('22:30:11');
DATEDIFF(d1,d2)	计算日期 d1～d2 相隔的天数	SELECT DATEDIFF('2024-11-20','2024-11-12');
DATE_ADD()	时间加	SELECT DATE_ADD(NOW(), INTERVAL 3 YEAR);
DATE_SUB()	时间减	SELECT DATE_SUB(NOW(), INTERVAL 3 YEAR);

其中，常用的日期和时间函数如下。

（1）NOW()：返回当前日期和时间。

（2）CURDATE()：返回当前日期。

（3）CURTIME()：返回当前时间。

（4）YEAR(d)：返回日期中的年份值。

（5）MONTH(d)：返回日期中的月份值。

（6）DAYOFYEAR(d)：计算日期 d 是本年的第几天。

（7）DAYOFWEEK(d)：返回日期 d 是星期几。

（8）HOUR(t)：返回时间 t 中的小时值。

（9）MINUTE(t)：返回时间 t 中的分钟值。

（10）SECOND(t)：返回时间 t 中的秒钟值。

（11）DATE_ADD()：时间加。DATE_ADD(NOW(),INTERVAL 3 YEAR)表示从当前时间往后加 3 年；DATE_ADD(NOW(),INTERVAL 3MONTH)表示从当前时间往后加 3 个月；DATE_ADD(NOW(),INTERVAL 3 DAY)表示从当前时间往后加 3 天。

（12）DATE_SUB()：时间减。DATE_SUB(NOW(),INTERVAL 3 DAY)表示从当前时间往前减 3 天；DATE_SUB(NOW(),INTERVAL 3 MONTH)表示从当前时间往前减 3 个月；DATE_SUB(NOW(),INTERVAL 3 YEAR)表示从当前时间往前减 3 年。

实战演练——使用日期和时间函数

下面获取当前日期和时间，当前日期，当前时间，日期中的年份、日期中的月份、日期中的天，时间中的小时值、分钟值、秒值，向后加时间，向前减时间。

```
#使用用户名 root 和相应密码，连接本地 MySQL
C:\Users\Administrator>mysql -uroot -p123456
mysql: [Warning] Using a password on the command line interface can be insecure.

#获取当前日期和时间
mysql> SELECT NOW();
+---------------------+
| NOW()               |
+---------------------+
| 2023-11-29 23:38:58 |
+---------------------+
1 row in set (0.00 sec)

#获取当前日期
mysql> SELECT CURDATE();
+------------+
| CURDATE()  |
+------------+
| 2023-11-29 |
+------------+
1 row in set (0.00 sec)

#获取当前时间
mysql> SELECT CURTIME();
+-----------+
| CURTIME() |
+-----------+
| 23:39:24  |
+-----------+
1 row in set (0.00 sec)

#获取日期中的年份
mysql> SELECT YEAR('2023-11-30');
+--------------------+
| YEAR('2023-11-30') |
+--------------------+
|     2023           |
+--------------------+
1 row in set (0.00 sec)

#获取日期中的月份
mysql> SELECT MONTH('2023-11-30');
+---------------------+
| MONTH('2023-11-30') |
+---------------------+
|     11              |
+---------------------+
1 row in set (0.00 sec)
```

```
#获取指定日期为一年中的第几天
mysql> SELECT DAYOFYEAR('2023-11-30');
+-------------------------+
| DAYOFYEAR('2023-11-30') |
+-------------------------+
|           334           |
+-------------------------+
1 row in set (0.00 sec)

#获取指定日期为一周中的第几天
mysql> SELECT DAYOFWEEK ('2023-11-30');
+-------------------------+
| DAYOFWEEK ('2023-11-30') |
+-------------------------+
|            5            |
+-------------------------+
1 row in set (0.00 sec)

#获取时间中的小时值
mysql> SELECT HOUR('11:20:59');
+------------------+
| HOUR('11:20:59') |
+------------------+
|        11        |
+------------------+
1 row in set (0.00 sec)

#获取时间中的分钟值
mysql> SELECT MINUTE ('11:30:59');
+--------------------+
| MINUTE ('11:30:59') |
+--------------------+
|         30         |
+--------------------+
1 row in set (0.00 sec)

#获取时间中的秒值
mysql> SELECT SECOND ('11:30:59');
+--------------------+
| SECOND ('11:30:59') |
+--------------------+
|         59         |
+--------------------+
1 row in set (0.00 sec)

#将时间往后加3年
mysql> SELECT DATE_ADD(NOW(),INTERVAL 3 YEAR);
+---------------------------------+
| DATE_ADD(NOW(),INTERVAL 3 YEAR) |
+---------------------------------+
| 2026-11-29 23:41:45             |
+---------------------------------+
1 row in set (0.00 sec)
```

```
#将时间往后加 3 个月
mysql> SELECT DATE_ADD(NOW(),INTERVAL 3 MONTH);
+----------------------------------+
| DATE_ADD(NOW(),INTERVAL 3 MONTH) |
+----------------------------------+
| 2024-02-28 23:42:31              |
+----------------------------------+
1 row in set (0.00 sec)

#将时间往后加 3 天
mysql> SELECT DATE_ADD(NOW(),INTERVAL 3 DAY);
+--------------------------------+
| DATE_ADD(NOW(),INTERVAL 3 DAY) |
+--------------------------------+
| 2023-12-02 23:42:35            |
+--------------------------------+
1 row in set (0.00 sec)

#将时间往前减 3 天
mysql> SELECT DATE_SUB(NOW(),INTERVAL 3 DAY);
+--------------------------------+
| DATE_SUB(NOW(),INTERVAL 3 DAY) |
+--------------------------------+
| 2023-11-26 23:43:03            |
+--------------------------------+
1 row in set (0.00 sec)

#将时间往前减 3 个月
mysql> SELECT DATE_SUB(NOW(),INTERVAL 3 MONTH);
+----------------------------------+
| DATE_SUB(NOW(),INTERVAL 3 MONTH) |
+----------------------------------+
| 2023-08-26 23:43:03              |
+----------------------------------+
1 row in set (0.01 sec)
mysql>
```

5.2.4 系统信息函数

MySQL 提供了一系列系统信息函数，用于获取和查询数据库服务器的相关信息。这些函数可以帮助开发者了解数据库的配置、性能统计、状态信息等。通过系统信息函数可以获取数据库的版本号、服务器的连接数、当前数据库名、当前用户、字符串的编码集等。系统信息函数如表 5.4 所示。

表 5.4　系统信息函数

函数名称	含义	示例
VERSION()	返回数据库的版本号	SELECT VERSION();
CONNECTION_ID()	返回服务器的连接数	SELECT CONNECTION_ID();
DATABASE()、SCHEMA()	返回当前数据库名	SELECT SCHEMA();
USER()、SYSTEM_USER()、SESSION_USER()	分别返回当前用户、系统用户、会话用户	SELECT USER();
CURRENT_USER()	返回当前用户	SELECT CURRENT_USER();

续表

函数名称	含义	示例
CHARSET(str)	返回字符串 str 的字符集	SELECT CHARSET('hello');
COLLACTION(str)	返回字符串 str 的字符排列方式	SELECT COLLACTION('hello');
LAST_INSERT_ID()	返回最近生成的自增字段的值	SELECT LAST_INSERT_ID();
NOW()	返回当前日期和时间	SELECT NOW();
CONNECTION_ID()	返回当前连接的编号	SELECT CONNECTION_ID();
CURRENT_ROLE()	返回当前角色的名称	SELECT CURRENT_ROLE();
CURRENT_SCHEMA()	返回当前架构（数据库）的名称	SELECT CURRENT_SCHEMA();
SHOW STATUS	显示当前服务器状态的各种统计信息	SHOW STATUS;
SHOW VARIABLES	显示当前服务器的配置参数	SHOW VARIABLES;
SHOW WARNINGS	显示最近的警告信息	SHOW WARNINGS;
SHOW ERRORS	显示最近的错误信息	SHOW ERRORS;

实战演练——使用系统信息函数

下面获取当前数据库的版本号、服务器的连接数、当前数据库名、当前用户、字符串的编码集、最近生成的自增字段的值。

```
#使用用户名 root 和相应密码，连接本地 MySQL
C:\Users\Administrator>mysql -uroot -p123456
mysql: [Warning] Using a password on the command line interface can be insecure.

#获取当前数据库的版本号
mysql> SELECT VERSION();
+-----------+
| VERSION() |
+-----------+
| 8.0.33    |
+-----------+
1 row in set (0.00 sec)

#获取服务器的连接数
mysql> SELECT CONNECTION_ID();
+-----------------+
| CONNECTION_ID() |
+-----------------+
|              37 |
+-----------------+
1 row in set (0.00 sec)

#获取当前数据库名
mysql> SELECT SCHEMA();
+-----------+
| SCHEMA()  |
+-----------+
| NULL      |
+-----------+
1 row in set (0.00 sec)

#使用 shop 数据库
mysql> USE shop;
```

```
Database changed

#获取当前数据库名
mysql> SELECT SCHEMA();
+----------+
| SCHEMA() |
+----------+
| shop     |
+----------+
1 row in set (0.00 sec)

#获取当前用户
mysql> SELECT USER();
+----------------+
| USER()         |
+----------------+
| root@localhost |
+----------------+
1 row in set (0.00 sec)

#获取当前用户
mysql> SELECT CURRENT_USER();
+----------------+
| CURRENT_USER() |
+----------------+
| root@localhost |
+----------------+
1 row in set (0.00 sec)

#获取字符串的编码集
mysql> SELECT CHARSET('hello');
+------------------+
| CHARSET('hello') |
+------------------+
| utf8             |
+------------------+
1 row in set (0.00 sec)

#获取最近生成的自增字段的值
mysql> SELECT LAST_INSERT_ID();
+------------------+
| LAST_INSERT_ID() |
+------------------+
|                0 |
+------------------+
1 row in set (0.00 sec)
mysql>
```

5.2.5 加密函数

MySQL 提供了一系列加密函数，用于对数据进行加、解密操作，保护敏感数据的存储和传输。

（1）PASSWORD(str)加密函数：可以对字符串 str 进行加密，采用 MySQL 的 SHA1 加密方式，生成的是 41 位字符串，其中*不加入实际的密码运算。PASSWORD(str)加密函数常用于对用户的密码进行加密。

```
mysql> SELECT PASSWORD('123456');
+-------------------------------------------+
| PASSWORD('123456')                        |
+-------------------------------------------+
| *6BB4837EB74329105EE4568DDA7DC67ED2CA2AD9 |
+-------------------------------------------+
```

（2）MD5(str)加密函数：可以对字符串 str 进行散列加密，计算字符串 str 的 MD5 校验和，常用于一些不需要解密的数据。

```
mysql> SELECT MD5('123456');
+----------------------------------+
| MD5('123456')                    |
+----------------------------------+
| e10adc3949ba59abbe56e057f20f883e |
+----------------------------------+
```

（3）ENCODE(str,pswd_str)与 DECODE(crypt_str,pswd_str)加、解密函数：一对加、解密函数，加密结果是二进制数，使用 BLOB 类型的字段进行存储。用户可以先使用 ENCODE(str,pswd_str)加密函数进行加密，加密后生成解密字符串密钥；再使用 DECODE(crypt_str,pswd_str)解密函数和密钥进行解密。

```
mysql> SELECT ENCODE('xiaogang','key');
+--------------------------+
| ENCODE('xiaogang','key') |
+--------------------------+
| �1'�&�4                  |
+--------------------------+
1 row in set, 1 warning (0.00 sec)
mysql> SELECT DECODE(ENCODE('xiaogang','key'),'key');
+----------------------------------------+
| DECODE(ENCODE('xiaogang','key'),'key') |
+----------------------------------------+
| xiaogang                               |
+----------------------------------------+
```

（4）AES_ENCRYPT(str,key)与 AES_DECRYPT(str,key)加、解密函数：一对加、解密函数，AES_ENCRYPT(str,key)用密钥 key 对字符串利用高级加密标准算法进行加密，加密结果是一个二进制字符串，以 BLOB 类型的字段进行存储；AES_DECRYPT(str,key)用密钥 key 对字符串 str 利用高级加密标准算法进行解密。

```
mysql> SELECT AES_ENCRYPT('xiaogang','key');
+-------------------------------+
| AES_ENCRYPT('xiaogang','key') |
+-------------------------------+
| y©ë³´Æþõ³ñ0                    |
+-------------------------------+
1 row in set (0.00 sec)
mysql> SELECT AES_DECRYPT(AES_ENCRYPT('xiaogang','key'),'key');
+--------------------------------------------------+
| AES_DECRYPT(AES_ENCRYPT('xiaogang','key'),'key') |
+--------------------------------------------------+
| xiaogang                                         |
+--------------------------------------------------+
1 row in set (0.00 sec)
```

（5）SHA(str)加、解密函数：计算字符串 str 的安全散列算法（Secure Hash Algorithm，SHA）校验和。

```
mysql> SELECT SHA('123456');
+------------------------------------------+
| SHA('123456')                            |
+------------------------------------------+
| 7c4a8d09ca3762af61e59520943dc26494f8941b |
+------------------------------------------+
1 row in set (0.00 sec)
```

5.2.6　格式化函数

MySQL 提供了一些格式化函数，用于对数据进行格式化。这些函数可以将数据转换为特定的格式，如日期、时间等。

格式化函数依赖格式化字符串来定义输出格式，格式化字符串如表 5.5 所示。

表 5.5　格式化字符串

格式化字符串	含义	示例	示例结果
%M	月份（January,February,...,December）	SELECT DATE_FORMAT(NOW(),'%M');	November
%W	星期（Sunday,Monday,...,Saturday）	SELECT DATE_FORMAT(NOW(),'%W');	Thursday
%D	有英语前缀的月份的日期（1st、2nd、3rd 等）	SELECT DATE_FORMAT(NOW(),'%D');	30th
%Y	年份（4 位数字）	SELECT DATE_FORMAT(NOW(),'%Y');	2017
%y	年份（2 位数字）	SELECT DATE_FORMAT(NOW(),'%y');	17
%a	缩写的星期名称（Sun,Mon,...,Sat）	SELECT DATE_FORMAT(NOW(),'%a');	Thu
%d	月份中的天数，数字（00,01,...,31）	SELECT DATE_FORMAT(NOW(),'%d');	09
%e	月份中的天数，数字（0,1,...,31）	SELECT DATE_FORMAT(NOW(),'%e');	9
%m	月份，数字（01,02,...,12）	SELECT DATE_FORMAT(NOW(),'%m');	09
%c	月份，数字（1,2,...,12）	SELECT DATE_FORMAT(NOW(),'%c');	9
%b	缩写的月份名称（Jan,Feb,...,Dec）	SELECT DATE_FORMAT(NOW(),'%b');	Sep
%j	一年中的天数（001,002,...,366）	SELECT DATE_FORMAT(NOW(),'%j');	244
%H	小时（00,01,...,23），24 小时制，2 位	SELECT DATE_FORMAT(NOW(),'%H');	08
%k	小时（0,1,...,23），24 小时制	SELECT DATE_FORMAT(NOW(),'%k');	8
%h	小时（01,02,...,12），12 小时制，2 位	SELECT DATE_FORMAT(NOW(),'%h');	08
%l	小时（1,2,...,12），12 小时制	SELECT DATE_FORMAT(NOW(),'%l');	8
%i	分钟，数字（00,01,...,59）	SELECT DATE_FORMAT(NOW(),'%i');	11
%r	时间，12 小时（hh:mm:ss [AP]M）	SELECT DATE_FORMAT(NOW(),'%r');	08 :11:31 AM
%T	时间，24 小时（hh:mm:ss）	SELECT DATE_FORMAT(NOW(),'%T');	08:11:50
%S	秒（00,01,...,59）（标准写法）	SELECT DATE_FORMAT(NOW(),'%S');	06
%s	秒（00,01,...,59）（兼容写法）	SELECT DATE_FORMAT(NOW(),'%s');	03
%p	AM 或 PM	SELECT DATE_FORMAT(NOW(),'%p');	AM
%w	一个星期中的星期几（0=Sunday,1= Monday,...,6= Saturday）	SELECT DATE_FORMAT(NOW(),'%w');	5
%U	第几个星期（0,1,...,52），这里星期天是一星期的第一天	SELECT DATE_FORMAT(NOW(),'%U');	35
%u	第几个星期（0,1,...,52），这里星期一是一星期的第一天	SELECT DATE_FORMAT(NOW(),'%u');	35
%%	一个字符"%"	SELECT DATE_FORMAT(NOW(),'%%');	%
INET_ATON(ip)	将 IP 地址转为无符号整数	SELECT INET_ATON('192.168.1.1');	3232235777
INET_NTOA (num)	将整数转回 IP 地址	SELECT INET_NTOA(3232235777);	192.168.1.1

（1）格式化日期函数 DATE_FORMAT(date,fmt)：根据 fmt 日期格式对 date 日期进行格式化。

```
mysql> SELECT DATE_FORMAT(NOW(),'%W,%D %M %Y %r');
+---------------------------------------+
| DATE_FORMAT(NOW(),'%W,%D %M %Y %r' )  |
+---------------------------------------+
| Thursday,30th November 2023 08:44:29 PM |
+---------------------------------------+
1 row in set (0.13 sec)

mysql> SELECT DATE_FORMAT(NOW(),'%Y-%m-%d');
+------------------------------+
| DATE_FORMAT(NOW(),'%Y-%m-%d') |
+------------------------------+
| 2023-11-30                    |
+------------------------------+
1 row in set (0.00 sec)

mysql> SELECT DATE_FORMAT(19990330,'%Y-%m-%d');
+---------------------------------+
| DATE_FORMAT(19990330,'%Y-%m-%d') |
+---------------------------------+
| 1999-03-30                       |
+---------------------------------+
1 row in set (0.11 sec)

mysql> SELECT DATE_FORMAT(NOW(),'%h:%i %p');
+------------------------------+
| DATE_FORMAT(NOW(),'%h:%i %p') |
+------------------------------+
| 08:44 PM                      |
+------------------------------+
```

（2）格式化时间函数 TIME_FORMAT(time,fmt)：根据 fmt 时间格式对 time 时间进行格式化。

```
mysql> SELECT TIME_FORMAT(NOW(),'%h %i');
+----------------------------+
| TIME_FORMAT(NOW(),'%h %i') |
+----------------------------+
| 09 33                      |
+----------------------------+
1 row in set (0.00 sec)

mysql> SELECT TIME_FORMAT('21:34:45','%h %i');
+---------------------------------+
| TIME_FORMAT('21:34:45','%h %i') |
+---------------------------------+
| 09 34                           |
+---------------------------------+
1 row in set (0.00 sec)

mysql> SELECT TIME_FORMAT('21:34:45','%h-%i-%s');
+------------------------------------+
| TIME_FORMAT('21:34:45','%h-%i-%s') |
+------------------------------------+
| 09-34-45                           |
+------------------------------------+
1 row in set (0.00 sec)
```

（3）格式化 IP 地址函数 INET_ATON(ip)和 INET_NTOA(num)：INET_ATON(ip)将 IP 地址转换为数字，INET_NTOA(num)将数字转换为 IP 地址。

```
mysql> SELECT INET_ATON('192.168.1.100');
+----------------------------+
| INET_ATON('192.168.1.100') |
+----------------------------+
|                 3232235876 |
+----------------------------+
1 row in set (0.07 sec)

mysql> SELECT INET_NTOA(3232235876);
+-----------------------+
| INET_NTOA(3232235876) |
+-----------------------+
| 192.168.1.100         |
+-----------------------+
1 row in set (0.09 sec)
```

（4）格式化浮点数函数 FORMAT(x,y)：把 x 格式化为以逗号分隔的数字序列，y 是结果的小数位数。

```
mysql> SELECT FORMAT(2367.6537,2);
+---------------------+
| FORMAT(2367.6537,2) |
+---------------------+
| 2,367.65            |
+---------------------+
1 row in set (0.13 sec)

mysql> SELECT FORMAT('36828.67628',3);
+-------------------------+
| FORMAT('36828.67628',3) |
+-------------------------+
| 36,828.676              |
+-------------------------+
1 row in set (0.06 sec)
```

5.3 自定义函数

MySQL 提供了一些内置函数，如数学函数、字符串函数等，但是在开发过程中，有些业务场景的需求仅靠现有的内置函数并不能满足，这时就可以使用自定义函数。

自定义函数

5.3.1 函数的基本语法

1. 创建自定义函数

创建自定义函数的语法格式如下。

```
CREATE FUCTION 函数名(参数列表)
RETURNS 返回值类型
函数体
```

示例如下。

```
mysql> DELIMITER $$
mysql> CREATE FUNCTION fun(a1 varchar(255))
```

```
        RETURNS VARCHAR(255)
        BEGIN
        DECLARE x VARCHAR(255) DEFAULT '';
        SET x = CONCAT(a1,'word');
        RETURN x;
      END $$
```

（1）DELIMITER：用于临时修改 SQL 语句的结束符（默认为"；"），以便在定义存储过程或函数时，允许其内部包含多个分号而不会提前终止解析。定义结束后需恢复为默认结束符。

（2）函数名：使用 FUNCTION 来标识函数，函数名应该是合法的标识符，不能与已有的关键字或函数冲突。一个函数是属于某个数据库的，可以使用 db_name.funciton_name 的形式指定当前函数所属的数据库。

（3）参数列表：可以有 0 个或者多个参数，每个参数是由参数名和参数类型组成的。

（4）RETURNS：指明函数要返回的值的类型。

（5）函数体：由多条可用的 SQL 语句、流程控制语句、变量声明等构成，函数体中一定要含有 RETURN 返回语句。

（6）BEGIN...END：用来标识函数体的开始和结束，当有多条 SQL 语句时，可以使用 BEGIN...END 来标识。

（7）DECLARE：用来声明变量，包括变量名和类型。

（8）SET：用来设置变量的值。

（9）RETURN：返回函数体内的返回值。

2. 查看自定义函数

查看自定义函数的语法格式如下。

```
SHOW FUNCTION STATUS like 'function_name';
SHOW CREATE FUNCTION function_name;
```

示例如下。

```
SHOW FUNCTION STATUS like 'fun';
SHOW CREATE FUNCTION fun;
```

SHOW FUNCTION STATUS 用来查看自定义函数的状态，包括所属数据库、类型、函数名、修改时间等信息；SHOW CREATE FUNCTION 用来查看函数的信息，包括函数体等。

3. 调用自定义函数

调用自定义函数的语法格式如下。

```
SELECT function_name(parameter_value,…)
```

示例如下。

```
mysql> SELECT FUN();
```

在调用自定义函数的时候，如果有参数，则在函数名后的括号中添加参数值。

4. 修改自定义函数

修改自定义函数的语法格式如下。

```
ALTER  FUNCTION function_name [characteristic …]
characteristic:
{ CONTAINS SQL | NO SQL | READS SQL DATA | MODIFIES SQL DATA }
| SQL SECURITY { DEFINER | INVOKER }
| COMMENT 'string'
```

示例如下。

```
mysql> ALTER FUNCTION fun
       READS SQL DATA
       COMMENT '字符串连接';
```

（1）只能修改自定义函数的一些特性，不能修改函数体，如果要修改函数体，则需要先删除函数再重新创建。

（2）function_name：函数的名称。

（3）characteristic：指定函数的特性。

（4）CONTAINS SQL：子程序中包含 SQL 语句，但不包含读或写数据的语句。

（5）NO SQL：子程序中不包含 SQL 语句。

（6）READS SQL DATA：子程序中包含读数据的语句。

（7）MODIFIES SQL DATA：子程序中包含写数据的语句。

（8）SQL SECURITY { DEFINER | INVOKER }：指明谁有权限来执行。

（9）DEFINER：只有定义者自己才能够执行。

（10）INVOKER：调用者可以执行。

（11）COMMENT 'string'：注释信息。

5. 删除自定义函数

在删除自定义函数的时候，FUNCTION 后面是函数的名称，不要带括号。也可以使用 IF EXISTS 关键字判断函数是否存在，然后将其删除。

删除自定义函数的语法格式如下。

```
DROP FUNCTION function_name
DROP FUNCTION IF EXISTS function_name
```

示例如下。

```
mysql> DROP FUNCTION fun;
```

5.3.2 创建不带参数的自定义函数

下面创建一个自定义函数，让它返回 2023 年 12 月 03 日 10 时 48 分 59 秒这种格式的日期和时间，函数名为 getFormatDatetime。

实战演练——创建不带参数的自定义函数

```
#使用用户名 root 和相应密码，连接本地 MySQL
C:\Users\Administrator>mysql -uroot -p123456
mysql: [Warning] Using a password on the command line interface can be insecure.

#使用 shop 数据库
mysql> use shop;
Database changed

#修改默认的结束符 ";" 为 "$$"，以后的 SQL 语句都要以 "$$" 结尾
mysql> DELIMITER $$

#创建日期和时间函数 getFormatDatetime()
mysql> CREATE FUNCTION getFormatDatetime()
    RETURNS VARCHAR(255)
    RETURN DATE_FORMAT(NOW(),'%Y年%m月%d日%h时%i分%s秒');
    $$
Query OK, 0 rows affected (0.00 sec)

#修改结束符为分号(;)
mysql> DELIMITER ;

#调用 getFormatDatetime()函数
```

```
mysql> SELECT getFormatDatetime();
+------------------------------+
| getFormatDatetime()          |
+------------------------------+
| 2023年12月03日10时56分28秒   |
+------------------------------+
1 row in set (0.02 sec)
mysql>
```

5.3.3　创建带参数的自定义函数

下面创建一个自定义函数，传递两个参数 x、y，计算这两个参数的和，函数名为 addFun。
实战演练——创建带参数的自定义函数

```
#使用用户名 root 和相应密码，连接本地 MySQL
C:\Users\Administrator>mysql -uroot -p123456
mysql: [Warning] Using a password on the command line interface can be insecure.

#使用 shop 数据库
mysql> USE shop;
Database changed

#修改结束符
mysql> DELIMITER $$

#创建自定义函数 addFun()
mysql> CREATE FUNCTION addFun(x int UNSIGNED,y int UNSIGNED)
    RETURNS int
    BEGIN
    DECLARE sum int UNSIGNED DEFAULT 0;
    SET sum = x + y ;
    RETURN sum;
    END $$
Query OK, 0 rows affected (0.00 sec)

#修改结束符
mysql> DELIMITER ;

#调用 addFun()函数
mysql> SELECT addFun(10,26);
+---------------+
| addFun(10,26) |
+---------------+
|            36 |
+---------------+
1 row in set (0.00 sec)

#修改 addFun()函数
mysql> ALTER FUNCTION addFun
    READS SQL DATA
    COMMENT '加法自定义函数';
Query OK, 0 rows affected (0.00 sec)

#删除 addFun()函数
```

```
mysql> DROP FUNCTION addFun;
Query OK, 0 rows affected (0.00 sec)

#先判断 addFun()函数是否存在，再删除 addFun()函数
mysql> DROP FUNCTION IF EXISTS addFun;
Query OK, 0 rows affected, 1 warning (0.00 sec)

#如果 addFun()函数不存在，则当没有判断直接删除时，会报错
mysql> DROP FUNCTION addFun;
ERROR 1305 (42000): FUNCTION shop.addFun does not exist
mysql>
```

5.4 存储过程

存储过程常用于一些复杂的 SQL 语句的编写。在开发过程中，如果不使用存储过程，则 SQL 语句的执行要经过几个步骤：首先校验 SQL 语句是否正确、语法是否正确，然后进行 SQL 语句的编译，最后执行 SQL 语句。复杂语句的这几个步骤执行速度会很慢，而存储过程就是用来解决这个问题的。存储过程是完成特定功能的 SQL 语句集，经编译后存储在数据库中，在使用的时候直接调用即可，省略了语法校验、编译的过程，大大提高了 SQL 语句的执行效率。

存储过程

5.4.1　存储过程的基本语法

使用 CREATE PROCEDURE 可以创建存储过程，指定名称和参数列表；在 BEGIN 和 END 之间编写存储过程的逻辑部分；使用 DELIMITER 设置结束符。存储过程可包含输入、输出或双向参数，并具有特性设置选项。存储过程提供了封装业务逻辑的能力，提高了性能和可维护性。调用存储过程并传递参数即可获取结果。

1.　创建存储过程

创建存储过程的语法格式如下。

```
 CREATE PROCEDURE  存储过程名([[IN| OUT|INOUT] 参数名 参数类型[,[IN| OUT|INOUT] 参
数名 参数类型...]])
 [特性 ...]
 BEGIN
 存储过程体
 END
```

示例如下。

```
mysql> DELIMITER $$
mysql> CREATE PROCEDURE getUserCountBySex(IN p_sex varchar(255),OUT p_count int)
     BEGIN
     SELECT COUNT(*) INTO p_count FROM user WHERE sex = p_sex;
     END $$
mysql> DELIMITER ;
mysql> SET @p_sex='男';
mysql> SET @p_count=0;
mysql> CALL getUserCountBySex(@p_sex,@p_count);
mysql> SELECT @p_sex,@p_count;
+--------+----------+
| @p_sex | @p_count |
+--------+----------+
```

```
| 男       |        4 |
+--------+----------+
```

（1）DELIMITER：用来修改 SQL 语句的结束符，可以将结束符分号（；）修改为其他特殊字符。

（2）存储过程名：使用 PROCEDURE 来标识存储过程，存储过程的名称应该是合法的标识符，不能与已有的关键字或存储过程名冲突。一个存储过程是属于某个数据库的，可以使用 db_name. procedure_name 的形式指定当前存储过程所属的数据库。

（3）参数类型：IN 参数的值必须在调用存储过程时指定，在存储过程中修改该参数的值不能被返回；OUT 参数的值可在存储过程内部被改变，并可返回；INOUT 参数在调用时指定，并且可被改变和返回。

（4）BEGIN...END：用来标识存储过程体的开始和结束，当有多条 SQL 语句时，可以使用 BEGIN...END 来标识。

（5）DECLARE：用来声明变量，包括变量名和类型。

（6）用户变量：一般以@开头，如输入参数变量@p_sex、输出参数变量@p_count，注意滥用用户变量会导致程序难以理解及管理。

（7）SET：用来设置变量的值。

（8）CALL：用来调用存储过程。

（9）特性：指定存储过程的特性。

2. 查看存储过程

查看存储过程的语法格式如下。

```
SHOW PROCEDURE STATUS like 'procedure_name';
SHOW CREATE PROCEDURE procedure_name;
```

示例如下。

```
SHOW PROCEDURE STATUS like 'getUserCountBySex';
SHOW CREATE PROCEDURE getUserCountBySex;
```

SHOW PROCEDURE STATUS 用来查看存储过程的状态，包括所属数据库、类型、存储过程名、修改时间等信息；SHOW CREATE PROCEDURE 用来查看存储过程的信息，包括存储过程体等。

3. 调用存储过程

调用存储过程的语法格式如下。

```
CALL procedure_name(parameter_value,…)
mysql> DELIMITER $$
mysql> CREATE PROCEDURE getUserCountBySex(IN p_sex varchar(255),OUT p_count int)
 BEGIN
 DECLARE name VARCHAR(5) DEFAULT '局部变量';
     SELECT COUNT(*) INTO p_count FROM user WHERE sex = p_sex;
END $$
```

示例如下。

```
mysql> DELIMITER ;
mysql> SET @p_sex='男';
mysql> SET @p_count=0;
mysql> CALL getUserCountBySex(@p_sex,@p_count);
```

在调用存储过程的时候，如果有参数，则在存储过程名后的括号中添加参数值。存储过程变量分为局部变量和用户变量。局部变量在存储过程体中的 BEGIN...END 内使用，使用 DECLARE 关键字定义局部变量，局部变量只在 BEGIN...END 内有效；而用户变量属于用户客户端变量，与当前用户客户端有关，不同 MySQL 客户端的用户变量不同，通常使用@作为用户变量的前缀。

4. 修改存储过程

修改存储过程的语法格式如下。

```
ALTER  PROCEDURE procedure_name [characteristic …]
characteristic:
{ CONTAINS SQL | NO SQL | READS SQL DATA | MODIFIES SQL DATA }
| SQL SECURITY { DEFINER | INVOKER }
| COMMENT 'string'
```

示例如下。

```
mysql> ALTER PROCEDURE getUserCountBySex
        READS SQL DATA
        COMMENT '字符串连接';
```

（1）只能修改存储过程的一些特性，不能修改存储过程体。如果要修改存储过程体，则需要先删除存储过程再重新创建。

（2）procedure_name：存储过程的名称。

（3）characteristic：指定存储过程的特性。

（4）CONTAINS SQL：子程序中包含 SQL 语句，但不包含读或写数据的语句。

（5）NO SQL：子程序中不包含 SQL 语句。

（6）READS SQL DATA：子程序中包含读数据的语句。

（7）MODIFIES SQL DATA：子程序中包含写数据的语句。

（8）SQL SECURITY { DEFINER | INVOKER }：指明谁有权限来执行。

（9）DEFINER：只有定义者自己才能够执行。

（10）INVOKER：调用者可以执行。

（11）COMMENT 'string'：注释信息。

5. 删除存储过程

删除存储过程的语法格式如下。

```
DROP PROCEDURE procedure_name
DROP PROCEDURE IF EXISTS procedure_name
```

示例如下。

```
mysql> DROP PROCEDURE getUserCountBySex;
```

当删除存储过程的时候，PROCEDURE 后面是存储过程的名称，不要带括号。也可以使用 IF EXISTS 关键字来判断存储过程是否存在，然后将其删除。

5.4.2　创建不带参数的存储过程

可以创建不带参数的存储过程，在调用它的时候可以省略存储过程名后的括号。下面创建一个不带参数的存储过程来查询用户表 user 的记录。

实战演练——创建不带参数的存储过程

```
#使用用户名 root 和相应密码，连接本地 MySQL
C:\Users\Administrator>mysql -uroot -p123456
mysql: [Warning] Using a password on the command line interface can be insecure.

#使用 shop 数据库
mysql> USE shop;
Database changed

#查询用户表 user
mysql> SELECT * FROM user;
```

```
+----+-------+------+------+----------+
| id | name  | sex  | age  | password |
+----+-------+------+------+----------+
|  3 | david | 女   |  28  | 111111   |
|  4 | 小红  | 女   |  27  | 123456   |
|  5 | 小明  | 男   |  10  | 123456   |
|  6 | 小刚  | 男   |  12  | 123456   |
|  7 | 小王  | 男   |  14  | 111111   |
|  8 | 小绿  | 女   |  34  | 222222   |
|  9 | 晓峰  | 男   |  15  | 333333   |
| 10 | 小影  | 女   |  26  | 444444   |
| 11 | 大梅  | 女   |  27  | 555555   |
+----+-------+------+------+----------+
9 rows in set (0.00 sec)
```

\#修改结束符
```
mysql> DELIMITER $$
```

\#创建查询用户表 user 的存储过程
```
mysql> CREATE PROCEDURE getUserInfo()
 BEGIN
 SELECT * FROM user;
 END
 $$
Query OK, 0 rows affected (0.06 sec)
```

\#修改结束符
```
mysql> DELIMITER ;
```

\#调用存储过程
```
mysql> CALL getUserInfo();
+----+-------+------+------+----------+
| id | name  | sex  | age  | password |
+----+-------+------+------+----------+
|  3 | david | 女   |  28  | 111111   |
|  4 | 小红  | 女   |  27  | 123456   |
|  5 | 小明  | 男   |  10  | 123456   |
|  6 | 小刚  | 男   |  12  | 123456   |
|  7 | 小王  | 男   |  14  | 111111   |
|  8 | 小绿  | 女   |  34  | 222222   |
|  9 | 晓峰  | 男   |  15  | 333333   |
| 10 | 小影  | 女   |  26  | 444444   |
| 11 | 大梅  | 女   |  27  | 555555   |
+----+-------+------+------+----------+
9 rows in set (0.01 sec)
```

\#不带参数的存储过程，在调用的时候可以省略括号
```
mysql> CALL getUserInfo;
```

```
+----+-------+------+------+----------+
| id | name  | sex  | age  | password |
+----+-------+------+------+----------+
|  3 | david | 女   |  28  | 111111   |
|  4 | 小红  | 女   |  27  | 123456   |
|  5 | 小明  | 男   |  10  | 123456   |
|  6 | 小刚  | 男   |  12  | 123456   |
|  7 | 小王  | 男   |  14  | 111111   |
|  8 | 小绿  | 女   |  34  | 222222   |
|  9 | 晓峰  | 男   |  15  | 333333   |
| 10 | 小影  | 女   |  26  | 444444   |
| 11 | 大梅  | 女   |  27  | 555555   |
+----+-------+------+------+----------+
9 rows in set (0.00 sec)
Query OK, 0 rows affected (0.03 sec)

mysql>
```

5.4.3　创建带有 IN 类型参数的存储过程

当 IN 类型的参数作为输入参数时，在调用存储过程时指定。在存储过程中修改 IN 类型参数后，其值不能被返回。下面创建一个带有 IN 类型参数的存储过程，传入用户的性别，查询满足条件的记录。

实战演练——创建带有 IN 类型参数的存储过程

```
#使用用户名 root 和相应密码，连接本地 MySQL
C:\Users\Administrator>mysql -uroot -p123456
mysql: [Warning] Using a password on the command line interface can be insecure.

#使用 shop 数据库
mysql> USE shop;
Database changed

#查询用户表 user
mysql> SELECT * FROM user;
+----+-------+------+------+----------+
| id | name  | sex  | age  | password |
+----+-------+------+------+----------+
|  3 | david | 女   |  28  | 111111   |
|  4 | 小红  | 女   |  27  | 123456   |
|  5 | 小明  | 男   |  10  | 123456   |
|  6 | 小刚  | 男   |  12  | 123456   |
|  7 | 小王  | 男   |  14  | 111111   |
|  8 | 小绿  | 女   |  34  | 222222   |
|  9 | 晓峰  | 男   |  15  | 333333   |
| 10 | 小影  | 女   |  26  | 444444   |
| 11 | 大梅  | 女   |  27  | 555555   |
+----+-------+------+------+----------+
9 rows in set (0.00 sec)

#修改结束符
```

```
mysql> DELIMITER $$
```

#创建带有 IN 类型参数的存储过程，根据性别查询用户记录
```
mysql> CREATE PROCEDURE getUserBySex(IN p_sex varchar(255))
    BEGIN
    SELECT p_sex;
    SELECT * FROM user WHERE sex = p_sex;
    SET p_sex = '未知';
    SELECT p_sex;
    END
    $$
Query OK, 0 rows affected (0.00 sec)
```

#修改结束符
```
mysql> DELIMITER ;
```

#调用存储过程，输入参数可以直接在括号中赋值
```
mysql> CALL getUserBySex('女');
+-------+
| p_sex |
+-------+
| 女    |
+-------+
1 row in set (0.01 sec)

+----+-------+------+------+----------+
| id | name  | sex  | age  | password |
+----+-------+------+------+----------+
| 3  | david | 女   | 28   | 111111   |
| 4  | 小红  | 女   | 27   | 123456   |
| 8  | 小绿  | 女   | 34   | 222222   |
| 10 | 小影  | 女   | 26   | 444444   |
| 11 | 大梅  | 女   | 27   | 555555   |
+----+-------+------+------+----------+
5 rows in set (0.02 sec)

+-------+
| p_sex |
+-------+
| 未知  |
+-------+
1 row in set (0.05 sec)
Query OK, 0 rows affected (0.06 sec)
```

#IN 类型参数也可以通过定义用户变量@p_sex 来传入
```
mysql> SET @p_sex='男';
Query OK, 0 rows affected (0.00 sec)
```

#传入用户变量，调用存储过程
```
mysql> CALL getUserBySex(@p_sex);
+-------+
| p_sex |
```

```
+-------+
| 男    |
+-------+
1 row in set (0.00 sec)


+----+------+------+------+----------+
| id | name | sex  | age  | password |
+----+------+------+------+----------+
| 5  | 小明 | 男   | 10   | 123456   |
| 6  | 小刚 | 男   | 12   | 123456   |
| 7  | 小王 | 男   | 14   | 111111   |
| 9  | 晓峰 | 男   | 15   | 333333   |
+----+------+------+------+----------+
4 rows in set (0.01 sec)


+-------+
| p_sex |
+-------+
| 未知  |
+-------+
1 row in set (0.08 sec)
Query OK, 0 rows affected (0.10 sec)


#在存储过程中修改 IN 类型参数，但是并不能返回，所以@p_sex 还是修改前的值
mysql> SELECT @p_sex;
+--------+
| @p_sex |
+--------+
| 男     |
+--------+
1 row in set (0.00 sec)
mysql>
```

5.4.4 创建带有 IN 和 OUT 类型参数的存储过程

存储过程中使用 IN 作为输入参数的类型标识，OUT 作为输出参数的类型标识，可以同时传入
输入、输出参数。IN 类型参数的值在存储过程中被修改后不能被返回，OUT 类型参数的值在存储
过程中被修改后可以被返回。下面创建一个带有 IN 和 OUT 类型参数的存储过程，传入用户的性别，
返回相应的用户数量。

实战演练——创建带有 IN 和 OUT 类型参数的存储过程

```
#使用 root 用户名和相应密码，连接本地 MySQL
C:\Users\Administrator>mysql -uroot -p123456
mysql: [Warning] Using a password on the command line interface can be insecure.

#使用 shop 数据库
mysql> USE shop;
Database changed

#查询用户表 user
mysql> SELECT * FROM user;
+----+------+------+------+----------+
| id | name | sex  | age  | password |
```

```
+----+-------+------+------+----------+
|  3 | david | 女   | 28   | 111111   |
|  4 | 小红  | 女   | 27   | 123456   |
|  5 | 小明  | 男   | 10   | 123456   |
|  6 | 小刚  | 男   | 12   | 123456   |
|  7 | 小王  | 男   | 14   | 111111   |
|  8 | 小绿  | 女   | 34   | 222222   |
|  9 | 晓峰  | 男   | 15   | 333333   |
| 10 | 小影  | 女   | 26   | 444444   |
| 11 | 大梅  | 女   | 27   | 555555   |
+----+-------+------+------+----------+
9 rows in set (0.00 sec)
```

#修改结束符
```
mysql> DELIMITER $$
```

#创建带有 IN 和 OUT 类型参数的存储过程，根据性别查询用户记录
```
mysql> CREATE PROCEDURE getCountBySex(IN p_sex varchar(255),OUT p_count int)
    BEGIN
      SELECT COUNT(*) INTO p_count FROM user WHERE sex=p_sex;
    END
    $$
Query OK, 0 rows affected (0.00 sec)
```

#修改结束符
```
mysql> DELIMITER ;
```

#传入输入参数，定义输出参数@p_count，调用存储过程
```
mysql> CALL getCountBySex('女',@p_count);
Query OK, 1 row affected (0.07 sec)
```

#查询输出参数@p_sex
```
mysql> SELECT @p_count;
+--------+
| @p_sex |
+--------+
|      5 |
+--------+
1 row in set (0.00 sec)
```

#定义输入参数@p_sex
```
mysql> SET @p_sex='男';
Query OK, 0 rows affected (0.00 sec)
```

#定义输出参数@p_count
```
mysql> SET @p_count=0;
Query OK, 0 rows affected (0.00 sec)
```

#调用存储过程

```
mysql> CALL getCountBySex(@p_sex,@p_count);
Query OK, 1 row affected (0.00 sec)

#查询输出结果
mysql> SELECT @p_count;
+----------+
| @p_count |
+----------+
|        4 |
+----------+
1 row in set (0.00 sec)
mysql>
```

5.4.5 创建带有多个 OUT 类型参数的存储过程

存储过程不仅可以输入一个 IN 类型的参数、输出一个 OUT 类型的参数，还可以输入、输出多个参数。可以创建带有多个 OUT 类型参数的存储过程，也就是说可以有多个输出参数。下面创建一个带有多个 OUT 类型参数的存储过程，输入 id 的值，查询 id 小于该值的男生数量和女生数量。

实战演练——创建带有多个 OUT 类型参数的存储过程

```
#使用用户名 root 和相应密码，连接本地 MySQL
C:\Users\Administrator>mysql -uroot -p123456
mysql: [Warning] Using a password on the command line interface can be insecure.

#使用 shop 数据库
mysql> USE shop;
Database changed

#查询用户表 user
mysql> SELECT * FROM user;
+----+-------+-----+-----+----------+
| id | name  | sex | age | password |
+----+-------+-----+-----+----------+
|  3 | david | 女  | 28  | 111111   |
|  4 | 小红  | 女  | 27  | 123456   |
|  5 | 小明  | 男  | 10  | 123456   |
|  6 | 小刚  | 男  | 12  | 123456   |
|  7 | 小王  | 男  | 14  | 111111   |
|  8 | 小绿  | 女  | 34  | 222222   |
|  9 | 晓峰  | 男  | 15  | 333333   |
| 10 | 小影  | 女  | 26  | 444444   |
| 11 | 大梅  | 女  | 27  | 555555   |
+----+-------+-----+-----+----------+
9 rows in set (0.00 sec)

#修改结束符
mysql> DELIMITER $$

#创建存储过程，输入一个参数，输出两个参数
```

```
mysql> CREATE PROCEDURE getSexCountById(IN p_id int,OUT p_m_count int,
OUT p_f_count int)
    BEGIN
    SELECT COUNT(*) INTO p_m_count FROM USER WHERE id < p_id and sex='男';
    SELECT COUNT(*) INTO p_f_count FROM USER WHERE id < p_id and sex='女';
    END
    $$
Query OK, 0 rows affected (0.00 sec)

#修改结束符
mysql> DELIMITER ;

#调用存储过程
mysql> CALL getSexCountById(8,@p_m_count,@p_f_count);
Query OK, 1 row affected (0.00 sec)

#输出性别为男的满足条件的用户数量
mysql> SELECT @p_m_count;
+------------+
| @p_m_count |
+------------+
|          3 |
+------------+
1 row in set (0.00 sec)

#输出性别为女的满足条件的用户数量
mysql> SELECT @p_f_count;
+------------+
| @p_f_count |
+------------+
|          2 |
+------------+
1 row in set (0.00 sec)
mysql>
```

5.4.6　创建带有 INOUT 类型参数的存储过程

INOUT 类型参数在调用存储过程时指定，该类型参数的值可以被改变及返回。下面创建一个带有 INOUT 类型参数的存储过程，根据用户 id 查询相应的记录。

实战演练——创建带有 INOUT 类型参数的存储过程

```
#使用用户名 root 和相应密码，连接本地 MySQL
C:\Users\Administrator>mysql -uroot -p123456
mysql: [Warning] Using a password on the command line interface can be insecure.

#使用 shop 数据库
mysql> USE shop;
Database changed

#查询用户表 user
mysql> SELECT * FROM user;
+----+-------+------+------+----------+
| id | name  | sex  | age  | password |
```

```
+----+-------+------+------+----------+
|  3 | david | 女   |  28  | 111111   |
|  4 | 小红  | 女   |  27  | 123456   |
|  5 | 小明  | 男   |  10  | 123456   |
|  6 | 小刚  | 男   |  12  | 123456   |
|  7 | 小王  | 男   |  14  | 111111   |
|  8 | 小绿  | 女   |  34  | 222222   |
|  9 | 晓峰  | 男   |  15  | 333333   |
| 10 | 小影  | 女   |  26  | 444444   |
| 11 | 大梅  | 女   |  27  | 555555   |
+----+-------+------+------+----------+
9 rows in set (0.00 sec)
```

#修改结束符
```
mysql> DELIMITER $$
```

#创建存储过程，传入 INOUT 类型参数用户 id，根据用户 id 查找相应的记录
```
mysql> CREATE PROCEDURE getUserById(INOUT p_id int)
    BEGIN
    SELECT p_id;
    SELECT * FROM user WHERE id = p_id;
    SET p_id =1000;
    SELECT p_id;
    END
    $$
Query OK, 0 rows affected (0.05 sec)
```

#修改结束符
```
mysql> DELIMITER ;
```

#设置输入变量的值为 8
```
mysql> SET @p_id = 8;
Query OK, 0 rows affected (0.00 sec)
```

#调用存储过程
```
mysql> CALL getUserById(@p_id);
+------+
| p_id |
+------+
|    8 |
+------+
1 row in set (0.00 sec)
+----+-------+-------+------+----------+
| id | name  | sex   | age  | password |
+----+-------+-------+------+----------+
|  8 | 小绿  | 女    |  34  | 222222   |
+----+-------+-------+------+----------+
1 row in set (0.01 sec)
+------+
| p_id |
+------+
```

```
| 1000 |
+------+
1 row in set (0.04 sec)
Query OK, 0 rows affected (0.04 sec)
```

#INOUT 类型参数的值可以被改变，输入时是 8，在存储过程中被重新赋值后变为 1000
```
mysql> SELECT @p_id;
+-------+
| @p_id |
+-------+
| 1000  |
+-------+
1 row in set (0.00 sec)
mysql>
```

5.4.7　创建带有 IF 语句的存储过程

在存储过程中可以使用 IF 语句来进行条件判断，IF 语句也是经常会用到的控制语句。下面创建一个存储过程，判断用户的年龄，年龄值为 0~6 时输出"童年"，年龄值为 7~18 时输出"少年"，年龄值大于 18 时输出"成年"。

实战演练——创建带有 IF 语句的存储过程

```
#使用用户名 root 和相应密码，连接本地 MySQL
C:\Users\Administrator>mysql -uroot -p123456
mysql: [Warning] Using a password on the command line interface can be insecure.

#使用 shop 数据库
mysql> USE shop;
Database changed

#修改结束符
mysql> DELIMITER $$

#输入用户的年龄，输出相应的类型
mysql> CREATE PROCEDURE getTypeByAge(IN p_age int)
    BEGIN
    DECLARE type varchar(255) DEFAULT '';
    IF (p_age >0 AND p_age <=6) THEN
    SET type = '童年';
    ELSEIF(p_age>6 AND p_age <=18) THEN
    SET type = '少年';
    ELSE
    SET type ='成年';
    END IF;
    SELECT type;
    END
    $$
Query OK, 0 rows affected (0.00 sec)

#修改结束符
mysql> DELIMITER ;
```

```
#输入年龄为 5，输出"童年"
mysql> CALL getTypeByAge(5);
+-------+
| type  |
+-------+
| 童年  |
+-------+
1 row in set (0.00 sec)
Query OK, 0 rows affected (0.01 sec)

#输入年龄为 14，输出"少年"
mysql> CALL getTypeByAge(14);
+-------+
| type  |
+-------+
| 少年  |
+-------+
1 row in set (0.00 sec)
Query OK, 0 rows affected (0.01 sec)

#输入年龄为 25，输出"成年"
mysql> CALL getTypeByAge(25);
+-------+
| type  |
+-------+
| 成年  |
+-------+
1 row in set (0.00 sec)
Query OK, 0 rows affected (0.01 sec)
mysql>
```

5.4.8 创建带有 CASE 语句的存储过程

存储过程可以使用 CASE 语句来进行条件判断。下面创建一个带有 CASE 语句的存储过程，根据传入的参数输出相应条数的记录，输入 0 时输出 2 条记录，输入 1 时输出 5 条记录，不满足这两个条件时输出所有记录。

实战演练——创建带有 CASE 语句的存储过程

```
#使用用户名 root 和相应密码，连接本地 MySQL
C:\Users\Administrator>mysql -uroot -p123456
mysql: [Warning] Using a password on the command line interface can be insecure.

#使用 shop 数据库
mysql> USE shop;
Database changed

#查询用户表 user
mysql> SELECT * FROM user;
+----+-------+------+------+----------+
| id | name  | sex  | age  | password |
+----+-------+------+------+----------+
| 3  | david | 女   | 28   | 111111   |
```

```
|  4 | 小红   | 女   | 27   | 123456   |
|  5 | 小明   | 男   | 10   | 123456   |
|  6 | 小刚   | 男   | 12   | 123456   |
|  7 | 小王   | 男   | 14   | 111111   |
|  8 | 小绿   | 女   | 34   | 222222   |
|  9 | 晓峰   | 男   | 15   | 333333   |
| 10 | 小影   | 女   | 26   | 444444   |
| 11 | 大梅   | 女   | 27   | 555555   |
+----+-------+------+------+----------+
9 rows in set (0.00 sec)
```

#修改结束符
```
mysql> DELIMITER $$
```

#使用 CASE 语句判断输入的参数，输入 0 时输出 2 条记录，输入 1 时输出 5 条记录，不满足这两个条件时输出所有记录
```
mysql> CREATE PROCEDURE getUserByType(IN p_type int)
    BEGIN
    CASE p_type
    WHEN 0 THEN
    SELECT * FROM user LIMIT 0,2;
    WHEN 1 THEN
    SELECT * FROM user LIMIT 0,5;
    ELSE
    SELECT * FROM user;
    END CASE;
    END
    $$
Query OK, 0 rows affected (0.00 sec)
```

#修改结束符
```
mysql> DELIMITER ;
```

#输入 0 时输出 2 条记录
```
mysql> CALL getUserByType(0);
+----+-------+------+------+----------+
| id | name  | sex  | age  | password |
+----+-------+------+------+----------+
|  3 | david | 女   | 28   | 111111   |
|  4 | 小红  | 女   | 27   | 123456   |
+----+-------+------+------+----------+
2 rows in set (0.01 sec)
Query OK, 0 rows affected (0.03 sec)
```

#输入 1 时输出 5 条记录
```
mysql> CALL getUserByType(1);
+----+-------+------+------+----------+
| id | name  | sex  | age  | password |
+----+-------+------+------+----------+
|  3 | david | 女   | 28   | 111111   |
```

```
|  4 | 小红   | 女   | 27   | 123456   |
|  5 | 小明   | 男   | 10   | 123456   |
|  6 | 小刚   | 男   | 12   | 123456   |
|  7 | 小王   | 男   | 14   | 111111   |
+----+-------+------+------+----------+
5 rows in set (0.00 sec)
Query OK, 0 rows affected (0.01 sec)


#不满足条件时，输出所有记录
mysql> CALL getUserByType(2);
+----+-------+------+------+----------+
| id | name  | sex  | age  | password |
+----+-------+------+------+----------+
|  3 | david | 女   | 28   | 111111   |
|  4 | 小红   | 女   | 27   | 123456   |
|  5 | 小明   | 男   | 10   | 123456   |
|  6 | 小刚   | 男   | 12   | 123456   |
|  7 | 小王   | 男   | 14   | 111111   |
|  8 | 小绿   | 女   | 34   | 222222   |
|  9 | 晓峰   | 男   | 15   | 333333   |
| 10 | 小影   | 女   | 26   | 444444   |
| 11 | 大梅   | 女   | 27   | 555555   |
+----+-------+------+------+----------+
9 rows in set (0.00 sec)
Query OK, 0 rows affected (0.02 sec)
mysql>
```

5.4.9　创建带有 WHILE 循环的存储过程

MySQL 存储过程中的 WHILE 循环用于循环执行某段代码，直到指定条件不再满足为止。其概括总结如下。

（1）使用 WHILE 关键字定义循环，后跟条件表达式。

（2）在循环体内编写需要重复执行的代码。

（3）使用适当的条件控制循环的终止。

（4）在循环体内可以更新变量的值，以便在每次迭代中改变条件。

（5）需要小心处理循环条件，避免进入无限循环。

WHILE 循环在存储过程中提供了灵活的重复执行代码的能力，可根据需要进行条件判断和变量更新，以实现不同的逻辑控制和数据处理需求。

下面创建一个存储过程，根据输入参数的值计算累加和。

实战演练——创建带有 WHILE 循环的存储过程

```
#使用用户名 root 和相应密码，连接本地 MySQL
C:\Users\Administrator>mysql -uroot -p123456
mysql: [Warning] Using a password on the command line interface can be insecure.


#使用 shop 数据库
mysql> USE shop;
Database changed
```

```
#修改结束符
mysql> DELIMITER $$

#使用 WHILE 循环，计算累加和
mysql> CREATE PROCEDURE computeSum(IN n int)
       BEGIN
       DECLARE i int DEFAULT 0;
       DECLARE s int DEFAULT 0;
       WHILE i <= n DO
       SET s = s + i;
       SET i = i + 1;
       END WHILE;
       SELECT s;
       END
       $$
Query OK, 0 rows affected (0.00 sec)

#修改结束符
mysql> DELIMITER ;

#计算 0～100 中整数的累加和
mysql> CALL computeSum(100);
+------+
| s    |
+------+
| 5050 |
+------+
1 row in set (0.00 sec)
Query OK, 0 rows affected (0.01 sec)
mysql>
```

5.5 自定义函数和存储过程

5.5.1 自定义函数和存储过程的区别

自定义函数可以作为内置函数的扩展使用，针对性比较强，作为 SQL 语句的一部分来使用，并且只有一个返回值；存储过程用于实现复杂的业务逻辑，预编译保存在数据库中，使用的时候直接从数据库中调用，这样可以提高执行效率，可以有多个返回值，可以独立运行，同时可以降低网络的数据传输量。

自定义函数和存储过程

MySQL 自定义函数和存储过程有以下区别。

（1）返回值类型：自定义函数必须指定返回值类型，而存储过程可以不返回任何值或通过 OUT 参数返回多个值。

（2）调用方式：自定义函数可以像内置函数一样在查询语句中直接调用，而存储过程需要使用 CALL 语句来调用。

（3）适用场景：自定义函数适用于需要在查询中进行数据处理和转换的场景，可以嵌入 SELECT、WHERE、ORDER BY 等语句中；存储过程适用于需要执行一系列 SQL 语句或实现复杂业务逻辑的场景。

（4）事务支持：存储过程可以包含事务控制语句（如 BEGIN、COMMIT、ROLLBACK 等语

句），而自定义函数不能包含事务控制语句。

（5）数据库对象：存储过程是数据库对象，可以被其他程序和过程调用，而自定义函数只能在查询中使用。

总体来说，自定义函数适用于简单的数据处理和转换，而存储过程适用于复杂的业务逻辑和多条 SQL 语句的执行。它们在返回值类型、调用方式、适用场景、事务支持和数据库对象等方面有所不同。

5.5.2　存储过程的使用建议

存储过程可以将 SQL 语句预编译保存在数据库中，使用的时候直接调用即可，这大大提高了执行效率，同时降低了网络数据传输量。那么，存储过程可不可以大量使用呢？

1. 存储过程使用建议

（1）选择合适的场景：存储过程适用于处理复杂的业务逻辑或执行重复的任务。确保存储过程的使用场景是合理的，能够提高代码的复用性和性能。

（2）参数和返回值设计：仔细设计存储过程的参数和返回值，确保它们能够准确地传递和返回所需数据。使用适当的数据类型和长度，并根据需要指定参数的输入和输出属性。

（3）错误处理和异常处理：在存储过程中包含适当的错误处理和异常处理机制。使用判断语句和异常处理器来捕获及处理潜在的错误，确保代码的稳定性和可靠性。

（4）性能优化：在设计存储过程时，考虑性能优化的策略。避免在存储过程中执行大量的数据操作或复杂的查询，以减少数据库负载并提高执行效率。

（5）安全性考虑：确保存储过程的安全性，限制对敏感数据的访问，并使用适当的权限控制机制来确保数据库的安全性。

（6）文档和注释：为存储过程提供清晰的文档和注释，描述其功能、输入参数、输出结果及使用方法。这有助于其他开发人员理解和使用存储过程。

（7）测试和调试：在部署存储过程之前，要进行充分的调试。确保存储过程的逻辑正确无误，与其他数据库对象和应用程序的集成正常。

（8）定期维护和更新：定期进行存储过程的维护和更新，以反映业务需求的变化和数据库优化的需要，及时修复错误和改进性能。

2. 使用存储过程的注意事项

（1）各种数据库（如 MySQL、Oracle、SQL Server 等）的存储过程语法有可能不一样，不利于数据库的移植。

（2）版本不好控制，不能进行多人协同开发，调试不方便。

（3）将复杂的核心业务逻辑放在存储过程中，一旦业务发生改变或者业务逻辑频繁变化，存储过程就需要重新编写、调试，代价很大。所以应该把核心业务或者经常变化的功能放在程序中，而不应该放在存储过程中。

（4）对效率要求非常高的时候，可以使用少量的存储过程。

5.6　综合实训：设计电商平台函数和存储过程

设计电商平台函数和存储过程可以实现订单金额计算、库存管理、用户购买统计等功能。函数可以计算订单总金额、用户购买数量、库存剩余量和商品评分等信息，存储过程可以处理下单操作、更新商品评分和统计用户购买量。这些功能可以提高电商平台的效率和数据管理能力，提供更好的用户体验。

综合实训：设计电商平台函数和存储过程

下面针对电商平台来设计计算订单总金额函数和下单操作存储过程。

1. 函数：计算订单总金额

（1）创建一个函数 calculate_total_amount()，接收参数 order_id。

（2）在函数内部，使用查询语句计算指定订单的总金额。

（3）可以根据订单表 orders 和商品表 products 的关联关系，计算订单中每个商品的金额，并进行求和。

（4）返回计算后的总金额作为函数的返回值。

```
CREATE FUNCTION calculate_total_amount(order_id INT) RETURNS DECIMAL(10, 2)
BEGIN
  DECLARE total_amount DECIMAL(10, 2);

  SELECT SUM(p.price * o.quantity) INTO total_amount
  FROM orders o
  JOIN products p ON o.product_id = p.product_id
  WHERE o.order_id = order_id;

  RETURN total_amount;
END
```

2. 存储过程：下单操作

（1）创建一个存储过程 place_order()，接收参数 user_id、product_id 和 quantity。

（2）在存储过程中，使用事务处理来确保订单和库存的一致性。

（3）查询商品表 products，检查库存是否充足，如果不足，则抛出异常或返回错误信息。

（4）如果库存充足，则在订单表 orders 中插入新的订单记录，并更新商品表 products 的库存数量。

（5）返回订单号或成功消息作为输出。

```
CREATE PROCEDURE place_order(IN user_id INT, IN product_id INT, IN quantity INT,
OUT order_id INT)
BEGIN
  DECLARE stock_count INT;

  START TRANSACTION;

  #检查库存是否足够
  SELECT quantity INTO stock_count
  FROM products
  WHERE product_id = product_id;

  IF stock_count >= quantity THEN
    #插入订单记录
    INSERT INTO orders (user_id, product_id, quantity, order_date)
    VALUES (user_id, product_id, quantity, NOW());

    #更新库存数量
    UPDATE products
    SET quantity = quantity - stock_count
    WHERE product_id = product_id;

    #获取订单号
    SELECT LAST_INSERT_ID() INTO order_id;
```

```
    COMMIT;
  ELSE
    #库存不足，抛出异常或返回错误信息
    ...
  END IF;

END
```

函数 calculate_total_amount()用于计算订单的总金额，存储过程 place_order()用于处理下单操作并更新库存和订单表。可以设计更详细的电商平台函数和存储过程来处理订单和库存相关的操作。实际的实现可能还涉及其他功能和业务逻辑，如订单查询、库存管理等。

5.7 小结

本单元主要讲述了 MySQL 函数和存储过程的使用方法。学习完本单元后，读者应掌握流程控制函数的使用方法、MySQL 内置函数的使用方法；学会如何自定义函数、创建不带参数的自定义函数、创建带参数的自定义函数；学会存储过程的使用方法及创建存储过程的方法，理解 IN、OUT、INOUT 参数类型的含义及其参数的传递，同时学会 IF、CASE、WHILE 语句在存储过程中的使用方法；了解自定义函数和存储过程的区别，理解其使用场景。

5.8 习题

1. 选择题

（1）在 MySQL 中，函数和存储过程的主要区别是（　　　）。

  A. 函数只能返回一个值，而存储过程可以返回多个值

  B. 函数只能被调用，而存储过程可以被执行

  C. 函数可以用于查询，而存储过程用于处理业务逻辑

  D. 函数可以接收参数，而存储过程可以接收参数并返回结果

（2）在 MySQL 中，可以使用以下（　　　）语句来创建一个存储过程。

  A. CREATE FUNCTION　　　　　　　　B. CREATE PROCEDURE

  C. CREATE PROC　　　　　　　　　　　D. CREATE SP

（3）在 MySQL 中，以下（　　　）关键字用于声明存储过程的参数。

  A. PARAMETER　　B. ARGUMENT　　C. VARIABLE　　　D. INOUT

（4）在 MySQL 中，以下（　　　）函数用于返回当前日期和时间。

  A. NOW()　　　　　　　　　　　　　　B. CURDATE()

  C. CURTIME()　　　　　　　　　　　　D. CURRENT_TIMESTAMP()

（5）在 MySQL 中，以下（　　　）函数用于返回给定字符串的长度。

  A. CHAR_LENGTH()　　　　　　　　　B. LENGTH()

  C. STRLEN()　　　　　　　　　　　　 D. SIZE()

（6）在 MySQL 中，内置函数 CONCAT()的作用是（　　　）。

  A. 合并两个或多个字符串　　　　　　 B. 将字符串转换为大写

  C. 返回字符串的指定子字符串　　　　 D. 检查两个字符串是否相等

2. 填空题

（1）在 MySQL 中，用于将字符串转换为大写的函数是_____。

（2）在 MySQL 中，用于获取当前日期的函数是_____。

（3）在 MySQL 中，用于返回指定列的最大值的函数是_____。

（4）在 MySQL 中，用于将字符串转换为小写的函数是_____。

（5）在 MySQL 中，用于获取当前连接的编号的函数是_____。

（6）在 MySQL 中，用于生成一个随机数的函数是_____。

3. 简答题

（1）什么是 MySQL 函数？

（2）什么是 MySQL 存储过程？

（3）如何创建 MySQL 函数？

（4）如何创建 MySQL 存储过程？

（5）如何调用 MySQL 存储过程？

（6）MySQL 函数和存储过程之间有什么区别？

第6单元
MySQL高级特性

06

MySQL数据库的视图、游标和触发器是数据库管理的高级工具。视图允许用户通过预定的查询简化数据访问，同时保障数据安全。游标用于从结果集中逐行检索数据，一般用于处理大量数据，或复杂的数据操作场景。触发器能在数据变动时自动执行预定义的操作，实现数据自动验证、更新和审计等功能。这些高级特性增强了MySQL数据库的灵活性和自动化水平，为数据库管理和应用开发提供了强有力的支持。

本单元要点

- 视图。
- 游标。
- 触发器。
- 综合实训：电商平台视图、游标、触发器的应用。

【学习导读】

假设正在开发一个电子商务网站的订单管理系统，需要实现当用户下单并完成支付时自动生成订单，并将订单信息存储在数据库中的功能。此时可以利用MySQL中的视图、游标和触发器来简化订单管理流程。通过创建订单视图，可以方便地查看和检索订单信息。使用游标可以逐行遍历订单数据，执行特定操作。使用触发器可以在订单表发生变化时自动触发相应操作，如更新库存、发送确认邮件等。通过组合应用视图、游标和触发器，能够高效地管理和处理订单数据，提升系统的可靠性和效率。

【学习目标】

知识目标
1. 掌握MySQL视图的使用方法。
2. 掌握MySQL游标的使用方法。
3. 掌握MySQL触发器的使用方法。

能力目标
1. 能够熟练使用MySQL视图来简化数据查询。
2. 能够熟练使用MySQL游标来查询数据。
3. 能够熟练使用MySQL触发器在表上执行自动化操作。

素质目标
1. 培养创造思维，能够创造出新的解决方案。
2. 培养逻辑思维，具备逻辑分析和推理能力。

【思维导图】

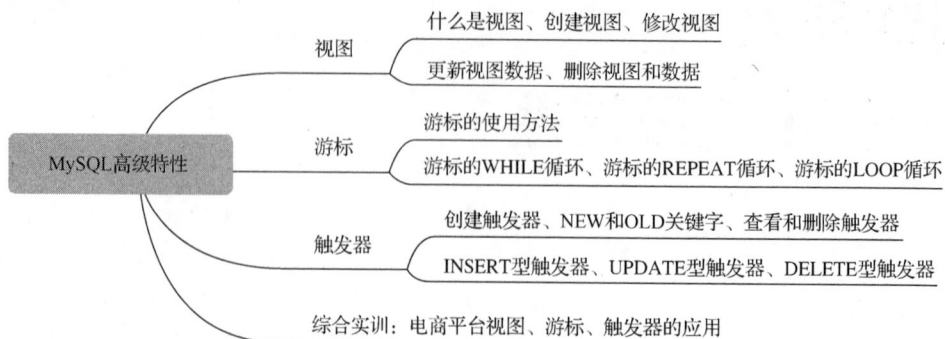

6.1 视图

6.1.1 什么是视图

视图是一条 SELECT 语句返回的结果集，这个结果集可以从一张表中查询出来，也可以从多张表中查询出来。SELECT 语句使用的表可以作为基本表，而结果集构成虚拟表。虚拟表也是表，可以进行增、删、改、查操作，但是有条件限制，它可以存放 SELECT 语句查询的结果，但是不存放具体数据，基本表中的数据变化会影响视图查询的结果。

视图

MySQL 视图将一张或多张表的查询结果集以虚拟表的形式展示给用户。它提供了一种方便的方式来简化复杂的查询操作，并隐藏底层表的结构和数据。视图可以用于简化数据访问和查询，并提供数据的保护机制。通过视图，用户可以以简洁的方式获取所需数据，而无须了解底层表的细节。同时，视图可以用于简化应用程序的开发，提高代码的可读性和可维护性。

视图的好处在于方便查询，可只查询想要的字段。假如有 3 张表，每张表有两个字段是需要作为返回结果的，这时可以创建一个视图，把这 3 张表的两个字段都放在视图中，查询的时候直接查询视图，即可获取这 3 张表的两个字段数据，减少使用复杂的 SQL 语句，增强可读性。同时，使用视图更加安全，基本表查询不能限定特定的列和行，如果有不想显示出来的存在敏感信息的列，则通过视图可以对其进行灵活控制。

6.1.2 创建视图

使用 CREATE VIEW 语句创建视图，指定视图的名称和要查询的列。视图基于一张或多张表的查询结果，可以在视图中应用过滤条件。视图的查询结果是动态的，会随着底层表数据的变化而自动更新。

视图使用关键字 VIEW 来标识。创建视图的语法格式如下。

```
CREATE [ALGORITHM]={UNDEFINED|MERGE|TEMPTABLE}]
    VIEW 视图名 [(属性清单)]
    AS SELECT 语句
    [WITH [CASCADED|LOCAL] CHECK OPTION];
```

示例如下。

```
CREATE VIEW user_view AS SELECT id,name FROM user WHERE id=1;
```

（1）可选参数 ALGORITHM 代表视图选择的算法。UNDEFINED 参数值代表将自动选择所要使用的算法；MERGE 参数值代表将视图的语句与视图定义合并起来；TEMPTABLE 参数值代表将视图的结果存入临时表，并使用临时表执行语句。

（2）视图名类似于表名，查询视图时要用到视图名。

（3）属性清单代表视图中的列名，默认其与 SELECT 语句的查询结果中的列名相同，也可以重新自定义列名。

（4）可选参数 WITH CHECK OPTION 代表更新视图时在权限范围内。

（5）可选参数 CASCADED 代表更新视图时要满足所有相关视图和表的条件。

（6）可选参数 LOCAL 代表更新视图时要满足视图本身定义的条件。

实战演练——创建视图

基于员工表 employee、部门表 department、工资表 payroll 创建一个视图，用来查询员工 id、姓名（name）、部门名称（deptName）、工资（salary）、发放日期（grantDate）。

（1）创建一个员工表 employee，包含字段员工 id（主键）、姓名（name）、性别（sex）、年龄（age）、部门外键（deptId）。

（2）创建一个部门表 department，包含字段部门 id（主键）、部门名称（deptName）、部门经理（manager）。

（3）创建一个工资表 payroll，包含字段工资 id（主键）、员工外键（empId）、工资（salary）、发放日期（grantDate）。

```
#使用用户名 root 和相应密码，连接本地 MySQL
C:\Users\Administrator>mysql -uroot -p123456
mysql: [Warning] Using a password on the command line interface can be insecure.

#使用 shop 数据库
mysql> USE shop
Database changed

#创建员工表 employee
mysql> CREATE TABLE employee(
       id int not null AUTO_INCREMENT,
       name varchar(255),
       sex varchar(10),
       age int,
       deptId int,
       primary key(id)
       );
Query OK, 0 rows affected (0.34 sec)

#创建部门表 department
mysql> CREATE TABLE department(
       id int not null AUTO_INCREMENT,
       deptName varchar(255),
       manager varchar(255),
       primary key(id)
       );
Query OK, 0 rows affected (0.04 sec)

#创建工资表 payroll
mysql> CREATE TABLE payroll(
       id int not null AUTO_INCREMENT,
       empId int,
       salary varchar(255),
```

```
        grantDate date,
        primary key(id)
        );
Query OK, 0 rows affected (0.46 sec)
```

#批量插入员工数据
```
mysql> INSERT INTO employee VALUES
        (1,'张明','男',30,1),
        (2,'孙浩','男',25,1),
        (3,'张静','女',28,2),
        (4,'赵颖','女',32,2),
        (5,'刘帅','男',28,2);
Query OK, 5 rows affected (0.01 sec)
```

#批量插入部门数据
```
mysql> INSERT INTO department VALUES
        (1,'软件开发部','王洋'),
        (2,'人力资源部','吴刚');
Query OK, 2 rows affected (0.01 sec)
```

#批量插入工资数据
```
mysql> INSERT INTO payroll VALUES
        (1,1,'13500','2023-11-15'),
        (2,1,'16500','2023-12-15'),
        (3,2,'9500','2023-11-15'),
        (4,2,'10500','2023-12-15'),
        (5,3,'11000','2023-11-15'),
        (6,3,'12000','2023-12-15'),
        (7,4,'8000','2023-11-15'),
        (8,4,'8500','2023-12-15'),
        (9,5,'6000','2023-11-15'),
        (10,5,'6500','2023-12-15');
Query OK, 10 rows affected (0.01 sec)
```

#查看员工表 employee 的数据
```
mysql> SELECT * FROM employee;
+----+-------+------+------+--------+
| id | name  | sex  | age  | deptId |
+----+-------+------+------+--------+
| 1  | 张明  | 男   | 30   |      1 |
| 2  | 孙浩  | 男   | 25   |      1 |
| 3  | 张静  | 女   | 28   |      2 |
| 4  | 赵颖  | 女   | 32   |      2 |
| 5  | 刘帅  | 男   | 28   |      2 |
+----+-------+------+------+--------+
5 rows in set (0.00 sec)
```

#查看部门表 department 的数据
```
mysql> SELECT * FROM department;
```

```
+----+----------------+---------+
| id | deptName       | manager |
+----+----------------+---------+
|  1 | 软件开发部      | 王洋     |
|  2 | 人力资源部      | 吴刚     |
+----+----------------+---------+
2 rows in set (0.00 sec)
```

#查看工资表 payroll 的数据
mysql> SELECT * FROM payroll;
```
+----+-------+--------+------------+
| id | empId | salary | grantDate  |
+----+-------+--------+------------+
|  1 |     1 | 13500  | 2023-11-15 |
|  2 |     1 | 16500  | 2023-12-15 |
|  3 |     2 | 9500   | 2023-11-15 |
|  4 |     2 | 10500  | 2023-12-15 |
|  5 |     3 | 11000  | 2023-11-15 |
|  6 |     3 | 12000  | 2023-12-15 |
|  7 |     4 | 8000   | 2023-11-15 |
|  8 |     4 | 8500   | 2023-12-15 |
|  9 |     5 | 6000   | 2023-11-15 |
| 10 |     5 | 6500   | 2023-12-15 |
+----+-------+--------+------------+
10 rows in set (0.00 sec)
```

#创建视图 edp_view，获取员工 id、姓名、部门名称、工资、发放日期
mysql> CREATE VIEW edp_view AS SELECT e.id,e.name,d.deptName,p.salary,p.grantDate
    FROM employee e, department d,payroll p
    WHERE e.deptId=d.id AND e.id = p.empId;
Query OK, 0 rows affected (0.10 sec)

#查看视图 edp_view 的数据
mysql> SELECT * FROM edp_view;
```
+----+------+------------+--------+------------+
| id | name | deptName   | salary | grantDate  |
+----+------+------------+--------+------------+
|  1 | 张明 | 软件开发部  | 13500  | 2023-11-15 |
|  1 | 张明 | 软件开发部  | 16500  | 2023-12-15 |
|  2 | 孙浩 | 软件开发部  | 9500   | 2023-11-15 |
|  2 | 孙浩 | 软件开发部  | 10500  | 2023-12-15 |
|  3 | 张静 | 人力资源部  | 11000  | 2023-11-15 |
|  3 | 张静 | 人力资源部  | 12000  | 2023-12-15 |
|  4 | 赵颖 | 人力资源部  | 8000   | 2023-11-15 |
|  4 | 赵颖 | 人力资源部  | 8500   | 2023-12-15 |
|  5 | 刘帅 | 人力资源部  | 6000   | 2023-11-15 |
|  5 | 刘帅 | 人力资源部  | 6500   | 2023-12-15 |
+----+------+------------+--------+------------+
10 rows in set (0.01 sec)
```

#查看视图 edp_view 中软件开发部的数据
mysql> SELECT * FROM edp_view WHERE deptName='软件开发部';

```
+----+------+------------+--------+------------+
| id | name | deptName   | salary | grantDate  |
+----+------+------------+--------+------------+
| 1  | 张明 | 软件开发部  | 13500  | 2023-11-15 |
| 1  | 张明 | 软件开发部  | 16500  | 2023-12-15 |
| 2  | 孙浩 | 软件开发部  | 9500   | 2023-11-15 |
| 2  | 孙浩 | 软件开发部  | 10500  | 2023-12-15 |
+----+------+------------+--------+------------+
4 rows in set (0.00 sec)
```

#查看视图 edp_view 中工资超过 10000 元的数据
```
mysql> SELECT * FROM edp_view WHERE salary > 10000;
+----+------+------------+--------+------------+
| id | name | deptName   | salary | grantDate  |
+----+------+------------+--------+------------+
| 1  | 张明 | 软件开发部  | 13500  | 2023-11-15 |
| 1  | 张明 | 软件开发部  | 16500  | 2023-12-15 |
| 2  | 孙浩 | 软件开发部  | 10500  | 2023-12-15 |
| 3  | 张静 | 人力资源部  | 11000  | 2023-11-15 |
| 3  | 张静 | 人力资源部  | 12000  | 2023-12-15 |
+----+------+------------+--------+------------+
5 rows in set (0.00 sec)
```

#查看视图 edp_view 的结构
```
mysql> DESC edp_view;
+-----------+--------------+------+-----+---------+-------+
| Field     | Type         | Null | Key | Default | Extra |
+-----------+--------------+------+-----+---------+-------+
| id        | int          | NO   |     | 0       |       |
| name      | varchar(255) | YES  |     | NULL    |       |
| deptName  | varchar(255) | YES  |     | NULL    |       |
| salary    | varchar(255) | YES  |     | NULL    |       |
| grantDate | date         | YES  |     | NULL    |       |
+-----------+--------------+------+-----+---------+-------+
5 rows in set (0.01 sec)
```

6.1.3 修改视图

对于数据库中已经存在的视图，如果要修改它，则有两种方式：第一种方式是使用 CREATE OR REPLACE VIEW 语句，这种方式可以在视图存在的情况下对视图进行修改，在视图不存在的情况下创建视图；第二种方式是使用 ALTER 语句。

（1）使用 CREATE OR REPLACE VIEW 语句修改视图，其语法格式如下。
```
CREATE OR REPLACE VIEW view_name AS
SELECT column1, column2, …
FROM table_name
WHERE condition;
```
示例如下。
```
mysql> CREATE OR REPLACE VIEW edp_view AS
    SELECT e.id,e.name,d.deptName,d.manager,p.salary,p.grantDate
    FROM employee e, department d,payroll p
    WHERE e.deptId=d.id AND e.id=p.empId;
```

（2）使用 ALTER 语句修改视图，其语法格式如下。

```
ALTER VIEW view_name AS
SELECT column1, column2, …
FROM table_name
WHERE condition;
```

示例如下。

```
mysql> ALTER VIEW edp_view AS
        SELECT e.id,e.name,e.sex,d.deptName,d.manager,p.salary,p.grantDate
        FROM employee e, department d,payroll p
        WHERE e.deptId=d.id AND e.id=p.empId;
```

实战演练——修改视图

下面在 edp_view 视图上进行修改，通过使用 CREATE OR REPLACE VIEW 语句修改视图的方式添加部门经理数据，通过使用 ALTER 语句修改视图的方式添加性别数据。

```
#使用用户名 root 和相应密码，连接本地 MySQL
C:\Users\Administrator>mysql -uroot -p123456
mysql: [Warning] Using a password on the command line interface can be insecure.

#使用 shop 数据库
mysql> USE shop
Database changed

#使用 CREATE OR REPLACE VIEW 语句修改视图
mysql> CREATE OR REPLACE VIEW edp_view
    AS SELECT e.id,e.name,d.deptName,d.manager,p.salary,p.grantDate
    FROM employee e,department d,payroll p
    WHERE e.deptId=d.id AND e.id=p.empId;
Query OK, 0 rows affected (0.09 sec)

#查看视图 edp_view 的结构
mysql> DESC edp_view;
+-----------+--------------+------+-----+---------+-------+
| Field     | Type         | Null | Key | Default | Extra |
+-----------+--------------+------+-----+---------+-------+
| id        | int          | NO   |     | 0       |       |
| name      | varchar(255) | YES  |     | NULL    |       |
| deptName  | varchar(255) | YES  |     | NULL    |       |
| manager   | varchar(255) | YES  |     | NULL    |       |
| salary    | varchar(255) | YES  |     | NULL    |       |
| grantDate | date         | YES  |     | NULL    |       |
+-----------+--------------+------+-----+---------+-------+
6 rows in set (0.00 sec)

#查询视图 edp_view 的数据
mysql> SELECT * FROM edp_view;
+----+------+------------+---------+--------+------------+
| id | name | deptName   | manager | salary | grantDate  |
+----+------+------------+---------+--------+------------+
| 1  | 张明 | 软件开发部 | 王洋    | 13500  | 2023-11-15 |
| 1  | 张明 | 软件开发部 | 王洋    | 16500  | 2023-12-15 |
| 2  | 孙浩 | 软件开发部 | 王洋    | 9500   | 2023-11-15 |
| 2  | 孙浩 | 软件开发部 | 王洋    | 10500  | 2023-12-15 |
```

181

```
| 3 | 张静  | 人力资源部   | 吴刚      | 11000 | 2023-11-15 |
| 3 | 张静  | 人力资源部   | 吴刚      | 12000 | 2023-12-15 |
| 4 | 赵颖  | 人力资源部   | 吴刚      | 8000  | 2023-11-15 |
| 4 | 赵颖  | 人力资源部   | 吴刚      | 8500  | 2023-12-15 |
| 5 | 刘帅  | 人力资源部   | 吴刚      | 6000  | 2023-11-15 |
| 5 | 刘帅  | 人力资源部   | 吴刚      | 6500  | 2023-12-15 |
+----+------+------------+---------+--------+------------+
10 rows in set (0.00 sec)
```

#使用 ALTER 语句修改视图
```
mysql> ALTER VIEW edp_view
    AS SELECT e.id,e.name,e.sex,d.deptName,d.manager,p.salary,p.grantDate
    FROM employee e, department d,payroll p
    WHERE e.deptId=d.id AND e.id=p.empId;
Query OK, 0 rows affected (0.11 sec)
```

#查看视图 edp_view 的结构
```
mysql> DESC edp_view;
+-----------+--------------+------+-----+---------+-------+
| Field     | Type         | Null | Key | Default | Extra |
+-----------+--------------+------+-----+---------+-------+
| id        | int          | NO   |     | 0       |       |
| name      | varchar(255) | YES  |     | NULL    |       |
| sex       | varchar(10)  | YES  |     | NULL    |       |
| deptName  | varchar(255) | YES  |     | NULL    |       |
| manager   | varchar(255) | YES  |     | NULL    |       |
| salary    | varchar(255) | YES  |     | NULL    |       |
| grantDate | date         | YES  |     | NULL    |       |
+-----------+--------------+------+-----+---------+-------+
7 rows in set (0.00 sec)
```

#查询视图 edp_view 的数据
```
mysql> SELECT * FROM edp_view;
+----+------+------+------------+---------+--------+------------+
| id | name | sex  | deptName   | manager | salary | grantDate  |
+----+------+------+------------+---------+--------+------------+
| 1  | 张明 | 男   | 软件开发部 | 王洋    | 13500  | 2023-11-15 |
| 1  | 张明 | 男   | 软件开发部 | 王洋    | 16500  | 2023-12-15 |
| 2  | 孙浩 | 男   | 软件开发部 | 王洋    | 9500   | 2023-11-15 |
| 2  | 孙浩 | 男   | 软件开发部 | 王洋    | 10500  | 2023-12-15 |.
| 3  | 张静 | 女   | 人力资源部 | 吴刚    | 11000  | 2023-11-15 |
| 3  | 张静 | 女   | 人力资源部 | 吴刚    | 12000  | 2023-12-15 |
| 4  | 赵颖 | 女   | 人力资源部 | 吴刚    | 8000   | 2023-11-15 |
| 4  | 赵颖 | 女   | 人力资源部 | 吴刚    | 8500   | 2023-12-15 |
| 5  | 刘帅 | 男   | 人力资源部 | 吴刚    | 6000   | 2023-11-15 |
| 5  | 刘帅 | 男   | 人力资源部 | 吴刚    | 6500   | 2023-12-15 |
+----+------+------+------------+---------+--------+------------+
10 rows in set (0.00 sec)
mysql>
```

6.1.4 更新视图数据

更新视图数据包括修改数据、插入数据、删除数据。基本表可以更新表里的数据，视图也能更新其数据。但是，视图是一张虚拟表，最好仅用于数据查询，而不要直接更新视图里的数据，应通过基本表来更新数据，然后由视图自动获取新数据。通常，更新视图数据会有很多限制。更新与多个表关联的视图，插入或者删除数据的时候会失败，不像更新基本表那样方便。

实战演练——更新视图数据

```
#使用用户名 root 和相应密码，连接本地 MySQL
C:\Users\Administrator>mysql -uroot -p123456
mysql: [Warning] Using a password on the command line interface can be insecure.

#使用 shop 数据库
mysql> USE shop
Database changed

#查询视图 edp_view 的数据
mysql> SELECT * FROM edp_view;
+----+--------+------+--------------+---------+--------+------------+
| id | name   | sex  | deptName     | manager | salary | grantDate  |
+----+--------+------+--------------+---------+--------+------------+
| 1  | 张明   | 男   | 软件开发部    | 王洋    | 13500  | 2023-11-15 |
| 1  | 张明   | 男   | 软件开发部    | 王洋    | 16500  | 2023-12-15 |
| 2  | 孙浩   | 男   | 软件开发部    | 王洋    | 9500   | 2023-11-15 |
| 2  | 孙浩   | 男   | 软件开发部    | 王洋    | 10500  | 2023-12-15 |
| 3  | 张静   | 女   | 人力资源部    | 吴刚    | 11000  | 2023-11-15 |
| 3  | 张静   | 女   | 人力资源部    | 吴刚    | 12000  | 2023-12-15 |
| 4  | 赵颖   | 女   | 人力资源部    | 吴刚    | 8000   | 2023-11-15 |
| 4  | 赵颖   | 女   | 人力资源部    | 吴刚    | 8500   | 2023-12-15 |
| 5  | 刘帅   | 男   | 人力资源部    | 吴刚    | 6000   | 2023-11-15 |
| 5  | 刘帅   | 男   | 人力资源部    | 吴刚    | 6500   | 2023-12-15 |
+----+--------+------+--------------+---------+--------+------------+
10 rows in set (0.00 sec)

#更新视图 edp_view 中部门名称为软件开发部的部门经理为李姝
mysql> UPDATE edp_view SET manager='李姝' WHERE deptName='软件开发部';
Query OK, 1 row affected (0.06 sec)
Rows matched: 1  Changed: 1  Warnings: 0

#更新视图数据成功，将软件开发部的部门经理改为李姝
mysql> SELECT * FROM edp_view;
+----+--------+------+--------------+---------+--------+------------+
| id | name   | sex  | deptName     | manager | salary | grantDate  |
+----+--------+------+--------------+---------+--------+------------+
| 1  | 张明   | 男   | 软件开发部    | 李姝    | 13500  | 2023-11-15 |
| 1  | 张明   | 男   | 软件开发部    | 李姝    | 16500  | 2023-12-15 |
| 2  | 孙浩   | 男   | 软件开发部    | 李姝    | 9500   | 2023-11-15 |
| 2  | 孙浩   | 男   | 软件开发部    | 李姝    | 10500  | 2023-12-15 |
| 3  | 张静   | 女   | 人力资源部    | 吴刚    | 11000  | 2023-11-15 |
```

```
| 3 | 张静 | 女  | 人力资源部 | 吴刚    | 12000 | 2023-12-15 |
| 4 | 赵颖 | 女  | 人力资源部 | 吴刚    | 8000  | 2023-11-15 |
| 4 | 赵颖 | 女  | 人力资源部 | 吴刚    | 8500  | 2023-12-15 |
| 5 | 刘帅 | 男  | 人力资源部 | 吴刚    | 6000  | 2023-11-15 |
| 5 | 刘帅 | 男  | 人力资源部 | 吴刚    | 6500  | 2023-12-15 |
+----+------+------+------------+---------+---------+------------+
10 rows in set (0.00 sec)
```

#将部门表 department 中软件开发部的部门经理改为李姝，联动视图的修改，对基本表也进行修改
```
mysql> SELECT * FROM department;
+----+------------+---------+
| id | deptName   | manager |
+----+------------+---------+
| 1  | 软件开发部 | 李姝    |
| 2  | 人力资源部 | 吴刚    |
+----+------------+---------+
2 rows in set (0.00 sec)
```

#与多表关联的视图 edp_view，插入数据会失败
```
mysql> INSERT INTO edp_view VALUES(6,'王鑫','男','办公室','王宇','7000',
'2023-12-15');
ERROR 1394 (HY000): Can not insert into join view 'shop.edp_view' without fields list
```

#与多表关联的视图 edp_view，删除数据会失败
```
mysql> DELETE edp_view WHERE id=1;
ERROR 1064 (42000): You have an error in your SQL syntax; check the manual that
corresponds to your MySQL server version for the right syntax to use near 'WHERE
id=1' at line 1
```

#创建基于单表的视图 emp_view，包含员工 id、姓名
```
mysql> CREATE VIEW emp_view AS
    SELECT id,name FROM employee;
Query OK, 0 rows affected (0.12 sec)
```

#查看视图 emp_view 的结构
```
mysql> DESC emp_view;
+-------+--------------+------+-----+---------+-------+
| Field | Type         | Null | Key | Default | Extra |
+-------+--------------+------+-----+---------+-------+
| id    | int          | NO   |     | 0       |       |
| name  | varchar(255) | YES  |     | NULL    |       |
+-------+--------------+------+-----+---------+-------+
2 rows in set (0.00 sec)
```

#查询视图 emp_view 的数据
```
mysql> SELECT * FROM emp_view;
+----+--------+
| id | name   |
+----+--------+
| 1  | 张明   |
| 2  | 孙浩   |
```

```
| 3 | 张静    |
| 4 | 赵颖    |
| 5 | 刘帅    |
+----+--------+
5 rows in set (0.00 sec)
```

#查询员工表 employee 的数据
```
mysql> SELECT * FROM employee;
+----+------+------+------+--------+
| id | name | sex  | age  | deptId |
+----+------+------+------+--------+
|  1 | 张明 | 男   | 30   |      1 |
|  2 | 孙浩 | 男   | 25   |      1 |
|  3 | 张静 | 女   | 28   |      2 |
|  4 | 赵颖 | 女   | 32   |      2 |
|  5 | 刘帅 | 男   | 28   |      2 |
+----+------+------+------+--------+
5 rows in set (0.00 sec)
```

#在视图 emp_view 中插入数据，插入数据成功
```
mysql> INSERT INTO emp_view VALUES(6,'刘涛');
Query OK, 1 row affected (0.00 sec)
```

#查询视图 emp_view 的数据，可以看到插入数据成功
```
mysql> SELECT * FROM emp_view;
+----+--------+
| id | name   |
+----+--------+
|  1 | 张明   |
|  2 | 孙浩   |
|  3 | 张静   |
|  4 | 赵颖   |
|  5 | 刘帅   |
|  6 | 刘涛   |
+----+--------+
6 rows in set (0.00 sec)
```

#查询员工表 employee 的数据
```
mysql> SELECT * FROM employee;
+----+------+------+------+--------+
| id | name | sex  | age  | deptId |
+----+------+------+------+--------+
|  1 | 张明 | 男   | 30   |      1 |
|  2 | 孙浩 | 男   | 25   |      1 |
|  3 | 张静 | 女   | 28   |      2 |
|  4 | 赵颖 | 女   | 32   |      2 |
|  5 | 刘帅 | 男   | 28   |      2 |
|  6 | 刘涛 | NULL | NULL |   NULL |
```

```
+----+------+------+------+--------+
6 rows in set (0.00 sec)
```

#删除视图 emp_view 中 id 为 3 的数据，删除数据成功
```
mysql> DELETE FROM emp_view WHERE id=3;
Query OK, 1 row affected (0.00 sec)
```

#查询视图 emp_view 的数据
```
mysql> SELECT * FROM emp_view;
+----+--------+
| id | name   |
+----+--------+
|  1 | 张明   |
|  2 | 孙浩   |
|  4 | 赵颖   |
|  5 | 刘帅   |
|  6 | 刘涛   |
+----+--------+
5 rows in set (0.00 sec)
```

#查询员工表 employee 的数据
```
mysql> SELECT * FROM employee;
+----+-------+------+------+--------+
| id | name  | sex  | age  | deptId |
+----+-------+------+------+--------+
|  1 | 张明  | 男   | 30   |      1 |
|  2 | 孙浩  | 男   | 25   |      1 |
|  4 | 赵颖  | 女   | 32   |      2 |
|  5 | 刘帅  | 男   | 28   |      2 |
|  6 | 刘涛  | NULL | NULL |   NULL |
+----+-------+------+------+--------+
5 rows in set (0.00 sec)
mysql>
```

6.1.5　删除视图和数据

使用 DROP VIEW 语句删除视图，指定要删除的视图名，删除视图后，视图的定义和查询结果都将被删除。删除视图就像删除表一样简单。删除视图的数据要注意两点：如果视图是依赖于单张基本表建立的，则可以直接删除数据；如果视图是依赖于多张基本表建立的，则不允许直接删除数据。

删除视图的语法格式如下。
```
DROP VIEW IF EXISTS view_name;
DROP VIEW view_name;
```
删除视图的数据的语法格式如下。
```
DELETE FROM view_name;
```

实战演练——删除视图和数据

#使用用户名 root 和相应密码，连接本地 MySQL
```
C:\Users\Administrator>mysql -uroot -p123456
mysql: [Warning] Using a password on the command line interface can be insecure.
```

```
#使用 shop 数据库
mysql> USE shop
Database changed

#查看依赖于单张基本表建立的视图 emp_view 的数据
mysql> SELECT * FROM emp_view;
+----+-------+
| id | name  |
+----+-------+
|  1 | 张明  |
|  2 | 孙浩  |
|  4 | 赵颖  |
|  5 | 刘帅  |
|  6 | 刘涛  |
+----+-------+
5 rows in set (0.00 sec)

#依赖于单张基本表建立的视图的数据允许直接删除
mysql> DELETE FROM emp_view WHERE id=5;
Query OK, 1 row affected (0.00 sec)

#查询视图 emp_view 的数据
mysql> SELECT * FROM emp_view;
+----+-------+
| id | name  |
+----+-------+
|  1 | 张明  |
|  2 | 孙浩  |
|  4 | 赵颖  |
|  6 | 刘涛  |
+----+-------+
4 rows in set (0.00 sec)

#查询基本表 employee 的数据
mysql> SELECT * FROM employee;
+----+-------+------+------+--------+
| id | name  | sex  | age  | deptId |
+----+-------+------+------+--------+
|  1 | 张明  | 男   | 30   |      1 |
|  2 | 孙浩  | 男   | 25   |      1 |
|  4 | 赵颖  | 女   | 32   |      2 |
|  6 | 刘涛  | NULL | NULL |   NULL |
+----+-------+------+------+--------+
4 rows in set (0.00 sec)

#如果视图存在，则删除视图 emp_view
mysql> DROP VIEW IF EXISTS emp_view;
Query OK, 0 rows affected (0.00 sec)

#查看依赖于多张基本表建立的视图 edp_view 的数据
```

187

```
mysql> SELECT * FROM edp_view;
+----+-------+------+--------------+---------+--------+------------+
| id | name  | sex  | deptName     | manager | salary | grantDate  |
+----+-------+------+--------------+---------+--------+------------+
| 1  | 张明  | 男   | 软件开发部   | 李姝    | 13500  | 2023-11-15 |
| 1  | 张明  | 男   | 软件开发部   | 李姝    | 16500  | 2023-12-15 |
| 2  | 孙浩  | 男   | 软件开发部   | 李姝    | 9500   | 2023-11-15 |
| 2  | 孙浩  | 男   | 软件开发部   | 李姝    | 10500  | 2023-12-15 |
| 4  | 赵颖  | 女   | 人力资源部   | 吴刚    | 8000   | 2023-11-15 |
| 4  | 赵颖  | 女   | 人力资源部   | 吴刚    | 8500   | 2023-12-15 |
+----+-------+------+--------------+---------+--------+------------+
6 rows in set (0.00 sec)

#依赖于多张基本表建立的视图的数据是不能直接删除的
mysql> DELETE FROM edp_view WHERE id=1;
ERROR 1395 (HY000): Can not delete from join view 'shop.edp_view'

#删除视图 edp_view
mysql> DROP VIEW edp_view;
Query OK, 0 rows affected (0.00 sec)
mysql>
```

6.2 游标

MySQL 中的游标是一种用于处理查询结果集的数据库对象。它允许在一个查询结果集上逐行进行处理操作。游标提供了对结果集的随机访问和遍历功能，可以对每一行数据进行处理或执行特定的操作。使用游标可以实现复杂的数据处理逻辑，如循环遍历、条件筛选和数据更新等。使用游标的步骤包括创建游标、打开游标、使用游标、关闭游标等。

游标

6.2.1 游标的使用方法

在 MySQL 数据库查询中，可以使用 SELECT 语句将满足条件的数据一起查询出来，但是没有办法一行一行地获取数据并进行一些复杂的处理。如果满足条件的记录有 10 条，那么使用 SELECT 语句可以一次性查询出 10 条记录，但若想在获取一行数据后立即对该行数据进行特定的后续处理，这在常规的 SQL 查询交互中难以直接实现。这时游标就有了用武之地。游标是一个存储在 MySQL 数据库中用于查询的对象，它可以每次从结果集中获取一行数据，并进行相应的处理。MySQL 游标只能用于存储过程或者函数中。

（1）创建游标。使用 DECLARE 语句创建游标，使用 FOR 关键字定义相应的 SELECT 语句。游标可以在存储过程或者函数中使用，存储过程处理完成后，游标就会消失。

示例如下。

```
DECLARE cursor_name  CURSOR FOR selectSql
```

其语法格式如下。

```
mysql> DELIMITER $$
mysql> CREATE PROCEDURE p1()        #创建存储过程
       BEGIN
           DECLARE c_name varchar(20); #声明变量 c_name，用来存放 SQL 语句查询出来的姓名
```

```
            DECLARE cursor1 CURSOR        #创建游标 cursor1
            FOR
            SELECT name FROM employee;    #使用 SQL 语句查询姓名
            OPEN cursor1;                 #打开游标
            FETCH cursor1 INTO c_name;    #使用游标,将游标查询出来的姓名赋值给 c_name
            SELECT c_name;                #显示结果
            CLOSE cursor1;                #关闭游标
            END
            $$
```

（2）打开游标。游标在使用前需要打开，使用 OPEN CURSOR 语句打开游标。

```
OPEN cursor1;
```

（3）使用游标。游标被打开后，可以使用 FETCH 语句访问 SQL 语句查询出来的结果集中的每一行数据。它是按顺序进行读取的，不重复读取，每执行 FETCH 语句一次，就读取一行数据。如果想读取多行数据，则需要多次执行 FETCH 语句。

```
FETCH cursor1 INTO c_name
```

（4）关闭游标。游标处理完成后需要关闭，使用 CLOSE CURSOR 语句关闭游标。

```
CLOSE cursor1;
```

下面创建一个员工表 employee_info，包含员工 id（主键）、姓名（name）、工资（salary）。再创建一个存储过程 p2()，定义一个游标 cursor2，每次输出一行员工 id、姓名、工资信息。

实战演练——使用游标

```
#使用用户名 root 和相应密码,连接本地 MySQL
C:\Users\Administrator>mysql -uroot -p123456
mysql: [Warning] Using a password on the command line interface can be insecure.


#使用 shop 数据库
mysql> USE shop
Database changed


#创建员工表 employee_info
mysql> CREATE TABLE employee_info(
       id int not null AUTO_INCREMENT,
       name varchar(255),
       salary int,
       primary key(id)
       );
Query OK, 0 rows affected (0.36 sec)


#向员工表 employee_info 插入数据
mysql> INSERT INTO employee_info VALUES
       (1,'小明',3700),
       (2,'小红',5700),
       (3,'小蓝',7800);
Query OK, 3 rows affected (0.01 sec)
Records: 3  Duplicates: 0  Warnings: 0


#查询员工表 employee_info 的数据,使用 SELECT 语句,一次获取满足条件的所有数据
mysql> SELECT * FROM employee_info;
+----+------+--------+
| id | name | salary |
```

```
+----+------+--------+
| 1 | 小明 |  3700  |
| 2 | 小红 |  5700  |
| 3 | 小蓝 |  7800  |
+----+------+--------+
3 rows in set (0.01 sec)
```

```
#修改结束符$$
mysql> DELIMITER $$
```

```
#创建存储过程 p2(), 定义游标 cursor2, 读取每一行数据
mysql> CREATE PROCEDURE p2()
    BEGIN
    DECLARE c_id int;
    DECLARE c_name varchar(20);
    DECLARE c_salary int;
    DECLARE cursor2 CURSOR
    FOR
    SELECT id,name,salary FROM employee_info;
    OPEN cursor2;
    FETCH cursor2 INTO c_id,c_name,c_salary;
    SELECT c_id,c_name,c_salary;
    FETCH cursor2 INTO c_id,c_name,c_salary;
    SELECT c_id,c_name,c_salary;
    FETCH cursor2 INTO c_id,c_name,c_salary;
    SELECT c_id,c_name,c_salary;
    CLOSE cursor2;
    END
    $$
Query OK, 0 rows affected (0.00 sec)
```

```
#修改结束符
mysql> DELIMITER ;
```

```
#调用存储过程 p2()
mysql> CALL p2();
```

```
#使用游标一次，输出一次结果
+------+--------+----------+
| c_id | c_name | c_salary |
+------+--------+----------+
|  1   | 小明   |   3700   |
+------+--------+----------+
1 row in set (0.00 sec)
```

```
#使用游标一次，输出一次结果
+------+--------+----------+
| c_id | c_name | c_salary |
+------+--------+----------+
|  2   | 小红   |   5700   |
+------+--------+----------+
1 row in set (0.01 sec)
```

```
#使用游标一次，输出一次结果
+------+--------+----------+
| c_id | c_name | c_salary |
+------+--------+----------+
|    3 | 小蓝   |     7800 |
+------+--------+----------+
1 row in set (0.02 sec)
mysql>
```

6.2.2 游标的 WHILE 循环

当有多行数据满足条件时，需要逐行获取数据。而使用 FETCH 语句每次只能获取一行数据，如果想获取多行数据，则需要将 FETCH 语句执行多次。在游标中使用循环语句后就不需要多次执行 FETCH 语句了。

WHILE 循环的语法格式如下。

```
WHILE … DO … END WHILE
```

示例如下。

```
WHILE(n > 0) DO
    SELECT n;
    SET n = n - 1;
END WHILE;
```

实战演练——游标的 WHILE 循环

下面对员工表 employee_info 定义存储过程 p3()，定义游标 cursor3，使用 WHILE 循环输出员工 id、姓名、工资。

```
#使用用户名 root 和相应密码，连接本地 MySQL
C:\Users\Administrator>mysql -uroot -p123456
mysql: [Warning] Using a password on the command line interface can be insecure.

#使用 shop 数据库
mysql> USE shop
Database changed

#查询员工表 employee_info
mysql> SELECT * FROM employee_info;
+----+------+--------+
| id | name | salary |
+----+------+--------+
|  1 | 小明 |   3700 |
|  2 | 小红 |   5700 |
|  3 | 小蓝 |   7800 |
+----+------+--------+
3 rows in set (0.00 sec)

#修改结束符$$
mysql> DELIMITER $$

#定义一个存储过程，先计算出结果总条数，再使用 WHILE 循环
mysql> CREATE PROCEDURE p3()
    BEGIN
    DECLARE c_id int;
```

```
        DECLARE c_name varchar(20);
        DECLARE c_salary int;
        DECLARE sum int default 0;
        DECLARE cursor3 CURSOR
        FOR
        SELECT id,name,salary FROM employee_info;
        SELECT count(*) INTO sum FROM employee_info;
        OPEN cursor3;
        WHILE(sum > 0) DO
        FETCH cursor3 INTO c_id,c_name,c_salary;
        SELECT c_id,c_name,c_salary,sum;
        SET sum = sum -1;
        END WHILE;
        CLOSE cursor3;
        END
        $$
```

```
#修改结束符
mysql> DELIMITER ;
```

```
#调用存储过程，输出每次循环的结果
mysql> CALL p3();
+------+--------+----------+------+
| c_id | c_name | c_salary | sum  |
+------+--------+----------+------+
|    1 | 小明    |     3700 |    3 |
+------+--------+----------+------+
1 row in set (0.01 sec)


+------+--------+----------+------+
| c_id | c_name | c_salary | sum  |
+------+--------+----------+------+
|    2 | 小红    |     5700 |    2 |
+------+--------+----------+------+
1 row in set (0.02 sec)


+------+--------+----------+------+
| c_id | c_name | c_salary | sum  |
+------+--------+----------+------+
|    3 | 小蓝    |     7800 |    1 |
+------+--------+----------+------+
1 row in set (0.02 sec)
Query OK, 0 rows affected (0.04 sec)
```

```
#删除存储过程
mysql>DROP PROCEDURE p3;
```

```
#修改结束符$$
mysql> DELIMITER $$
```

```
#创建存储过程，使用 WHILE 循环，并且声明一个变量值，如果 WHILE 循环查不到数据，则设置变量结束循环
mysql> CREATE PROCEDURE p3()
        BEGIN
        DECLARE c_id int;
```

```
    DECLARE c_name varchar(20);
    DECLARE c_salary int;
    DECLARE flag int default 0;
    DECLARE cursor3 CURSOR
    FOR
    SELECT id,name,salary FROM employee_info;
    DECLARE CONTINUE HANDLER FOR NOT FOUND SET flag = 1;
    OPEN cursor3;
    WHILE(flag=0) DO
    FETCH cursor3 INTO c_id,c_name,c_salary;
    SELECT c_id,c_name,c_salary;
    END WHILE;
    CLOSE cursor3;
    END
    $$
```

\#修改结束符
```
mysql> DELIMITER ;
```

/*调用存储过程, 循环输出结果, 总记录有 3 条, 却输出 4 条结果。在 WHILE 循环中, 当将 NOT FOUND 变量设置为 1 时, 存储过程会调用 CONTINUE 命令继续查询一次, 但是调用 EXIT 命令时不会继续查询*/
```
mysql> CALL p3();
+------+--------+----------+
| c_id | c_name | c_salary |
+------+--------+----------+
|    1 | 小明   |     3700 |
+------+--------+----------+
1 row in set (0.00 sec)

+------+--------+----------+
| c_id | c_name | c_salary |
+------+--------+----------+
|    2 | 小红   |     5700 |
+------+--------+----------+
1 row in set (0.01 sec)

+------+--------+----------+
| c_id | c_name | c_salary |
+------+--------+----------+
|    3 | 小蓝   |     7800 |
+------+--------+----------+
1 row in set (0.01 sec)

+------+--------+----------+
| c_id | c_name | c_salary |
+------+--------+----------+
|    3 | 小蓝   |     7800 |
+------+--------+----------+
1 row in set (0.02 sec)
Query OK, 0 rows affected (0.03 sec)
```

\#删除存储过程
```
mysql> DROP PROCEDURE p3;
```

```
#修改结束符$$
mysql> DELIMITER $$

#使用EXIT进行变量判断，如果找不到，则设置变量值为1
mysql> CREATE PROCEDURE p3()
    BEGIN
    DECLARE c_id int;
    DECLARE c_name varchar(20);
    DECLARE c_salary int;
    DECLARE flag int default 0;
    DECLARE cursor3 CURSOR
    FOR
    SELECT id,name,salary FROM employee_info;
    DECLARE EXIT HANDLER FOR NOT FOUND SET flag = 1;
    OPEN cursor3;
    WHILE(flag=0) DO
    FETCH cursor3 INTO c_id,c_name,c_salary;
    SELECT c_id,c_name,c_salary;
    END WHILE;
    CLOSE cursor3;
    END
    $$
Query OK, 0 rows affected (0.00 sec)

#修改结束符
mysql> DELIMITER ;

#调用存储过程
mysql> CALL p3();
+------+--------+----------+
| c_id | c_name | c_salary |
+------+--------+----------+
|    1 | 小明   |     3700 |
+------+--------+----------+
1 row in set (0.00 sec)
+------+--------+----------+
| c_id | c_name | c_salary |
+------+--------+----------+
|    2 | 小红   |     5700 |
+------+--------+----------+
1 row in set (0.01 sec)
+------+--------+----------+
| c_id | c_name | c_salary |
+------+--------+----------+
|    3 | 小蓝   |     7800 |
+------+--------+----------+
1 row in set (0.02 sec)
Query OK, 0 rows affected (0.03 sec)
mysql>
```

其中，DECLARE CONTINUE HANDLER FOR NOT FOUND SET flag = 1; 语句表示

WHILE 循环如果找不到，则不再继续执行。也可以使用 DECLARE CONTINUE HANDLER FOR SQLSTATE '02000' SET flag=0。

6.2.3 游标的 REPEAT 循环

游标的循环除了使用 WHILE 循环外，也可以使用 REPEAT 循环。

REPEAT 循环的语法格式如下。

```
REPEAT … UNTIL END REPEAT
```

示例如下。

```
REPEAT
SELECT n;
    SET n = n - 1;
UNTIL n<0
END REPEAT
```

针对员工表 employee_info，定义一个存储过程 p4()，定义一个游标 cursor4，使用 REPEAT 循环输出结果。

实战演练——游标的 REPEAT 循环

```
#使用用户名 root 和相应密码，连接本地 MySQL
C:\Users\Administrator>mysql -uroot -p123456
mysql: [Warning] Using a password on the command line interface can be insecure.

#使用 shop 数据库
mysql> USE shop
Database changed

#查询员工表 employee_info
mysql> SELECT * FROM employee_info;
+----+--------+--------+
| id | name   | salary |
+----+--------+--------+
|  1 | 小明   |   3700 |
|  2 | 小红   |   5700 |
|  3 | 小蓝   |   7800 |
+----+--------+--------+
3 rows in set (0.00 sec)

#修改结束符$$
mysql> DELIMITER $$

#定义存储过程 p4()，定义游标 cursor4，使用 REPEAT 循环
mysql> CREATE PROCEDURE p4()
    BEGIN
    DECLARE c_id int;
    DECLARE c_name varchar(20);
    DECLARE c_salary int;
    DECLARE flag int default 0;
    DECLARE cursor4 CURSOR
    FOR
    SELECT id,name,salary FROM employee_info;
    DECLARE EXIT HANDLER FOR NOT FOUND SET flag = 1;
```

```
        OPEN cursor4;
        REPEAT
        FETCH cursor4 INTO c_id,c_name,c_salary;
        SELECT c_id,c_name,c_salary;
        UNTIL flag=1
        END REPEAT;
        CLOSE cursor4;
        END
        $$
Query OK, 0 rows affected (0.00 sec)
```

```
#修改结束符
mysql> DELIMITER ;
```

```
#调用存储过程 p4()，循环输出结果
mysql> CALL p4();
+------+--------+----------+
| c_id | c_name | c_salary |
+------+--------+----------+
|    1 | 小明   |     3700 |
+------+--------+----------+
1 row in set (0.00 sec)

+------+--------+----------+
| c_id | c_name | c_salary |
+------+--------+----------+
|    2 | 小红   |     5700 |
+------+--------+----------+
1 row in set (0.01 sec)

+------+--------+----------+
| c_id | c_name | c_salary |
+------+--------+----------+
|    3 | 小蓝   |     7800 |
+------+--------+----------+
1 row in set (0.04 sec)
Query OK, 0 rows affected (0.05 sec)
mysql>
```

6.2.4　游标的 LOOP 循环

游标的循环除了使用 WHILE、REPEAT 循环外，还可以使用 LOOP 循环。
LOOP 循环的语法格式如下。

```
LOOP … END LOOP
```

示例如下。

```
DECLARE i int default 1;
lp1 : LOOP
SET i = i+1;
IF i > 30 THEN
LEAVE lp1; #离开循环体
END IF;
END LOOP
```

下面针对员工表 employee_info，定义一个存储过程 p5()，定义一个游标 cursor5，使用 LOOP 循环输出结果。

实战演练——游标的 LOOP 循环

```
#使用用户名 root 和相应密码，连接本地 MySQL
C:\Users\Administrator>mysql -uroot -p123456
mysql: [Warning] Using a password on the command line interface can be insecure.

#使用 shop 数据库
mysql> USE shop
Database changed

#查看员工表 employee_info 的数据
mysql> SELECT * FROM employee_info;
+----+--------+--------+
| id | name   | salary |
+----+--------+--------+
| 1  | 小明   |   3700 |
| 2  | 小红   |   5700 |
| 3  | 小蓝   |   7800 |
+----+--------+--------+
3 rows in set (0.00 sec)

#修改结束符$$
mysql> DELIMITER $$

#创建存储过程 p5()，定义游标 cursor5，使用 LOOP 循环
mysql> CREATE PROCEDURE p5()
     BEGIN
     DECLARE c_id int;
     DECLARE c_name varchar(20);
     DECLARE c_salary int;
     DECLARE flag int default 0;
     DECLARE cursor5 CURSOR
     FOR
     SELECT id,name,salary FROM employee_info;
     DECLARE EXIT HANDLER FOR NOT FOUND SET flag = 1;
     OPEN cursor5;
     loop_label: LOOP    #循环开始
               FETCH cursor5 INTO c_id,c_name,c_salary;
               SELECT c_id,c_name,c_salary;
               IF(flag=1)THEN
                      LEAVE loop_label;  #循环终止
               END IF;
          END LOOP;
     CLOSE cursor5;
     END
     $$
Query OK, 0 rows affected (0.00 sec)

#修改结束符
mysql> DELIMITER ;
```

```
#调用存储过程 p5()
mysql> CALL p5();
+------+--------+----------+
| c_id | c_name | c_salary |
+------+--------+----------+
|    1 | 小明   |     3700 |
+------+--------+----------+
1 row in set (0.00 sec)

+------+--------+----------+
| c_id | c_name | c_salary |
+------+--------+----------+
|    2 | 小红   |     5700 |
+------+--------+----------+
1 row in set (0.02 sec)

+------+--------+----------+
| c_id | c_name | c_salary |
+------+--------+----------+
|    3 | 小蓝   |     7800 |
+------+--------+----------+
1 row in set (0.04 sec)

Query OK, 0 rows affected (0.08 sec)
mysql>
```

6.3 触发器

MySQL 中的触发器是一种在数据库中定义的特殊对象，用于在表上执行自动化操作。当指定的事件（如插入、更新、删除）在表中发生时，触发器会自动触发并执行相应操作。触发器可以用于数据验证、日志记录、数据同步等场景。触发器可以在数据操作前或后执行，并可以访问和修改受影响的数据。触发器通过触发器事件、触发时机和触发动作来定义其行为。

触发器
触发器是一种与表有关的操作对象，如在主表上执行删除语句，可以调用触发器执行删除子表语句，以达到级联删除的效果。

6.3.1 创建触发器

创建触发器和创建存储过程类似，其基本语法格式如下。

```
CREATE
    [DEFINER = { user | CURRENT_USER }]
    TRIGGER trigger_name
    trigger_time trigger_event
    ON tbl_name FOR EACH ROW
    trigger_body
```

示例如下。

```
CREATE
    TRIGGER add_data
    AFTER INSERT
    ON t1 FOR EACH ROW
    BEGIN
```

```
       INSERT INTO t2 VALUES('你好');
END
```

（1）TRIGGER：触发器的关键字，用来标识触发器。

（2）trigger_name：触发器的名称，不能与已有触发器的名称重复。

（3）trigger_time：触发器触发的时机，只有两个值，即 BEFORE 和 AFTER。

（4）trigger_event：触发器触发的事件，只有 3 个值，即 INSERT、UPDATE、DELETE。

（5）tbl_name：创建触发器的表名，即在哪张表上添加触发器。

（6）FOR EACH ROW：在表的每一行上操作。

（7）trigger_body：触发器程序体，可以是一条 SQL 语句，也可以是 BEGIN 和 END 包含的多条语句。

根据触发的时机和事件，可以创建 6 种类型的触发器：插入之前（BEFORE INSERT）触发器、更新之前（BEFORE UPDATE）触发器、删除之前（BEFORE DELETE）触发器、插入之后（AFTER INSERT）触发器、更新之后（AFTER UPDATE）触发器、删除之后（AFTER DELETE）触发器。

一张表上不能同时创建两个类型相同的触发器，如创建一个插入之前触发器后，再创建一个插入之前触发器是不允许的。

实战演练——创建触发器

下面创建一个用户信息表 user_info，包含用户 id（主键）、用户名（name）、性别（sex）这 3 个字段；创建一个统计表 stat，包含 id（主键）、数量（num）两个字段；创建一个触发器，用户信息表 user_info 中每插入一条记录，统计表 stat 中的数量 num 加 1。

```
#使用用户名 root 和相应密码，连接本地 MySQL
C:\Users\Administrator>mysql -uroot -p123456
mysql: [Warning] Using a password on the command line interface can be insecure.

#使用 shop 数据库
mysql> use shop
Database changed

#创建用户信息表 user_info
mysql> CREATE TABLE user_info(
     id int not null AUTO_INCREMENT,
     name varchar(255),
     sex varchar(10),
     primary key(id)
     );
Query OK, 0 rows affected (1.23 sec)

#创建统计表 stat
mysql> CREATE TABLE stat(
     id int not null AUTO_INCREMENT,
     num int,
     primary key(id)
     );
Query OK, 0 rows affected (0.34 sec)

#向统计表 stat 中插入一条记录，默认值为 0
mysql> INSERT INTO stat VALUES (1,0);
Query OK, 1 row affected (0.00 sec)
```

```
#修改结束符$$
mysql> DELIMITER $$

#创建一个触发器来计算用户的数量，统计数量的值放置在统计表 stat 的数量字段中
mysql> CREATE TRIGGER cpuNum
    AFTER INSERT
    ON user_info FOR EACH ROW
    BEGIN
    UPDATE stat set num = num +1 WHERE id = 1;
    END
    $$
Query OK, 0 rows affected (0.18 sec)

#修改结束符
mysql> DELIMITER ;

#查看统计表 stat 中的数量字段
mysql> SELECT * FROM stat;
+----+------+
| id | num  |
+----+------+
| 1  |    0 |
+----+------+
1 row in set (0.00 sec)

#向用户信息表 user_info 中插入一条记录
mysql> INSERT INTO user_info VALUES(1,'小明','男');
Query OK, 1 row affected (0.01 sec)

#统计表 stat 中的数量加1
mysql> SELECT * FROM stat;
+----+------+
| id | num  |
+----+------+
| 1  |    1 |
+----+------+
1 row in set (0.00 sec)

#再向用户信息表 user_info 中插入一条记录
mysql> INSERT INTO user_info VALUES(2,'小红','女');
Query OK, 1 row affected (0.00 sec)

#统计表 stat 中的数量再加1
mysql> SELECT * FROM stat;
+----+------+
| id | num  |
+----+------+
| 1  |    2 |
+----+------+
1 row in set (0.00 sec)
mysql>
```

6.3.2　NEW 和 OLD 关键字

在 MySQL 触发器中，NEW 和 OLD 是两个特殊的关键字，分别用于引用触发器操作中受影响的行的新值和旧值。NEW 关键字表示触发器操作中新插入或更新的行的值。在 BEFORE 触发器中，可以使用 NEW 关键字来修改新插入或更新的行的值；在 AFTER 触发器中，可以使用 NEW 关键字读取新插入或更新的行的值。OLD 关键字表示触发器操作中更新或删除的旧行的值。在 BEFORE 触发器中，可以使用 OLD 关键字读取旧行的值；在 AFTER 触发器中，OLD 关键字不可用。

通过使用 NEW 和 OLD 关键字，可以在触发器中访问和操作受影响的行的数据。这使得触发器能够在数据操作前后进行逻辑处理和判断，从而实现更精细的数据控制和业务逻辑的执行。

触发器用于一张表的某一行数据，如果想在触发器中使用这行数据，则可使用 NEW 和 OLD 关键字。

（1）对于 INSERT 型触发器，NEW 关键字用来表示将要（BEFORE）或已经（AFTER）插入的新数据。

（2）对于 UPDATE 型触发器，OLD 关键字用来表示将要（BEFORE）或已经（AFTER）被修改的原数据，NEW 用来表示将要（BEFORE）或已经（AFTER）修改为的新数据。

（3）对于 DELETE 型触发器，OLD 用来表示将要（BEFORE）或已经（AFTER）被删除的原数据。

（4）OLD 是只读的，而 NEW 可以在触发器中使用 SET 赋值。

（5）使用方法：NEW.columnName（columnName 为列名）。

实战演练——使用 NEW 和 OLD 关键字

下面使用员工表 employee，其中包含字段员工 id（主键）、姓名（name）、性别（sex）、年龄（age）、部门外键（deptId）；使用部门表 department，其中包含字段部门 id（主键）、部门名称（deptName）、部门经理（manager）；在部门表 dept 上添加一个触发器，在删除部门后，触发器会删除部门中的员工。

```
#使用用户名 root 和相应密码，连接本地 MySQL
C:\Users\Administrator>mysql -uroot -p123456
mysql: [Warning] Using a password on the command line interface can be insecure.

#使用 shop 数据库
mysql> USE shop
Database changed

#查询员工表 employee
mysql> SELECT * FROM employee;
+----+------+------+------+--------+
| id | name | sex  | age  | deptId |
+----+------+------+------+--------+
|  1 | 张明 | 男   | 30   |      1 |
|  2 | 孙浩 | 男   | 25   |      1 |
|  4 | 赵颖 | 女   | 32   |      2 |
|  5 | 刘帅 | 男   | 28   |      2 |
|  6 | 刘涛 | NULL | NULL |   NULL |
+----+------+------+------+--------+
5 rows in set (0.00 sec)
```

#查询部门表 department
```
mysql> SELECT * FROM department;
+----+-------------+---------+
| id | deptName    | manager |
+----+-------------+---------+
|  1 | 软件开发部   | 李姝    |
|  2 | 人力资源部   | 吴刚    |
+----+-------------+---------+
2 rows in set (0.00 sec)
```

#修改结束符为$$
```
mysql> DELIMITER $$
```

#创建按部门删除员工的触发器，删除部门后，触发器会自动删除这个部门中的员工
```
mysql> CREATE TRIGGER deleteEmp
    AFTER DELETE
    ON department FOR EACH ROW
    BEGIN
    DELETE FROM employee WHERE deptId = OLD.id;
    END
    $$
Query OK, 0 rows affected (0.21 sec)
```

#修改结束符为$$
```
mysql> DELIMITER ;
```

#删除部门 id 等于 1 的部门时，触发器会删除这个部门中的员工
```
mysql> DELETE FROM dept WHERE id = 1;
Query OK, 1 row affected (0.08 sec)
```

#查询部门表中的数据
```
mysql> SELECT * FROM department;
+----+---------------+----------+
| id | deptName      | manager  |
+----+---------------+----------+
|  2 | 人力资源部     | 吴刚     |
+----+---------------+----------+
1 row in set (0.00 sec)
```

#查询员工表中的数据，可以看到 deptId 等于 1 的员工被删除了
```
mysql> SELECT * FROM employee;
+----+-------+------+------+--------+
| id | name  | sex  | age  | deptId |
+----+-------+------+------+--------+
|  3 | 张静  | 女   | 28   |      2 |
|  4 | 赵颖  | 女   | 32   |      2 |
|  5 | 刘帅  | 男   | 28   |      2 |
|  6 | 刘涛  | NULL | NULL |   NULL |
+----+-------+------+------+--------+
3 rows in set (0.00 sec)
mysql>
```

6.3.3　查看和删除触发器

1. 查看触发器

查看触发器和查看数据表类似，使用 SHOW TRIGGERS 语句就可以查看触发器。

```
mysql> SHOW TRIGGERS \G
*************************** 1. row ***************************
            Trigger: deleteEmp    #触发器名称
              Event: DELETE       #触发器事件
              Table: department   #触发的表
          Statement: BEGIN        #执行的 SQL 语句
                            DELETE FROM employee WHERE deptId = OLD.id;
                      END
             Timing: AFTER        #执行的时机
            Created: 2023-11-06 21:45:04.23    #创建时间
           sql_mode: STRICT_TRANS_TABLES,NO_ENGINE_SUBSTITUTION
            Definer: root@localhost  #定义的用户
character_set_client: utf8        #编码
collation_connection: utf8_general_ci
Database Collation: utf8_general_ci
```

2. 删除触发器

删除触发器和删除数据表一样简单，使用关键字 TRIGGER 来标识触发器，使用 DROP 语句删除指定的触发器。其语法格式如下。

```
DROP TRIGGER trigger_name;
```

示例如下。

```
mysql> DROP TRIGGER cpuNum;
```

6.3.4　INSERT 型触发器

INSERT 型触发器分为插入之前（BEFORE）触发器和插入之后（AFTER）触发器，NEW 关键字用来表示将要（BEFORE）或已经（AFTER）插入的新数据。

下面使用员工表 employee，其中包含员工 id（主键）、姓名（name）、工资（salary）；再创建一个记录表 record，包含员工 id（主键）、姓名（name）、工资（salary）。如果向员工表 employee 插入的数据的工资低于 3500 元，则记录到记录表 record 中，否则不记录。

实战演练——INSERT 型触发器

```
#使用用户名 root 和相应密码，连接本地 MySQL
C:\Users\Administrator>mysql -uroot -p123456
mysql: [Warning] Using a password on the command line interface can be insecure.

#使用 shop 数据库
mysql> USE shop
Database changed

#查询员工表 employee
mysql> SELECT * FROM employee;
+----+------+------+
| id | name |salary|
+----+------+------+
| 1  | 张明 | 3000 |
```

```
|  2  | 孙浩  | 5500 |
|  4  | 赵颖  | 8200 |
|  5  | 刘帅  | 9800 |
|  6  | 刘涛  | 6600 |
+----+------+------+
5 rows in set (0.00 sec)
```

#删除员工表 employee 的数据
```
mysql> DELETE FROM employee;
```

#查询员工表 employee 的数据，目前没有数据
```
mysql> SELECT * FROM employee;
Empty set (0.00 sec);
```

```
Query OK, 0 rows affected (0.36 sec)
```
#创建记录表 record，记录工资低于 3500 元的员工
```
mysql> CREATE TABLE record(
    id int not null AUTO_INCREMENT,
    name varchar(255),
    salary int,
    primary key(id)
    );
Query OK, 0 rows affected (0.32 sec)
```

#查询记录表 record 的数据，目前没有数据
```
mysql> SELECT * FROM record;
Empty set (0.00 sec)
```

#修改结束符$$
```
mysql> DELIMITER $$
```

#创建触发器，如果向员工表 employee 插入的数据的工资低于 3500 元，则将其记录到记录表 record 中
```
mysql> CREATE TRIGGER addRecord
    AFTER INSERT
    ON employee FOR EACH ROW
    BEGIN
    IF(NEW.salary <3500) THEN
    INSERT INTO record VALUES(NEW.id,NEW.name,NEW.salary);
    END IF;
    END
    $$
Query OK, 0 rows affected (0.17 sec)
```

#修改结束符
```
mysql> DELIMITER ;
```

#向员工表 employee 中插入一条工资低于 3500 元的员工记录
```
mysql> INSERT INTO employee VALUES(11,'小明',2800);
Query OK, 1 row affected (0.00 sec)
```

#查询员工表 employee 的数据，可以看到插入成功

```
mysql> SELECT * FROM employee;
+----+--------+--------+
| id | name   | salary |
+----+--------+--------+
| 11 | 小明   |   2800 |
+----+--------+--------+
1 row in set (0.00 sec)
```

#查询记录表 record 的数据，可以看到插入了一条工资低于 3500 元的员工记录
```
mysql> SELECT * FROM record;
+----+--------+--------+
| id | name   | salary |
+----+--------+--------+
| 11 | 小明   |   2800 |
+----+--------+--------+
1 row in set (0.00 sec)
```

#再向员工表 employee 中插入一条工资高于 3500 元的员工记录
```
mysql> INSERT INTO employee VALUES(12,'小红',5600);
Query OK, 1 row affected (0.00 sec)
```

#查询员工表 employee 的数据，可以看到插入成功
```
mysql> SELECT * FROM employee;
+----+--------+--------+
| id | name   | salary |
+----+--------+--------+
| 11 | 小明   |   2800 |
| 12 | 小红   |   5600 |
+----+--------+--------+
2 rows in set (0.00 sec)
```

#查询记录表 record 的数据，工资高于 3500 元的员工记录没有插入
```
mysql> SELECT * FROM record;
+----+--------+--------+
| id | name   | salary |
+----+--------+--------+
| 11 | 小明   |   2800 |
+----+--------+--------+
1 row in set (0.00 sec)
mysql>
```

6.3.5　UPDATE 型触发器

UPDATE 型触发器分为更新之前（BEFORE）触发器和更新之后（AFTER）触发器。对于 UPDATE 型触发器，OLD 关键字用来表示将要（BEFORE）或已经（AFTER）被修改的原数据，NEW 用来表示将要（BEFORE）或已经（AFTER）修改为的新数据。

前面已经创建好了两张表：员工表 employee、记录表 record。工资低于 3500 元的员工记录会被记录到记录表 record 中，如果员工更改工资后工资超过了 3500 元，则要从记录表 record 中删除相应的员工记录；如果员工更改工资后工资低于 3500 元，则要更改记录表 record 的数据。这时就需要使用 UPDATE 型触发器。

实战演练——UPDATE 型触发器

```
#使用用户名 root 和相应密码，连接本地 MySQL
C:\Users\Administrator>mysql -uroot -p123456

#使用 shop 数据库
mysql> USE shop
Database changed

#查看员工表 employee 的数据
mysql> SELECT * FROM employee;
+----+--------+--------+
| id | name   | salary |
+----+--------+--------+
| 1  | 小明   |   2800 |
| 2  | 小红   |   5600 |
+----+--------+--------+
2 rows in set (0.00 sec)

#查看记录表 record 的数据
mysql> SELECT * FROM record;
+----+--------+--------+
| id | name   | salary |
+----+--------+--------+
| 1  | 小明   |   2800 |
+----+--------+--------+
1 row in set (0.00 sec)

#修改结束符
mysql> DELIMITER $$
```

/*创建 UPDATE 型触发器，在员工表 employee 中进行修改，工资大于 3500 元时要删除记录表 record 中相应的数据，否则插入或者修改记录表 record 中的数据，REPLACE 语句可以用于插入或者更新记录*/

```
mysql> CREATE TRIGGER updateRecord
    AFTER UPDATE
    ON employee FOR EACH ROW
    BEGIN
    IF(NEW.salary > 3500) THEN
    DELETE FROM record WHERE id=NEW.id;
    ELSE
    REPLACE INTO record VALUES(NEW.id,NEW.name,NEW.salary);
    END IF;
    END
    $$
Query OK, 0 rows affected (0.16 sec)

#修改结束符
mysql> DELIMITER ;

#将员工 id 为 1 的员工的工资从 2800 元更改为 6000 元
mysql> UPDATE employee SET salary = 6000 WHERE id=1;
Query OK, 1 row affected (0.00 sec)
Rows matched: 1  Changed: 1  Warnings: 0
```

\#修改成功
```
mysql> SELECT * FROM employee;
+----+-------+--------+
| id | name  | salary |
+----+-------+--------+
|  1 | 小明  |   6000 |
|  2 | 小红  |   5600 |
+----+-------+--------+
2 rows in set (0.00 sec)
```

\#工资大于 3500 元，在记录表 record 中会删除员工 id 为 1 的数据
```
mysql> SELECT * FROM record;
Empty set (0.00 sec)
```

\#将员工 id 为 2 的员工的工资从 5600 元改为 2000 元
```
mysql> UPDATE employee SET salary = 2000 WHERE id=2;
Query OK, 1 row affected (0.00 sec)
Rows matched: 1  Changed: 1  Warnings: 0
```

\#修改成功
```
mysql> SELECT * FROM employee;
+----+-------+---------+
| id | name  | salary  |
+----+-------+---------+
|  1 | 小明  |    6000 |
|  2 | 小红  |    2000 |
+----+-------+---------+
2 rows in set (0.00 sec)
```

\#记录表 record 中插入员工 id 为 2 的员工记录
```
mysql> SELECT * FROM record;
+----+-------+---------+
| id | name  | salary  |
+----+-------+---------+
|  2 | 小红  |    2000 |
+----+-------+---------+
1 row in set (0.00 sec)
```

\#将员工 id 为 2 的员工的工资改为 2500 元，此时工资仍低于 3500 元，会更改记录表 record 中的数据
```
mysql> UPDATE employee SET salary = 2500 WHERE id=2;
Query OK, 1 row affected (0.06 sec)
Rows matched: 1  Changed: 1  Warnings: 0
```

\#修改成功
```
mysql> SELECT * FROM employee;
+----+-------+---------+
| id | name  | salary  |
+----+-------+---------+
|  1 | 小明  |    6000 |
|  2 | 小红  |    2500 |
+----+-------+---------+
2 rows in set (0.00 sec)
```

```
#修改成功
mysql> SELECT * FROM record;
+----+--------+--------+
| id | name   | salary |
+----+--------+--------+
| 2  | 小红   |   2500 |
+----+--------+--------+
1 row in set (0.00 sec)
mysql>
```

6.3.6 DELETE 型触发器

DELETE 型触发器分为删除之前（BEFORE）触发器和删除之后（AFTER）触发器。对于 DELETE 型触发器，OLD 用来表示将要（BEFORE）或已经（AFTER）被删除的原数据。

前面已经创建好了两张表：员工表 employee、记录表 record。工资低于 3500 元的员工记录会被记录到记录表 record 中。当在员工表 employee 中进行了删除员工操作时，若记录表 record 中有相应的记录，则应该将这些记录一起删除。这时需要使用 DELETE 型触发器。

实战演练——DELETE 型触发器

```
#使用用户名 root 和相应密码，连接本地 MySQL
C:\Users\Administrator>mysql -uroot -p123456
mysql: [Warning] Using a password on the command line interface can be insecure.

#使用 shop 数据库
mysql> USE shop
Database changed

#查询员工表 employee 的数据
mysql> SELECT * FROM employee;
+----+--------+--------+
| id | name   | salary |
+----+--------+--------+
| 1  | 小明   |   6000 |
| 2  | 小红   |   2500 |
+----+--------+--------+
2 rows in set (0.00 sec)

#查询记录表 record 的数据
mysql> SELECT * FROM record;
+----+--------+--------+
| id | name   | salary |
+----+--------+--------+
| 2  | 小红   |   2500 |
+----+--------+--------+
1 row in set (0.00 sec)

#修改结束符$$
mysql> DELIMITER $$

#创建 DELETE 型触发器，删除记录表 record 中的数据
mysql> CREATE TRIGGER delRecord
```

```
        AFTER DELETE
        ON employee FOR EACH ROW
        BEGIN
        DELETE FROM record WHERE id = OLD.id;
        END
        $$
Query OK, 0 rows affected (0.17 sec)

#修改结束符
mysql> DELIMITER ;

#删除员工表 employee 中员工 id 为 2 的记录
mysql> DELETE FROM employee WHERE id = 2;
Query OK, 1 row affected (0.00 sec)

#查询员工表 employee 的数据, 员工 id 为 2 的记录已被删除
mysql> SELECT * FROM employee;
+----+-------+--------+
| id | name  | salary |
+----+-------+--------+
| 1  | 小明  |   6000 |
+----+-------+--------+
1 row in set (0.00 sec)

#记录表 record 中员工 id 为 2 的记录也已被删除
mysql> SELECT * FROM record;
Empty set (0.00 sec)

#删除员工表 employee 中员工 id 为 1 的记录
mysql> DELETE FROM employee WHERE id = 1;
Query OK, 1 row affected (0.00 sec)

#删除成功
mysql> SELECT * FROM employee;
Empty set (0.00 sec)

#若没有记录, 则不进行删除操作
mysql> SELECT * FROM record;
Empty set (0.00 sec)
mysql>
```

6.4 综合实训：电商平台视图、游标、触发器的应用

在电商平台上，针对商品表和订单表可以设计视图、游标和触发器。使用视图可以构建一个显示订单明细的视图；使用游标可以逐行遍历订单表中的订单数据，并计算订单总金额；使用触发器可以实现在商品表中插入新商品时自动更新商品总数，在订单表中插入新订单时自动更新订单总数。

1. 视图设计

创建一个名为"order_details"的视图，显示订单详情，包括订单号、商品名称、商品价格和购买数量等信息。使用以下 SQL 语句创建视图。

综合实训：电商平台
视图、游标、触发器
的应用

209

```
CREATE VIEW order_details AS
SELECT o.order_id, p.name, p.price, o.quantity
FROM orders o
JOIN products p ON o.product_id = p.product_id;
```

2. 游标设计

创建一个处理订单的存储过程 process_orders()，使用游标来逐行遍历订单表中的订单数据，并计算订单总金额。在游标循环中，累加每个订单的商品价格和数量，得到订单的总金额。使用以下 SQL 语句创建游标并进行处理。

```
DELIMITER $$

CREATE PROCEDURE process_orders()
BEGIN
  DECLARE done INT DEFAULT FALSE;
  DECLARE order_id INT;
  DECLARE product_id INT;
  DECLARE quantity INT;
  DECLARE total_amount DECIMAL(10, 2) DEFAULT 0;

  # 创建游标，选择需要处理的数据
  DECLARE cur CURSOR FOR SELECT order_id, product_id, quantity FROM orders;
  DECLARE CONTINUE HANDLER FOR NOT FOUND SET done = TRUE;

  OPEN cur;

  # 循环处理游标中的每一行数据
  read_loop: LOOP
    FETCH cur INTO order_id, product_id, quantity;
    IF done THEN
      LEAVE read_loop;
    END IF;

    # 这里根据实际需求进行订单处理逻辑的设计
    # 计算订单总金额
    SET total_amount = total_amount + (SELECT price FROM products WHERE product_
id = product_id) * quantity;
  END LOOP;

  CLOSE cur;

  # 输出订单总金额
  SELECT total_amount AS total_amount;
END $$

DELIMITER ;
```

3. 触发器设计

创建一个触发器，在商品表中实现插入新商品时自动更新商品总数。创建另一个触发器，在订单表中实现插入新订单时自动更新订单总数。使用以下 SQL 语句创建触发器。

```
# 更新商品总数的触发器
CREATE TRIGGER update_product_count
AFTER INSERT ON products
FOR EACH ROW
```

```
BEGIN
  UPDATE statistics SET product_count = product_count + 1;
END;

# 更新订单总数的触发器
CREATE TRIGGER update_order_count
AFTER INSERT ON orders
FOR EACH ROW
BEGIN
  UPDATE statistics SET order_count = order_count + 1;
END;
```

在实际应用中，可以根据具体的业务需求和数据结构，进一步调整和完善视图、游标及触发器的设计，根据实际情况进行必要的错误处理和逻辑判断，确保数据的一致性和准确性。

6.5 小结

本单元讲解了 MySQL 高级特性，包括视图、游标和触发器。通过本单元的学习，读者应知道什么是视图、如何创建视图、如何修改视图、如何更新视图数据、如何删除视图和数据；学会游标的使用方法，游标中 WHILE、REPEAT、LOOP 循环的使用方法；学会创建触发器、查看触发器、删除触发器以及 INSERT 型触发器的使用方法、UPDATE 型触发器的使用方法、DELETE 型触发器的使用方法。掌握这些高级特性后，对数据库的应用和编程就会得心应手，可以更高效地应用 MySQL 数据库。

6.6 习题

1. 选择题

（1）在 MySQL 中，视图是（   ）。
    A. 临时表格　　　　　　　　　　　　　B. 存储过程
    C. 查询结果集的虚拟表　　　　　　　　D. 游标的一种形式

（2）在 MySQL 中，游标是（   ）。
    A. 数据库对象　　　　　　　　　　　　B. 临时表格
    C. 数据库连接　　　　　　　　　　　　D. 用于逐行处理数据的数据结构

（3）在 MySQL 中，游标可用于以下（   ）场景。
    A. 循环处理结果集　　B. 创建临时表格　　C. 执行存储过程　　　D. 进行数据备份

（4）在 MySQL 中，触发器是（   ）。
    A. 存储过程　　　　　　　　　　　　　B. 查询语句
    C. 数据库对象　　　　　　　　　　　　D. 数据库事件触发时执行的动作

（5）在 MySQL 中，触发器可以在以下（   ）事件发生时触发。
    A. 数据插入　　　　　　　　　　　　　B. 数据更新
    C. 数据删除　　　　　　　　　　　　　D. 以上所有

（6）在 MySQL 中，视图和表之间的区别是（   ）。
    A. 视图是实际存储的表格，而表是虚拟的
    B. 视图可以包含计算列，而表不可以
    C. 视图只存储数据的逻辑定义，而表存储实际数据
    D. 视图可以进行索引操作，而表不可以

2. 填空题

（1）在 MySQL 中，视图是一种_____的虚拟表。

（2）在 MySQL 中，游标用于逐行处理_____。

（3）在 MySQL 中，触发器是在数据库中定义的_____，在特定事件发生时执行一系列动作。

（4）在 MySQL 中，触发器可以在_____、_____和_____等事件发生时触发。

（5）在 MySQL 中，游标用于_____处理结果集中的数据。

（6）在 MySQL 中，视图可以简化_____的复杂查询。

3. 简答题

（1）什么是 MySQL 中的视图？

（2）触发器在 MySQL 中的作用是什么？

（3）触发器可以在哪些事件发生时触发？

（4）触发器与存储过程有何区别？

（5）如何声明和使用一个游标？

（6）如何删除一个触发器？

第7单元
索引

07

建立有效、合适的索引可以极大地提高查询效率，是优化数据库必做的一件事。索引为数据表创建了一套目录，就像图书的目录一样，通过目录可以快速地定位到要查询的数据，而不用把整个数据表都遍历一遍。索引是提高SQL语句查询效率的一种有效手段。

本单元要点

- 索引的基本语法。
- 常见的查找算法。
- 索引的数据结构。
- 索引实现原理。
- 索引的应用。
- 索引的类型。
- 索引不能使用的场景。
- 索引的利弊及创建原则。
- 综合实训：电商平台查询索引应用。

【学习导读】

假设有一个电商平台，其中拥有大量的商品数据，用户可以根据关键字搜索商品。为了提高搜索效率，可以使用MySQL索引来加速搜索过程。通过在商品表的名称字段上创建索引，用户可以快速定位到包含特定关键字的商品。这样，用户可以更快地找到所需商品，提升了用户体验和平台的整体性能。

【学习目标】

知识目标
1. 掌握MySQL索引的基本语法。
2. 掌握常见的查找算法。
3. 掌握MySQL索引的数据结构。
4. 掌握MySQL索引的实现原理。
5. 掌握MySQL索引的应用。
6. 掌握MySQL索引的类型。
7. 了解索引不能使用的场景。
8. 了解索引的利弊及创建原则。

能力目标
1. 能够熟练使用MySQL索引来加快数据查询效率。
2. 能够正确创建合适的索引。

素质目标
1. 培养目标导向意识，有明确的目标和追求，并能有效地实现目标。
2. 培养解决问题的能力，能够分析问题并提出解决方案。

【思维导图】

```
                  索引的基本语法 ───── 创建索引、查看索引、删除索引

                  常见的查找算法 ───── 顺序查找算法、二分查找算法、二叉树查找算法、哈希查找算法

                  索引的数据结构 ───── B-Tree数据结构、B+Tree数据结构

                  索引实现原理 ───── MyISAM引擎的索引实现、InnoDB引擎的索引实现、
                                    MEMORY引擎的索引实现

                  索引的应用 ───── 创建表及添加索引、使用EXPLAIN语句分析索引
                                  索引使用策略、索引应用实例
   索引
                  索引的类型 ───── 主键索引、普通索引、唯一索引、单列索引和联合索引
                                  聚簇索引和非聚簇索引、覆盖索引、重复索引和冗余索引
                                  降序索引、隐藏索引、函数索引

                  索引不能使用的场景 ───── 前导模糊查询、比较不匹配的数据类型
                                        使用OR连接条件表达式、条件表达式与函数

                  索引的利弊及创建原则 ───── 索引的利弊
                                          索引的创建原则

                  综合实训：电商平台查询索引应用
```

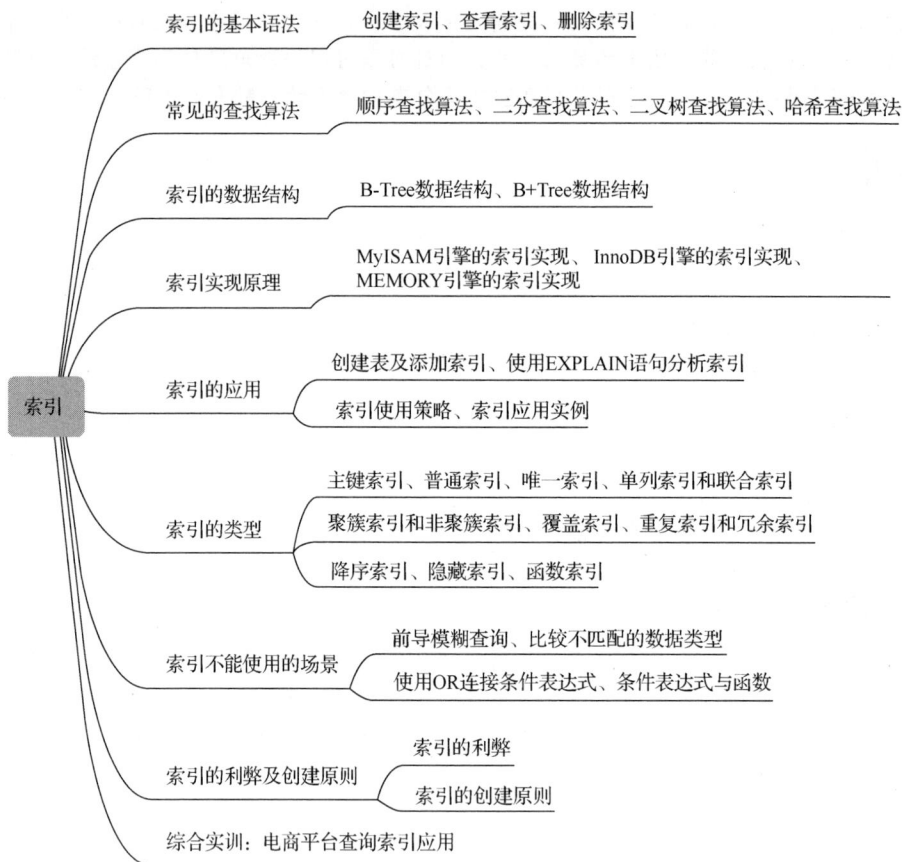

7.1 索引的基本语法

7.1.1 创建索引

创建索引时要确定创建索引的表和字段，应选择经常被查询的字段作为索引字段。MySQL 支持多种索引类型，包括 B-tree 索引、哈希索引和全文索引等，要根据实际需求和场景选择合适的索引类型。

创建索引有 3 种方式：第一种是在创建表的时候创建索引；第二种是使用 CREATE INDEX 语句创建索引；第三种是使用 ALTER TABLE 语句创建索引。

索引的基本语法

（1）在创建表的时候创建索引，其语法格式如下。

```
CREATE TABLE 表名 ( 属性名 数据类型 [完整性约束条件],
属性名 数据类型 [完整性约束条件],
…
属性名 数据类型
[ UNIQUE | FULLTEXT | SPATIAL ] INDEX | KEY
[ 别名] ( 属性名 1 [(长度)] [ ASC | DESC] )
);
```

示例如下。

```
mysql> CREATE TABLE student(
       id int primary key,
       name varchar(255),
       sex varchar(10),
       index(name)
       );
```

① UNIQUE：唯一索引。

② FULLTEXT：全文索引。

③ SPATIAL：空间索引。

④ INDEX 和 KEY：用来指定某个字段为索引，使用效果一样。

⑤ 别名：用来给创建的索引取新名称。

⑥ 属性名 1：用来指定索引对应字段的名称，该字段必须为前面定义好的字段。

⑦ 长度：指索引的长度，必须是字符串类型才可以使用。

⑧ ASC：升序排列。

⑨ DESC：降序排列。

（2）使用 CREATE INDEX 语句创建索引，其语法格式如下。

```
CREATE INDEX index_name ON table_name (column_list)
CREATE UNIQUE INDEX index_name ON table_name (column_list)
```

示例如下。

```
mysql> CREATE INDEX idx_sex ON student(sex);
```

其中，table_name 是要添加索引的表名；column_list 代表要在哪些列上添加索引，当有多列时，各列之间用逗号分隔；索引名 index_name 可选，如果省略 index_name，则将根据第一个索引列赋名称。

使用 CREATE INDEX 语句可对表添加普通索引或唯一索引，不能使用 CREATE INDEX 语句创建主键索引。

（3）使用 ALTER TABLE 语句创建索引，其语法格式如下。

```
#普通索引
ALTER TABLE table_name ADD INDEX index_name (column_list)
#唯一索引
ALTER TABLE table_name ADD UNIQUE (column_list)
#主键索引
ALTER TABLE table_name ADD PRIMARY KEY (column_list)
```

示例如下。

```
mysql> ALTER TABLE student ADD INDEX idx_name(name);
```

ALTER TABLE 语句可以用来创建普通索引、唯一索引或主键索引。

索引命名建议：唯一索引以 "uk_" 开头，普通索引以 "idx_" 开头，以字段的名称或缩写作为后缀。

215

7.1.2 查看索引

在 MySQL 中，可以使用 SHOW INDEX 语句来查看表的索引信息。该语句的语法格式如下。

```
SHOW INDEX FROM table_name;
```

或者

```
SHOW KEYS FROM table_name;
```

执行该语句后，会返回一个结果集，包含表的所有索引信息，包括索引名称、索引类型、索引字段等。每一行代表一个索引。

```
#查看学生表 student 的索引信息
mysql> SHOW INDEX FROM student;
+---------+------------+----------------+--------------+-------------+-----------+-------------+
| Table   | Non_unique | Key_name       | Seq_in_index | Column_name | Collation | Cardinality |
+---------+------------+----------------+--------------+-------------+-----------+-------------+
| student | 0          | PRIMARY        | 1            | id          | A         | 0           |
| student | 1          | idx_name       | 1            | name        | A         | 0           |
| student | 1          | idx_sex        | 1            | sex         | A         | 0           |
| student | 1          | id_name_index  | 1            | id          | A         | 0           |
+---------+------------+----------------+--------------+-------------+-----------+-------------+

#查看学生表 student 的索引信息
mysql> SHOW KEYS FROM student;
+---------+------------+----------------+--------------+-------------+-----------+-------------+
| Table   | Non_unique | Key_name       | Seq_in_index | Column_name | Collation | Cardinality |
+---------+------------+----------------+--------------+-------------+-----------+-------------+
| student | 0          | PRIMARY        | 1            | id          | A         | 0           |
| student | 1          | idx_name       | 1            | name        | A         | 0           |
| student | 1          | idx_sex        | 1            | sex         | A         | 0           |
| student | 1          | id_name_index  | 1            | id          | A         | 0           |
+---------+------------+----------------+--------------+-------------+-----------+-------------+
```

返回结果中主要列的含义如下。

① Table：表的名称。

② Non_unique：如果索引不能重复，则为 0；如果索引可以重复，则为 1。

③ Key_name：索引的名称。

④ Seq_in_index：索引中的序列号，从 1 开始。

⑤ Column_name：列名称。

⑥ Collation：列以什么方式存储在索引中，A 代表升序，NULL 代表无分类。

⑦ Cardinality：索引中唯一值的数目的估计值，通过执行 ANALYZE TABLE 语句或 myisamchk -a 可以更新。基数根据被存储为整数的统计数据来计数，所以即使对于小型表，该值也没有必要是精确的。基数越大，当进行多表连接查询时，MySQL 使用该索引的机会就越大。

代码区域有限，还有 5 列未展示出来，介绍如下。

⑧ Sub_part：如果列只是被部分编入索引，则为被编入索引的字符的数目；如果整列被编入索引，则为 NULL。

⑨ Packed：指示关键字如何被压缩，如果没有被压缩，则为 NULL。

⑩ NULL：表示索引列是否允许包含 NULL 值，YES 表示该索引列允许包含 NULL 值，NO

表示该索引列不允许包含 NULL 值。

⑪ Index_type: 索引的类型（BTREE、FULLTEXT、HASH、RTREE）。

⑫ Comment: 对索引相关特性、用途等进行文字注释。

7.1.3 删除索引

使用 DROP INDEX 语句可以删除指定表中的索引。执行该语句后，相应的索引将从表中被删除。该语句的语法格式如下。

```
DROP INDEX index_name ON talbe_name
ALTER TABLE table_name DROP INDEX index_name
ALTER TABLE table_name DROP PRIMARY KEY
```

示例如下。

```
mysql> DROP INDEX idx_sex ON student;
mysql> ALTER TABLE student DROP INDEX name;
mysql> ALTER TABLE student DROP PRIMARY KEY;
```

以上代码在删除主键索引时使用，因为一张表只可能有一个主键索引，所以不需要指定索引名。如果没有创建主键索引，但表具有一个或多个唯一索引，则将删除第一个唯一索引。

如果从表中删除了某列，则索引会受到影响。对于多列组合的索引，如果删除其中的某列，则该列也会从索引中删除。如果删除组成索引的所有列，则整个索引将被删除。

下面给用户表 user 添加索引，先在姓名、性别字段上添加索引，再查看添加的索引，最后删除索引。

实战演练——添加和删除索引

```
#使用用户名 root 和相应密码，连接本地 MySQL
C:\Users\Administrator>mysql -uroot -p123456
mysql: [Warning] Using a password on the command line interface can be insecure.

#使用 shop 数据库
mysql> USE shop;
Database changed

#查询用户表 user
mysql> SELECT * FROM user;
+----+-------+------+------+----------+
| id | name  | sex  | age  | password |
+----+-------+------+------+----------+
|  3 | david | 女   | 28   | 111111   |
|  4 | 小红  | 女   | 27   | 123456   |
|  5 | 小明  | 男   | 10   | 123456   |
|  6 | 小刚  | 男   | 12   | 123456   |
|  7 | 小王  | 男   | 14   | 111111   |
|  8 | 小绿  | 女   | 34   | 222222   |
|  9 | 晓峰  | 男   | 15   | 333333   |
| 10 | 小影  | 女   | 26   | 444444   |
| 11 | 大梅  | 女   | 27   | 555555   |
+----+-------+------+------+----------+
9 rows in set (0.00 sec)
```

```
#在姓名字段上添加索引
mysql> ALTER TABLE user ADD INDEX idx_name (name);
Query OK, 0 rows affected (0.43 sec)
Records: 0  Duplicates: 0  Warnings: 0

#在性别字段上添加索引
mysql> ALTER TABLE user ADD INDEX idx_sex (sex);
Query OK, 0 rows affected (0.34 sec)
Records: 0  Duplicates: 0  Warnings: 0

#查询用户表 user 的索引
mysql> SHOW INDEX FROM user;
+-----+----------+---------+-------------+-----------+---------+----------+
| Table | Non_unique | Key_name | Seq_in_index | Column_name | Collation | Cardinality |
+-----+----------+---------+-------------+-----------+---------+----------+
| user|     0    | PRIMARY |      1      |    id     |    A    |     9    |
| user|     1    | idx_name|      1      |    name   |    A    |     9    |
| user|     1    | idx_sex |      1      |    sex    |    A    |     2    |
+-----+----------+---------+-------------+-----------+---------+----------+
3 rows in set (0.00 sec)

#查询用户表 user 的索引
mysql> SHOW KEYS FROM user;
+-----+----------+---------+-------------+-----------+---------+----------+
| Table | Non_unique | Key_name | Seq_in_index | Column_name | Collation | Cardinality |
+-----+----------+---------+-------------+-----------+---------+----------+
| user|     0    | PRIMARY |      1      |    id     |    A    |     9    |
| user|     1    | idx_name|      1      |    name   |    A    |     9    |
| user|     1    | idx_sex |      1      |    sex    |    A    |     2    |
+-----+----------+---------+-------------+-----------+---------+----------+
3 rows in set (0.00 sec)

#删除姓名字段上的索引
mysql> DROP INDEX idx_name ON user;
Query OK, 0 rows affected (0.18 sec)
Records: 0  Duplicates: 0  Warnings: 0

#删除性别字段上的索引
mysql> DROP INDEX idx_sex ON user;
Query OK, 0 rows affected (0.21 sec)
Records: 0  Duplicates: 0  Warnings: 0

#查询用户表 user 的索引
mysql> SHOW KEYS FROM user;
+------+----------+---------+-------------+-----------+---------+----------+
| Table | Non_unique| Key_name | Seq_in_index | Column_name | Collation | Cardinality |
+------+----------+---------+-------------+-----------+---------+----------+
| user |     0    | PRIMARY |      1      |    id     |    A    |     9    |
+------+----------+---------+-------------+-----------+---------+----------+
1 row in set (0.00 sec)
mysql>
```

7.2 常见的查找算法

查找算法有很多，如顺序查找算法、二分查找算法、二叉树查找算法、哈希查找算法，每种算法都有不同的应用场景。下面介绍这些算法的含义和使用方法。

1. 顺序查找算法

顺序查找算法比较好理解，就是按顺序逐个查找。例如，有一组数据"2、3、5、7、8、9、10、16、21、25、30"，要从这组数据中查找"8"，使用顺序查找算法时，需要逐个比对数据，直到找到要查找的数据。对于大数据量，使用这种算法是低效的。顺序查找算法的时间复杂度为 $O(n)$。

2. 二分查找算法

二分查找算法比顺序查找算法效率高，它的查找原理是从要查找的数据的中间元素开始进行查找。例如，有一组数据"2、3、5、7、8、9、10、16、21、25、30"，要从这组数据中查找"8"，使用二分查找算法，从中间元素"9"开始比对，以"9"为中心把数据分成两部分："2、3、5、7、8"和"10、16、21、25、30"；"8"是小于"9"的，所以在"2、3、5、7、8"这组数据中继续查找，同样使用二分查找算法将其分成两部分："2、3"和"7、8"；"8"是大于"5"的，所以在"7、8"中查找数据……这样不断将数据分成两部分，在其中的一部分中进行查找。使用二分查找算法在一组数据中查找数据的前提是这组数据是有序的。二分查找算法的时间复杂度为 $O(\log n)$。

3. 二叉树查找算法

二叉树具有如下特点：每个节点最多有两棵子树，节点的度最大为 2；左子树和右子树是有顺序的，顺序不能颠倒；即使某节点只有一棵子树，也要区分左右子树。二叉树如图 7.1 所示。

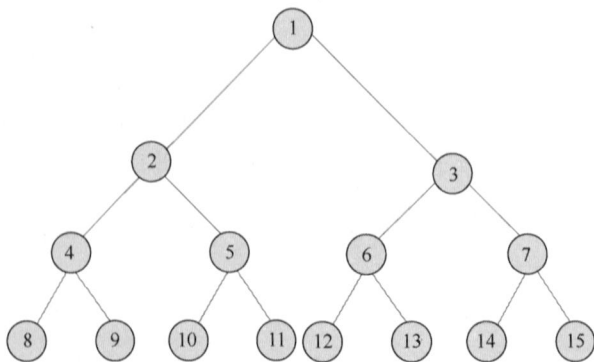

常见的查找算法

图 7.1 二叉树

二叉树查找算法的查找原理如下：先查找根节点，如果根节点的数值就是要查找的数值，则直接返回根节点的数值；如果要查找的数值小于根节点的数值，则查找左子树，否则查找右子树。二叉树的深度是指有几层，宽度是指节点最多的层的节点数。例如，图 7.1 所示的二叉树的深度是 4，宽度是 8。二叉树查找算法的时间复杂度是 $O(\log 2n)$。

4. 哈希查找算法

哈希查找算法是以数据值通过哈希函数创建一个哈希表，如果要查询某个数据值，则需要先通过哈希函数生成一个值，再到哈希表中去查询，如果查询到，则返回数值。将通过哈希函数重新生成的数据值存放到哈希表中时有可能重复，因此会产生冲突，冲突越少，查询得越快，如果没有冲突，则它的时间复杂度是 $O(1)$。

7.3 索引的数据结构

MySQL 索引是用来提高查询速度的。如果按顺序查找算法来查找某个数据，当数据量很大的时候，查询速度会很慢。为了提高查询速度，需要高效的算法和数据结构。除了按顺序查找外，也可以使用二分查找算法来查找，但是二分查找算法要求数据是有序的。另外，还可以使用二叉树查找算法来查找数据，但是它的叶子节点最多有两个，查询速度会很慢。数据库常用数据结构 B-Tree 和 B+Tree 来构建数据库索引。

7.3.1 B-Tree 数据结构

B-Tree 数据结构称为平衡多路搜索树，它在二叉树的基础上采用多叉树并使用平衡二叉树。这样可以减小树的深度，提高查询速度。B-Tree 数据结构如图 7.2 所示。

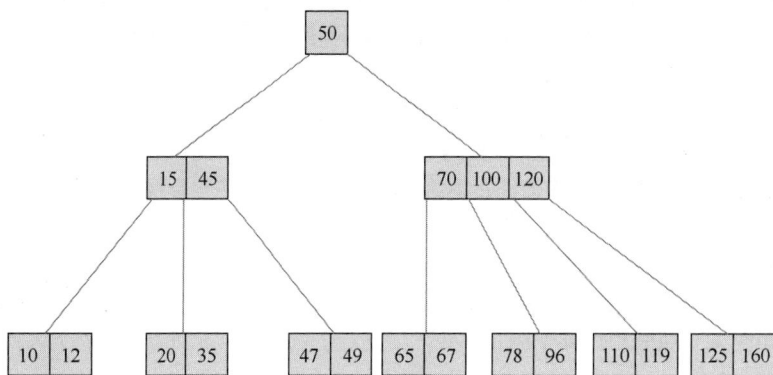

图 7.2 B-Tree 数据结构

图 7.2 所示为一个深度为 3 的平衡多路二叉树，下面定义一条数据记录为一个二元元组[key, data]。其中，key 为记录的键，对于不同的数据记录，key 是互不相同的，通常以数字形式呈现（也可以为其他可比较的类型），是数据搜索和排序的关键标识；data 是用来描述 B-Tree 数据结构的数据记录，但是它不包含 key 的数据。

（1）有一个根节点，根节点只有一条记录和两棵子树，如 50 就是根节点，其下面有两棵子树。

（2）方框中的数字是 key，线是指针，指针指向子树。

（3）所有的叶子节点必须在同一层，也就是说它们具有相同的深度；每个叶子节点至少包含一个 key 和两个指针，最多包含 $2d-1$ 个 key 和 $2d$ 个指针，叶子节点的指针均为 NULL。d 是 B-Tree 的度（或阶），其规定了每个节点所包含子树数量的下限和上限，以及节点中 key 的取值范围。

（4）每个非叶子节点包含 $n-1$ 个 key 和 n 个指针，其中 $d \leq n \leq 2d$。n 是子树数量，$n-1$ 个 key 用于划分子树数据。节点是基本单元，子树由节点通过指针连接，非叶子节点用指针管理子树，子树数据按非叶子节点 key 规则组织。

（5）在一个节点里，第 n 棵子树中的所有 key 的键值小于该节点排序后的第 n 个 key 的键值、大于第 $n-1$ 个 key 的键值。比如，某非叶子节点有两个 key（键值分别为 15 和 45），按从小到大进行排序，15 是第 1 个 key 的键值，45 是第 2 个 key 的键值，它有 3 棵子树，key 的取值范围分别为：第一棵子树的键值小于 15；第二棵子树的键值在 15 和 45 之间；第三棵子树的键值大于 45。

B-Tree 数据结构先从根节点进行二分查找，如果小于根节点，则从左子树开始，从相应区间指针指向的节点递归进行查找；如果大于根节点，则从右子树递归进行查找，直到找到满足条件的节点，才返回相应的 data。

B-Tree 数据结构的特点如下。

（1）叶子节点具有相同的深度，叶子节点的指针为空。

（2）所有索引元素不重复。

（3）节点中的数据索引从左到右递增。

7.3.2　B+Tree 数据结构

B+Tree 数据结构是 B-Tree 数据结构的变种，它也是一种平衡多路搜索树，MySQL 普遍使用 B+Tree 数据结构实现索引。B+Tree 数据结构如图 7.3 所示。

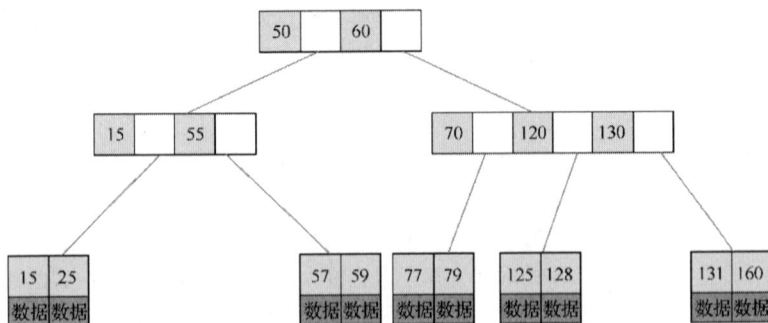

图 7.3　B+Tree 数据结构

B+Tree 数据结构的特点如下。

（1）非叶子节点不存储 data，只存储索引（冗余），可以存储更多的索引。

（2）叶子节点包含所有索引字段。

（3）叶子节点使用指针连接，以提高区间访问的性能。

B-Tree 数据结构和 B+Tree 数据结构的优点如下。

（1）支持快速的插入、删除和查询操作，时间复杂度通常为 $O(\log n)$。

（2）适用于大型数据集和高并发的数据库环境。

（3）对数据的插入和删除操作具有较好的平衡性，避免了频繁的数据迁移。

B-Tree 数据结构和 B+Tree 数据结构的主要区别如下。

（1）B+Tree 数据结构的叶子节点存储数据，非叶子节点不存储数据。

（2）B+Tree 数据结构的叶子节点存放表的所有数据，非叶子节点作为冗余索引。

（3）B+Tree 数据结构的叶子节点带有指针，可以快速进行范围遍历查找。

（4）B-Tree 数据结构的节点都用于存储数据，没有冗余节点索引，且叶子节点没有指针。

（5）B+Tree 数据结构因为只有叶子节点存放数据，所以用最小深度可以存放更多的节点数据。

为什么 B+Tree 数据结构用 3 层深度就可以存放 2000 万条数据？

（1）B+Tree 数据结构的叶子节点用于存储数据，非叶子节点不存储数据。

（2）Innodb_page_size = 16KB，也就是 1 页可以存放 16KB 数据。

（3）节点值占 8 个字节，指针占 6 个字节，1 页为 16KB，也就是 1 页可以存放 16KB/(8B+6B)≈1170 个索引节点。

（4）B+树根节点第 1 页可存放约 1170 个索引节点，当它分裂时会在第二层生成 1170 个页，这种分裂逐层传递最终形成三层结构。

（5）深度为 3 层的 B+Tree 数据结构可存放的数据约为 2000 万（1170×1170×16≈2000 万）条。

7.4 索引实现原理

MySQL 索引是存储引擎的内容，不同的存储引擎有不同的索引实现方式和原理。下面介绍常用的存储引擎（包括 MyISAM 引擎、InnoDB 引擎、MEMORY 引擎）的索引实现原理。

7.4.1 MyISAM 引擎的索引实现

MyISAM 引擎采用 B+Tree 数据结构作为索引的结构，它的叶子节点存放数据记录的地址，就像图书的目录，找到目录后，即可按照目录指示的页码找到对应的内容。也就是说，MyISAM 引擎的索引是先在 B+Tree 索引树上找到数据记录的地址，再根据这个地址获取相应的数据。这样的搜索方式是高效的，在 B+Tree 索引树上很快就能找到地址，比一行一行地进行数据对比高效得多。MyISAM 引擎的索引分为主索引和辅索引。

1. 主索引

主索引是以主键或者唯一标识生成的索引，在创建表的时候，如果没有指定主索引，则存储引擎会自动维护一个主索引，它的每个节点是不允许重复的，如同数据行的主键。

例如，有一个学生表，它包括 id（主键）、姓名（name）、性别（sex）、年龄（age）等字段，那么它的主索引如图 7.4 所示。MyISAM 主索引以主键为核心、采用 B+Tree 数据结构来构建索引树，叶子节点存放数据存储的地址，通过地址可以快速找到相应的行数据。

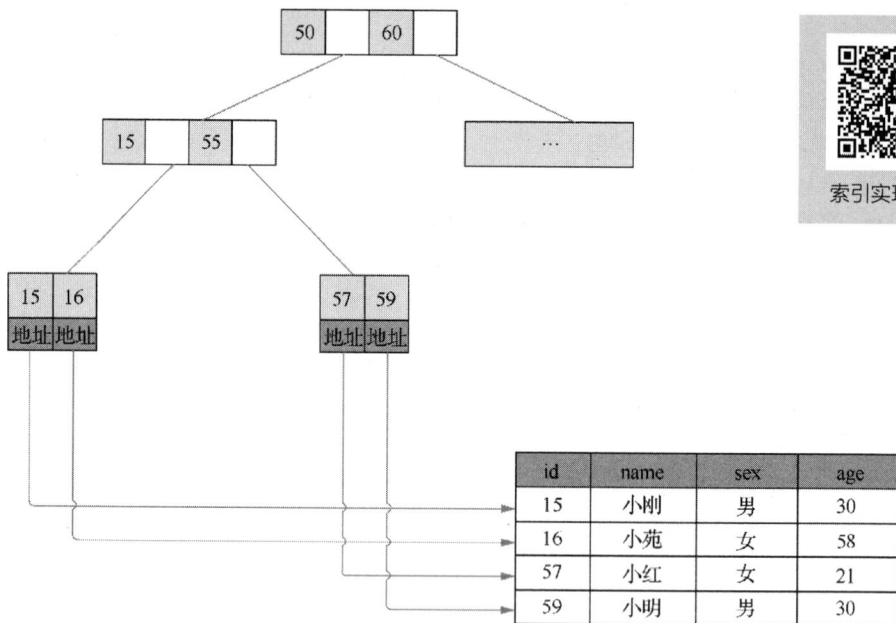

图 7.4　MyISAM 主索引

2. 辅索引

辅索引就是以其他列构建的索引，而非以主键构建的索引。它与主索引的区别在于它允许重复，而主索引是不允许重复的。与主索引一样，辅索引在索引树的叶子节点存放地址，通过地址找到数据。由于辅索引是允许重复的，通过地址可能找到多行数据，并找到满足条件的记录。如查询年龄为 30 的数据，可以查找到多条记录；查询名字是小刚的数据，有可能只有一条记录，也有可能有多条记录。

下面以年龄字段构建 MyISAM 辅索引，如图 7.5 所示。

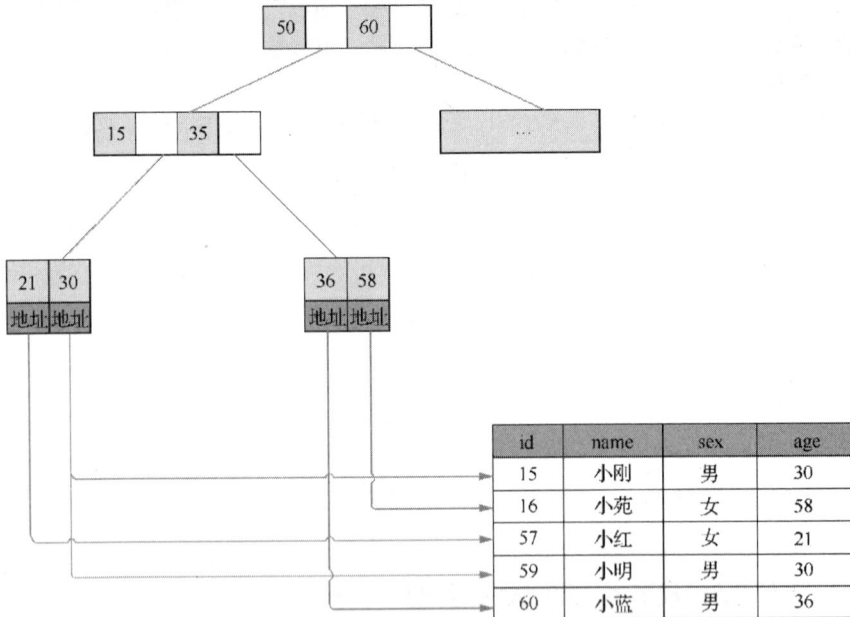

图 7.5　MyISAM 辅索引

7.4.2　InnoDB 引擎的索引实现

MySQL 5.5 及之后的版本的默认的存储引擎是 InnoDB。它也是采用 B+Tree 数据结构来构建索引的，但是和 MyISAM 引擎的索引数据结构不同。MyISAM 引擎将数据记录的地址放置在索引树的叶子节点下，通过地址就可以找到存储的数据。而 InnoDB 引擎的索引是叶子节点直接存放数据，找到叶子节点也就找到了数据，它分为主索引和二级索引。

1. 主索引

主索引是以主键或者唯一列来构建的索引，如果没有指定主键或者唯一列，则 MySQL 会自己维护一套主索引，它是不允许重复的。

例如，有一个学生表，它包括 id（主键）、姓名（name）、性别（sex）、年龄（age）等字段，那么它的主索引如图 7.6 所示。

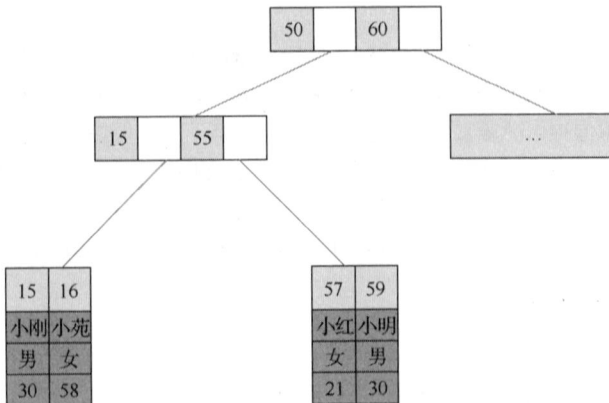

图 7.6　InnoDB 主索引

2. 二级索引

InnoDB 二级索引是以其他列而非主键构建的索引，所以它是允许重复的。它的叶子节点存放主索引的值，通过主索引再直接找到数据，这样就不用在每棵索引树上存储数据，能够节省存储空间，同时便于维护。

下面以年龄字段构建 InnoDB 二级索引，它的叶子节点存放主索引的值，如图 7.7 所示。

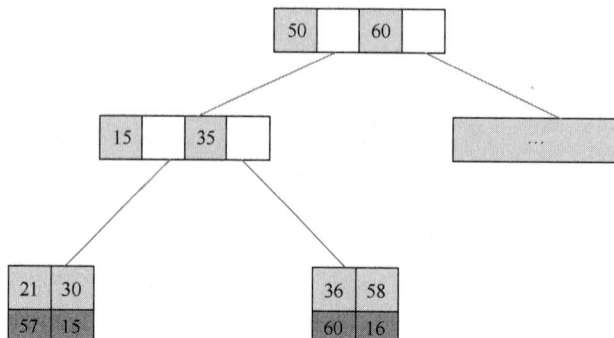

图 7.7　InnoDB 二级索引

7.4.3　MEMORY 引擎的索引实现

MEMORY 引擎用于创建特殊用途的表且内容存储在内存中。将数据存储在内存中能够实现快速访问和低延迟。它的默认索引方式采用哈希索引的方式来构建。哈希索引通过哈希函数计算出结果，并将该结果随机存放到磁盘中。

例如，有一个学生表，它包括 id（主键）、姓名（name）、性别（sex）、年龄（age）等字段，以主键 id 来构建哈希索引，通过哈希函数 hash(id)来计算出一个结果值，将该结果值随机地存放到磁盘中，如图 7.8 所示。

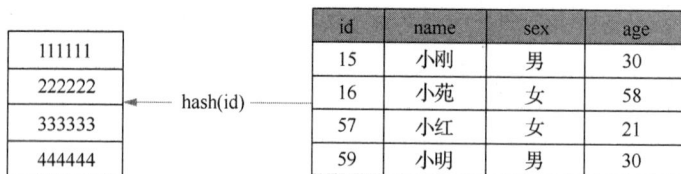

图 7.8　哈希索引

从 7.8 图中可以看出，通过哈希函数，对某字段加索引重新计算出一个结果值，并将其随机记录到磁盘中，如果计算出的结果值没有重复，那么它的时间复杂度是 $O(1)$。随着数据量的增大，通过哈希函数计算出的结果值很可能重复，这样查询效率会逐渐下降，但是它的检索速度也是非常快的。

虽然哈希索引的检索速度非常快，但是它也有使用上的局限性，它不会对范围查询进行优化，如它无法查找一个时间段内的数据；它无法利用前缀索引（后文会进行介绍）；它无法对排序进行优化；利用它进行查询时，必须通过哈希函数来计算结果并找到数据存放的位置，再到表中进行查询。

7.5　索引的应用

下面通过学生表 student 来学习索引的应用，包括创建表、添加索引、分析索引的使用等内容。

索引的应用

7.5.1 创建表及添加索引

创建一个学生表 student，它包括 id（主键）、姓名（name）、性别（sex）、年龄（age）、年级（grade）、班级（class）、学号（num）等字段，如表 7.1 所示，为 id、姓名、性别、年龄字段单独添加索引。

表 7.1 student 表

id	name	sex	age	grade	class	num
1	刘明	男	19	高三	6 班	3001
2	吴倩	女	18	高三	6 班	3002
3	张欣	男	17	高二	1 班	2001
4	孙晓	女	17	高二	1 班	2002
5	赵英俊	男	16	高一	2 班	1001
6	柳师师	女	17	高一	2 班	1002

实战演练——创建学生表 student 及添加索引

```
#使用用户名 root 和相应密码，连接本地 MySQL
C:\Users\Administrator>mysql -uroot -p123456
mysql: [Warning] Using a password on the command line interface can be insecure

#使用 shop 数据库
mysql> USE shop;
Database changed

#删除学生表 student
mysql> DROP TABLE student;

Query OK, 0 rows affected (0.15 sec)
#创建学生表 student
mysql> CREATE TABLE student(
    id int not null AUTO_INCREMENT,
    name varchar(255),
    sex varchar(5),
    age varchar(5),
    grade varchar(10),
    class varchar(10),
    num int,
    primary key(id)
    );
Query OK, 0 rows affected (0.42 sec)

#插入数据
mysql> insert into student values
    (1,'刘明','男','19','高三','6 班',3001),
    (2,'吴倩','女','18','高三','6 班',3002),
    (3,'张欣','男','17','高二','1 班',2001),
```

```
            (4,'孙晓','女','17','高二','1班',2002),
            (5,'赵英俊','男','16','高一','2班',1001),
            (6,'柳师师','女','17','高一','2班',1002);
Query OK, 1 row affected (0.00 sec)
```

#查询数据
```
mysql> SELECT * FROM student;
+----+--------+------+------+-------+-------+------+
| id | name   | sex  | age  | grade | class | num  |
+----+--------+------+------+-------+-------+------+
|  1 | 刘明    | 男   | 19   | 高三   | 6班   | 3001 |
|  2 | 吴倩    | 女   | 18   | 高三   | 6班   | 3002 |
|  3 | 张欣    | 男   | 17   | 高二   | 1班   | 2001 |
|  4 | 孙晓    | 女   | 17   | 高二   | 1班   | 2002 |
|  5 | 赵英俊  | 男   | 16   | 高一   | 2班   | 1001 |
|  6 | 柳师师  | 女   | 17   | 高一   | 2班   | 1002 |
+----+--------+------+------+-------+-------+------+
6 rows in set (0.00 sec)
```

#为主键 id 字段添加唯一索引
```
mysql> ALTER TABLE student ADD UNIQUE uk_id(id);
Query OK, 0 rows affected (0.70 sec)
Records: 0  Duplicates: 0  Warnings: 0
```

#为姓名字段添加普通索引
```
mysql> ALTER TABLE student ADD INDEX idx_name (name);
Query OK, 0 rows affected (0.30 sec)
Records: 0  Duplicates: 0  Warnings: 0
```

#为性别字段添加普通索引
```
mysql> ALTER TABLE student ADD INDEX idx_sex (sex);
Query OK, 0 rows affected (0.63 sec)
Records: 0  Duplicates: 0  Warnings: 0
```

#为年龄字段添加普通索引
```
mysql> ALTER TABLE student ADD INDEX idx_age (age);
Query OK, 0 rows affected (0.42 sec)
Records: 0  Duplicates: 0  Warnings: 0
```

#查看索引
```
mysql> SHOW INDEX FROM student;
+---------+------------+----------+--------------+-------------+-----------+-------------+
| Table   | Non_unique | Key_name | Seq_in_index | Column_name | Collation | Cardinality |
+---------+------------+----------+--------------+-------------+-----------+-------------+
| student | 0          | PRIMARY  | 1            | id          | A         | 0           |
| student | 0          | uk_id    | 1            | id          | A         | 0           |
| student | 1          | idx_name | 1            | name        | A         |             |
| student | 1          | idx_sex  | 1            | sex         | A         |             |
| student | 1          | idx_age  | 1            | age         | A         |             |
+---------+------------+----------+--------------+-------------+-----------+-------------+
mysql>
```

7.5.2　使用 EXPLAIN 语句分析索引

在学生表 student 的 id、姓名、性别、年龄这 4 个字段上分别添加索引后，怎么知道使用哪个索引呢？可以使用 EXPLAIN 语句来分析索引。

下面从学生表 student 中查询姓名为刘明、性别为男的学生。

```
SELECT * FROM student WHERE name='刘明' and sex='男';
EXPLAIN SELECT * FROM student WHERE name='刘明' and sex='男' \G
```

实战演练——使用 EXPLAIN 语句分析学生表 student 的索引

```
#使用用户名 root 和相应密码，连接本地 MySQL
C:\Users\Administrator>mysql -uroot -p123456
mysql: [Warning] Using a password on the command line interface can be insecure.

#使用 shop 数据库
mysql> USE shop;
Database changed

#查询学生表 student
mysql> SELECT * FROM student;
+----+----------+------+------+--------+-------+------+
| id | name     | sex  | age  | grade  | class | num  |
+----+----------+------+------+--------+-------+------+
| 1  | 刘明      | 男   | 19   | 高三    | 6班   | 3001 |
| 2  | 吴倩      | 女   | 18   | 高三    | 6班   | 3002 |
| 3  | 张欣      | 男   | 17   | 高二    | 1班   | 2001 |
| 4  | 孙晓      | 女   | 17   | 高二    | 1班   | 2002 |
| 5  | 赵英俊    | 男   | 16   | 高一    | 2班   | 1001 |
| 6  | 柳师师    | 女   | 17   | 高一    | 2班   | 1002 |
+----+----------+------+------+--------+-------+------+
6 rows in set (0.00 sec)

#查询姓名为刘明、性别为男的学生
mysql> SELECT * FROM student WHERE name='刘明' and sex='男';
+----+-------+------+------+-------+-------+------+
| id | name  | sex  | age  | grade | class | num  |
+----+-------+------+------+-------+-------+------+
| 1  | 刘明   | 男   | 19   | 高三   | 6班   | 3001 |
+----+-------+------+------+-------+-------+------+
1 row in set (0.09 sec)

#分析索引使用情况
mysql> EXPLAIN SELECT * FROM student WHERE name='刘明' and sex='男' \G
*************************** 1. row ***************************
           id: 1
  select_type: SIMPLE
        table: student
   partitions: NULL
         type: ref
possible_keys: name_index,sex_index
          key: name_index
```

227

```
          key_len: 768
              ref: const
             rows: 1
         filtered: 50.00
            Extra: Using where
1 row in set, 1 warning (0.00 sec)
mysql>
```

EXPLAIN 语句用于分析 SQL 语句的查询情况，返回结果包含 id、select_type、table、type、possible_keys、key、key_len、ref、rows、filtered、Extra 等字段，字段说明如表 7.2 所示。

表 7.2　EXPLAIN 语句分析 SQL 语句的字段说明

字段名称	字段说明
id	用来标识 SELECT 语句的编号，有多条 SELECT 语句就会有多个 id，编号从 1 开始递增
select_type	SIMPLE：简单查询，不包含子查询和 UNION 查询。 PRIMARY：主查询，也就是最外层的 SELECT 查询。 SUBQUERY：子查询中的第一个 SELECT 查询，不依赖于外部查询的结果集。 UNION：UNION 查询中的第二个或随后的 SELECT 查询，不依赖于外部查询的结果集。 UNION RESULT：UNION 查询的结果集。 DEPENDENT UNION：UNION 查询中的第二个 SELECT 查询，依赖于外部查询。 DEPENDENT SUBQUERY：子查询中的第一个 SELECT 查询，依赖于外部查询
table	查询所使用的表名，它可以是实际的表名，也可以是表的别名；当有 UNION（不是 UNION ALL）时，UNION RESULT 的 table 字段的值为\<union1,2\>，1 和 2 表示参与 UNION 的 SELECT 行 id
type	扫描类型，扫描类型决定了查询速度，下面按最优到最差进行排序。 system > const > eq_ref > ref > range > index > ALL。 system：表仅有一行。 const：用于常数值比较主键时，当查询的表仅有一行时，使用 system。 eq_ref：使用主键索引或者唯一索引进行两个表关联查询，得到唯一满足的数据。 ref：使用普通索引进行两个表关联查询。 range：检索给定范围的行。 index：全表扫描索引树的节点。 ALL：从头到尾全表扫描。 NULL：不使用索引
possible_keys	可能用到的索引，最终只能使用一个索引。如果为 NULL，则说明没有可用的索引
key	实际用到的索引，只能使用一个索引。如果为 NULL，则没有使用索引
key_len	用到的索引长度，在不损失精确性的情况下，长度越短越好。 key_len 计算规则如下。 （1）字符串：char(n)和 varchar(n)，n 均代表字符数，而不是字节数。如果字符编码是 UTF-8，则一个数字或字母占 1 个字节，一个汉字占 3 个字节。 （2）char(n)：如果存储汉字，则长度是 3n 个字节。 （3）varchar(n)：如果存储汉字，则长度是 3n + 2 个字节，加的 2 个字节用来存储字符串长度，因为 varchar 是变长字符串类型。 （4）数值类型：tinyint，1 个字节；smallint，2 个字节；int，4 个字节；bigint，8 个字节。 （5）时间类型：date，3 个字节；timestamp，4 个字节；datetime，8 个字节。 （6）如果字段允许为 NULL，则需要 1 个字节记录是否为 NULL

字段名称	字段说明
ref	连接查询时表与表之间的连接关系，显示在 key 字段记录的索引中，表查找值所用到的列或常量，常见的有 const（常量）、字段名
rows	扫描的行数，估计要读取并检测的行数，注意这不是结果集中的行数
filtered	一个百分比值，rows * filtered/100 可以估算出将要和 EXPLAIN 语句中前一个表进行连接的行数（前一个表指 EXPLAIN 语句中的 id 值比当前表 id 值小的表）
Extra	附加信息，查看索引的使用情况。 Using index：使用索引，没有查询数据表、只使用索引表完成查询，也叫作覆盖索引。如果同时出现 Using where，则代表使用索引来查找记录，但是需要查询到数据表。 Using where：条件查询，使用 WHERE 语句来处理结果，并且查询的列未被索引覆盖。 Using index condition：查询的列不完全被索引覆盖，WHERE 条件中是一个前导列的范围。 Using filesort：文件排序是一种排序策略，使用 ORDER BY 排序语句会出现该信息。 Using temporary：为了得到结果，使用了临时表，出现这种情况时一般要进行优化。 Select tables optimized away：使用某些聚合函数[如 MAX()、MIN()]来访问存在索引的某个字段。 NULL：没有附加信息

Index 索引要比 ALL 索引效率高的原因如下。

（1）Index 扫描索引一般扫描某个二级索引，二级索引叶子节点只有索引列+主键，数据量比较小。

（2）ALL 扫描索引是指扫描聚集索引，聚集索引叶子节点是完整数据，数据量比较大。

（3）因为 ALL 要存放完整数据，所以创建表的时候 text、blob、clob 类型的字段要放入另一张表中，查询性能才会提高。

EXPLAIN 语句分析 SQL 语句各字段的示例如下。

1. id

id 用于标识 SELECT 语句的编号，有多条 SELECT 语句就会有多个 id，但是如果查询的 SELECT 语句的 select_type 和 table 相同，则其 id 不会自增，因为它们被认为是一条语句。

```
#id 自增语句
mysql> EXPLAIN SELECT * FROM student WHERE id = (SELECT id FROM student WHERE
id = 3) \G
*************************** 1. row ***************************
           id: 1
  select_type: PRIMARY
        table: student
   partitions: NULL
         type: const
possible_keys: PRIMARY,uk_id
          key: PRIMARY
      key_len: 4
          ref: const
         rows: 1
     filtered: 100.00
        Extra: NULL
*************************** 2. row ***************************
           id: 2
```

```
        select_type: SUBQUERY
              table: student
         partitions: NULL
               type: const
      possible_keys: PRIMARY,uk_id
                key: PRIMARY
            key_len: 4
                ref: const
               rows: 1
           filtered: 100.00
              Extra: Using index
2 rows in set, 1 warning (0.01 sec)
2 rows in set, 1 warning (0.08 sec)
```

#id 不自增语句

```
mysql> EXPLAIN SELECT * FROM student WHERE id in (SELECT id FROM student WHERE
id = 3) \G
*************************** 1. row ***************************
                 id: 1
        select_type: SIMPLE
              table: student
         partitions: NULL
               type: const
      possible_keys: PRIMARY,uk_id
                key: PRIMARY
            key_len: 4
                ref: const
               rows: 1
           filtered: 100.00
              Extra: NULL
*************************** 2. row ***************************
                 id: 1
        select_type: SIMPLE
              table: student
         partitions: NULL
               type: const
      possible_keys: PRIMARY,uk_id
                key: PRIMARY
            key_len: 4
                ref: const
               rows: 1
           filtered: 100.00
              Extra: Using index
2 rows in set, 1 warning (0.00 sec)
```

2. select_type

select_type 用于查询类型。

（1）简单查询 SIMPLE。

```
mysql> EXPLAIN SELECT * FROM student \G
1 row in set, 1 warning (0.00 sec)
*************************** 1. row ***************************
                 id: 1
        select_type: SIMPLE
              table: student
         partitions: NULL
```

```
            type: ALL
possible_keys: NULL
             key: NULL
         key_len: NULL
             ref: NULL
            rows: 6
        filtered: 100.00
           Extra: NULL
1 row in set, 1 warning (0.00 sec)
```

（2）主查询 PRIMARY、子查询 SUBQUERY。

```
mysql> EXPLAIN SELECT * FROM student WHERE id = (SELECT id FROM student WHERE
id = 3) \G
*************************** 1. row ***************************
            id: 1
   select_type: PRIMARY
         table: student
    partitions: NULL
          type: const
possible_keys: PRIMARY,uk_id
           key: PRIMARY
       key_len: 4
           ref: const
          rows: 1
      filtered: 100.00
         Extra: NULL
*************************** 2. row ***************************
            id: 2
   select_type: SUBQUERY
         table: student
    partitions: NULL
          type: const
possible_keys: PRIMARY,uk_id
           key: PRIMARY
       key_len: 4
           ref: const
          rows: 1
      filtered: 100.00
         Extra: Using index
2 rows in set, 1 warning (0.00 sec)
```

（3）UNION 查询，在 UNION 之后的 SELECT 查询，不依赖于外部查询。

```
mysql> EXPLAIN SELECT * FROM student WHERE id=2 UNION SELECT * FROM student WHERE
id=3 \G
*************************** 1. row ***************************
            id: 1
   select_type: PRIMARY
         table: student
    partitions: NULL
          type: const
possible_keys: PRIMARY,uk_id
           key: PRIMARY
       key_len: 4
           ref: const
          rows: 1
      filtered: 100.00
```

```
              Extra: NULL
*************************** 2. row ***************************
           id: 2
  select_type: UNION
        table: student
   partitions: NULL
         type: const
possible_keys: PRIMARY,uk_id
          key: PRIMARY
      key_len: 4
          ref: const
         rows: 1
     filtered: 100.00
        Extra: NULL
*************************** 3. row ***************************
           id: 3
  select_type: UNION RESULT
        table: <union1,2>
   partitions: NULL
         type: ALL
possible_keys: NULL
          key: NULL
      key_len: NULL
          ref: NULL
         rows: NULL
     filtered: NULL
        Extra: Using temporary
3 rows in set, 1 warning (0.01 sec)
mysql>
```

（4）DEPENDENT UNION 查询、DEPENDENT SUBQUERY 查询。

```
mysql> EXPLAIN SELECT * FROM student WHERE id IN (SELECT id FROM student WHERE
id=2 UNION SELECT id FROM student WHERE id=3) \G
*************************** 1. row ***************************
           id: 1
  select_type: PRIMARY
        table: student
   partitions: NULL
         type: ALL
possible_keys: NULL
          key: NULL
      key_len: NULL
          ref: NULL
         rows: 6
     filtered: 100.00
        Extra: Using where
*************************** 2. row ***************************
           id: 2
  select_type: DEPENDENT SUBQUERY
        table: student
   partitions: NULL
         type: const
possible_keys: PRIMARY,uk_id
          key: PRIMARY
      key_len: 4
          ref: const
```

```
         rows: 1
     filtered: 100.00
        Extra: Using index
*************************** 3. row ***************************
           id: 3
  select_type: DEPENDENT UNION
        table: student
   partitions: NULL
         type: const
possible_keys: PRIMARY,uk_id
          key: PRIMARY
      key_len: 4
          ref: const
         rows: 1
     filtered: 100.00
        Extra: Using index
*************************** 4. row ***************************
           id: 4
  select_type: UNION RESULT
        table: <union2,3>
   partitions: NULL
         type: ALL
possible_keys: NULL
          key: NULL
      key_len: NULL
          ref: NULL
         rows: NULL
     filtered: NULL
        Extra: Using temporary
4 rows in set, 1 warning (0.00 sec)
```

3. table

table 是查询的表名。它可以是实际的表名，也可以是表的别名，还可以为 NULL。

```
#实际表名
mysql> EXPLAIN SELECT * FROM student \G
*************************** 1. row ***************************
           id: 1
  select_type: SIMPLE
        table: student
   partitions: NULL
         type: ALL
possible_keys: NULL
          key: NULL
      key_len: NULL
          ref: NULL
         rows: 6
     filtered: 100.00
        Extra: NULL
1 row in set, 1 warning (0.00 sec)


#表的别名
mysql> EXPLAIN SELECT * FROM student as temp \G
*************************** 1. row ***************************
           id: 1
  select_type: SIMPLE
```

233

```
        table: temp
   partitions: NULL
         type: ALL
possible_keys: NULL
          key: NULL
      key_len: NULL
          ref: NULL
         rows: 6
     filtered: 100.00
        Extra: NULL
1 row in set, 1 warning (0.00 sec)
```

#表名为 NULL
```
mysql> EXPLAIN SELECT 1 \G
*************************** 1. row ***************************
           id: 1
  select_type: SIMPLE
        table: NULL
   partitions: NULL
         type: NULL
possible_keys: NULL
          key: NULL
      key_len: NULL
          ref: NULL
         rows: NULL
     filtered: NULL
        Extra: No tables used
1 row in set, 1 warning (0.00 sec)
```

4. type

type 是查询过程中的扫描类型，扫描类型决定了查询速度。

（1）type=ALL，扫描全表数据，速度最慢。
```
mysql> EXPLAIN SELECT * FROM student \G
*************************** 1. row ***************************
           id: 1
  select_type: SIMPLE
        table: student
   partitions: NULL
         type: ALL
possible_keys: NULL
          key: NULL
      key_len: NULL
          ref: NULL
         rows: 6
     filtered: 100.00
        Extra: NULL
1 row in set, 1 warning (0.00 sec)
```

（2）type=index，扫描索引的所有节点。
```
mysql> EXPLAIN SELECT name FROM student \G
*************************** 1. row ***************************
           id: 1
  select_type: SIMPLE
        table: student
```

```
      partitions: NULL
            type: index
  possible_keys: NULL
             key: idx_name
         key_len: 1023
             ref: NULL
            rows: 6
        filtered: 100.00
           Extra: Using index
1 row in set, 1 warning (0.00 sec)
```

（3）type=range，扫描给定范围的行。

```
mysql> EXPLAIN SELECT name FROM student WHERE id > 2 \G
*************************** 1. row ***************************
              id: 1
     select_type: SIMPLE
           table: student
      partitions: NULL
            type: range
  possible_keys: PRIMARY,uk_id,idx_name
             key: PRIMARY
         key_len: 4
             ref: NULL
            rows: 4
        filtered: 100.00
           Extra: Using where
1 row in set, 1 warning (0.01 sec)
```

（4）type=ref，非唯一索引扫描，返回匹配某个单独值的所有行。

```
mysql> EXPLAIN SELECT * FROM student WHERE name='小明' \G
*************************** 1. row ***************************
              id: 1
     select_type: SIMPLE
           table: student
      partitions: NULL
            type: ref
  possible_keys: idx_name
             key: idx_name
         key_len: 1023
             ref: const
            rows: 1
        filtered: 100.00
           Extra: NULL
1 row in set, 1 warning (0.00 sec)
```

（5）type=eq_ref，唯一索引扫描，只能返回满足条件的一行数据。

```
mysql> EXPLAIN SELECT * FROM student WHERE id IN (SELECT id FROM student) \G
*************************** 1. row ***************************
              id: 1
     select_type: SIMPLE
           table: student
      partitions: NULL
            type: ALL
  possible_keys: PRIMARY,uk_id
             key: NULL
         key_len: NULL
```

```
            ref: NULL
           rows: 6
       filtered: 100.00
          Extra: NULL
*************************** 2. row ***************************
             id: 1
    select_type: SIMPLE
          table: student
     partitions: NULL
           type: eq_ref
  possible_keys: PRIMARY,uk_id
            key: PRIMARY
        key_len: 4
            ref: shop.student.id
           rows: 1
       filtered: 100.00
          Extra: Using index
2 rows in set, 1 warning (0.00 sec)
```

（6）type=const、system，以常量的方式进行扫描。

```
mysql> EXPLAIN SELECT * FROM student WHERE id=1 \G
*************************** 1. row ***************************
             id: 1
    select_type: SIMPLE
          table: student
     partitions: NULL
           type: const
  possible_keys: PRIMARY,uk_id
            key: PRIMARY
        key_len: 4
            ref: const
           rows: 1
       filtered: 100.00
          Extra: NULL
1 row in set, 1 warning (0.00 sec)
```

（7）type=NULL，不用访问表或者索引。

```
mysql> EXPLAIN SELECT NOW() \G
*************************** 1. row ***************************
             id: 1
    select_type: SIMPLE
          table: NULL
     partitions: NULL
           type: NULL
  possible_keys: NULL
            key: NULL
        key_len: NULL
            ref: NULL
           rows: NULL
       filtered: NULL
          Extra: No tables used
1 row in set, 1 warning (0.01 sec)
```

5. possible_keys、key、key_len

possible_keys 用于将可能用到的索引都罗列出来，最终只能使用一个索引，如果为 NULL，则说明没有可用的索引；key 用于指明实际用到的索引，只能使用一个索引，如果为 NULL，则没有使用索引；key_len 用于指明用到的索引长度，在不损失精确性的情况下，长度越短越好。

```
#没有用到索引
mysql> EXPLAIN SELECT * FROM student \G
*************************** 1. row ***************************
           id: 1
  select_type: SIMPLE
        table: student
   partitions: NULL
         type: ALL
possible_keys: NULL
          key: NULL
      key_len: NULL
          ref: NULL
         rows: 6
     filtered: 100.00
        Extra: NULL
1 row in set, 1 warning (0.00 sec)

#用到索引
mysql> EXPLAIN SELECT * FROM student WHERE id = 3 \G
*************************** 1. row ***************************
           id: 1
  select_type: SIMPLE
        table: student
   partitions: NULL
         type: const
possible_keys: PRIMARY,uk_id
          key: PRIMARY
      key_len: 4
          ref: const
         rows: 1
     filtered: 100.00
        Extra: NULL
1 row in set, 1 warning (0.00 sec)
```

6. ref

ref 用来说明表与表连接查询时是如何建立连接关系的。

```
mysql> EXPLAIN SELECT * FROM student s1 INNER JOIN student s2 on s1.id=s2.id \G
*************************** 1. row ***************************
           id: 1
  select_type: SIMPLE
        table: s1
   partitions: NULL
         type: ALL
possible_keys: PRIMARY,uk_id
          key: NULL
      key_len: NULL
          ref: NULL
         rows: 6
     filtered: 100.00
        Extra: NULL
*************************** 2. row ***************************
           id: 1
  select_type: SIMPLE
```

```
          table: s2
     partitions: NULL
           type: eq_ref
  possible_keys: PRIMARY,uk_id
            key: PRIMARY
        key_len: 4
            ref: shop.s1.id
           rows: 1
       filtered: 100.00
          Extra: NULL
2 rows in set, 1 warning (0.00 sec)
```

7. rows

rows 用来估计要扫描的行数。

```
mysql> EXPLAIN SELECT * FROM student \G
*************************** 1. row ***************************
             id: 1
    select_type: SIMPLE
          table: student
     partitions: NULL
           type: ALL
  possible_keys: NULL
            key: NULL
        key_len: NULL
            ref: NULL
           rows: 6
       filtered: 100.00
          Extra: NULL
1 row in set, 1 warning (0.00 sec)

mysql> EXPLAIN SELECT * FROM student WHERE id=4 \G
*************************** 1. row ***************************
             id: 1
    select_type: SIMPLE
          table: student
     partitions: NULL
           type: const
  possible_keys: PRIMARY,uk_id
            key: PRIMARY
        key_len: 4
            ref: const
           rows: 1
       filtered: 100.00
          Extra: NULL
1 row in set, 1 warning (0.00 sec)
```

8. Extra

Extra 可能的取值为 Using index、Using where、Using filesort、Using temporary 等。

```
#没有附加信息
mysql> EXPLAIN SELECT grade FROM student \G
*************************** 1. row ***************************
             id: 1
    select_type: SIMPLE
          table: student
     partitions: NULL
```

```
        type: ALL
possible_keys: NULL
          key: NULL
      key_len: NULL
          ref: NULL
         rows: 6
     filtered: 100.00
        Extra: NULL
1 row in set, 1 warning (0.00 sec)
```

#Using index，使用索引查询
```
mysql> EXPLAIN SELECT id FROM student WHERE id=4 \G
*************************** 1. row ***************************
          id: 1
 select_type: SIMPLE
       table: student
  partitions: NULL
        type: const
possible_keys: PRIMARY,uk_id
         key: PRIMARY
     key_len: 4
         ref: const
        rows: 1
    filtered: 100.00
       Extra: Using index
1 row in set, 1 warning (0.00 sec)
```

#Using index，使用索引查询，同时使用 Using where 进行条件判断
```
mysql> EXPLAIN SELECT id FROM student WHERE id>4 \G
*************************** 1. row ***************************
          id: 1
 select_type: SIMPLE
       table: student
  partitions: NULL
        type: range
possible_keys: PRIMARY,uk_id,idx_name,idx_sex,idx_age
         key: uk_id
     key_len: 4
         ref: NULL
        rows: 2
    filtered: 100.00
       Extra: Using where; Using index
1 row in set, 1 warning (0.00 sec)
```

#使用 Using where 进行条件判断
```
mysql> EXPLAIN SELECT * FROM student WHERE id>4 \G
*************************** 1. row ***************************
          id: 1
 select_type: SIMPLE
       table: student
  partitions: NULL
        type: range
possible_keys: PRIMARY,uk_id
         key: PRIMARY
```

```
        key_len: 4
            ref: NULL
           rows: 2
       filtered: 100.00
          Extra: Using where
1 row in set, 1 warning (0.00 sec)
```

#使用Using where进行条件判断，同时进行文件排序（Using filesort）

```
mysql> EXPLAIN SELECT * FROM student WHERE sex='男' ORDER BY age DESC \G
*************************** 1. row ***************************
             id: 1
    select_type: SIMPLE
          table: student
     partitions: NULL
           type: ref
  possible_keys: idx_sex
            key: idx_sex
        key_len: 23
            ref: const
           rows: 3
       filtered: 100.00
          Extra: Using filesort
1 row in set, 1 warning (0.00 sec)
```

#使用临时表（Using temporary），同时进行文件排序（Using filesort）

```
mysql> EXPLAIN SELECT * FROM student UNION SELECT * FROM student ORDER BY id DESC\G
*************************** 1. row ***************************
             id: 1
    select_type: PRIMARY
          table: student
     partitions: NULL
           type: ALL
  possible_keys: NULL
            key: NULL
        key_len: NULL
            ref: NULL
           rows: 6
       filtered: 100.00
          Extra: NULL
*************************** 2. row ***************************
             id: 2
    select_type: UNION
          table: student
     partitions: NULL
           type: ALL
  possible_keys: NULL
            key: NULL
        key_len: NULL
            ref: NULL
           rows: 6
       filtered: 100.00
          Extra: NULL
*************************** 3. row ***************************
             id: 3
```

```
      select_type: UNION RESULT
            table: <union1,2>
       partitions: NULL
             type: ALL
    possible_keys: NULL
              key: NULL
          key_len: NULL
              ref: NULL
             rows: NULL
         filtered: NULL
            Extra: Using temporary; Using filesort
3 rows in set, 1 warning (0.00 sec)
```

7.5.3 索引使用策略

索引的使用可以分为匹配全值索引查询、匹配最左前缀索引查询、匹配列前缀索引查询、匹配值的范围索引查询、仅对索引进行查询（索引覆盖）。

1. 匹配全值索引查询

当查询条件完全匹配一个索引的所有列时，可以使用匹配全值索引查询。这种查询方式非常高效，数据库可以直接定位到匹配的数据行，避免了全表扫描。针对创建索引的列，可以匹配列的全值进行查询。

```
mysql> EXPLAIN SELECT * FROM student WHERE id = 3 \G
*************************** 1. row ***************************
           id: 1
  select_type: SIMPLE
        table: student
   partitions: NULL
         type: const
possible_keys: PRIMARY,uk_id
          key: PRIMARY
      key_len: 4
          ref: const
         rows: 1
     filtered: 100.00
        Extra: NULL
1 row in set, 1 warning (0.00 sec)
mysql>
```

2. 匹配最左前缀索引查询

不仅可以创建单列索引，还可以创建联合索引。只要按照索引列顺序的最左前缀进行查询，就仍然可以利用索引加速查询操作。

例如，使用学生表中的姓名（name）、性别（sex）、年龄（age）字段创建联合索引，按照最左前缀匹配原则，它可以只匹配 name，可以匹配 name、sex，可以匹配 name、sex、age，但是不能只匹配 sex 或者 age，不能匹配 name、age 这两个字段或者 sex、age 这两个字段。

```
#使用姓名（name）、性别（sex）、年龄（age）字段创建联合索引
mysql> ALTER TABLE student ADD INDEX idx_name_sex_age (name,sex,age);
Query OK, 0 rows affected (0.35 sec)
Records: 0  Duplicates: 0  Warnings: 0

#删除姓名字段的索引
mysql> DROP INDEX idx_name ON student;
Query OK, 0 rows affected (0.20 sec)
```

241

```
Records: 0  Duplicates: 0  Warnings: 0
```

#按姓名字段的索引查找，匹配最左前缀列

```
mysql> EXPLAIN SELECT * FROM student WHERE name = '小明' \G
*************************** 1. row ***************************
           id: 1
  select_type: SIMPLE
        table: student
   partitions: NULL
         type: ref
possible_keys: idx_name_sex_age
          key: idx_name_sex_age
      key_len: 1023
          ref: const
         rows: 1
     filtered: 100.00
        Extra: NULL
1 row in set, 1 warning (0.00 sec)
```

#当可选的索引有多个时，如 idx_sex、idx_name_sex_age，存储引擎会选择最优的索引

```
mysql> EXPLAIN SELECT * FROM student WHERE name = '小明' AND sex='男'\G
*************************** 1. row ***************************
           id: 1
  select_type: SIMPLE
        table: student
   partitions: NULL
         type: ref
possible_keys: idx_sex,idx_name_sex_age
          key: idx_name_sex_age
      key_len: 1046
          ref: const,const
         rows: 1
     filtered: 100.00
        Extra: NULL
1 row in set, 1 warning (0.00 sec)
```

#当可选的索引有多个时，如 idx_age、idx_name_sex_age，存储引擎会选择最优的索引

```
mysql> EXPLAIN SELECT * FROM student WHERE name = '小明' AND age='30'\G
*************************** 1. row ***************************
           id: 1
  select_type: SIMPLE
        table: student
   partitions: NULL
         type: ref
possible_keys: idx_age,idx_name_sex_age
          key: idx_age
      key_len: 23
          ref: const
         rows: 1
     filtered: 16.67
        Extra: Using where
1 row in set, 1 warning (0.00 sec)
```

#当可选的索引有多个时，存储引擎会选择最优的索引

```
mysql> EXPLAIN SELECT * FROM student WHERE name='小明' AND sex='男' AND age='30'\G
*************************** 1. row ***************************
           id: 1
  select_type: SIMPLE
        table: student
   partitions: NULL
         type: ref
possible_keys: idx_sex,idx_age,idx_name_sex_age
          key: idx_age
      key_len: 23
          ref: const
         rows: 1
     filtered: 16.67
        Extra: Using where
1 row in set, 1 warning (0.00 sec)
```

#使用性别字段的索引

```
mysql> EXPLAIN SELECT sex FROM student WHERE sex='男' \G
*************************** 1. row ***************************
           id: 1
  select_type: SIMPLE
        table: student
   partitions: NULL
         type: ref
possible_keys: idx_sex,idx_name_sex_age
          key: idx_sex
      key_len: 23
          ref: const
         rows: 3
     filtered: 100.00
        Extra: Using index
1 row in set, 1 warning (0.00 sec)
```

#按照最左前缀匹配原则，联合索引不能匹配性别、年龄这两个字段

```
mysql> EXPLAIN SELECT * FROM student WHERE sex='男' AND age='30'\G
*************************** 1. row ***************************
           id: 1
  select_type: SIMPLE
        table: student
   partitions: NULL
         type: ref
possible_keys: idx_sex,idx_age
          key: idx_age
      key_len: 23
          ref: const
         rows: 1
     filtered: 50.00
        Extra: Using where
1 row in set, 1 warning (0.00 sec)
```

3. 匹配列前缀索引查询

匹配列的前一部分进行查询，如查询姓名时，可以按姓氏"刘"开头进行查询，使用通配符%。但是通配符只能放置在右侧，不能放置在左侧。

```
#通配符放置在右侧
mysql> EXPLAIN SELECT * FROM student WHERE  name like '刘%' \G
*************************** 1. row ***************************
           id: 1
  select_type: SIMPLE
        table: student
   partitions: NULL
         type: range
possible_keys: idx_name_sex_age
          key: idx_name_sex_age
      key_len: 1023
          ref: NULL
         rows: 1
     filtered: 100.00
        Extra: Using index condition
1 row in set, 1 warning (0.01 sec)

#通配符放置在左侧时，不能使用索引
mysql> EXPLAIN SELECT * FROM student WHERE  name like '%刘%' \G
*************************** 1. row ***************************
           id: 1
  select_type: SIMPLE
        table: student
   partitions: NULL
         type: ALL
possible_keys: NULL
          key: NULL
      key_len: NULL
          ref: NULL
         rows: 6
     filtered: 16.67
        Extra: Using where
1 row in set, 1 warning (0.00 sec)
mysql>
```

4. 匹配值的范围索引查询

如果查询条件包含值的范围，如大于、小于或介于某两个值之间，则可以使用范围索引进行查询。范围索引可以快速定位到满足条件的数据行，对索引进行范围查询。

```
mysql> EXPLAIN SELECT * FROM student WHERE  id > 2 AND id < 5 \G
*************************** 1. row ***************************
           id: 1
  select_type: SIMPLE
        table: student
   partitions: NULL
         type: range
possible_keys: PRIMARY,uk_id
          key: PRIMARY
      key_len: 4
          ref: NULL
         rows: 2
     filtered: 100.00
        Extra: Using where
1 row in set, 1 warning (0.00 sec)
```

5. 仅对索引进行查询

有些查询语句只需要索引中的数据而不需要访问实际的数据行，这种查询方式称为索引覆盖查询。只需访问索引数据，因此可以减少输入输出操作，提高查询性能。

例如，使用年龄（age）创建索引后，查询的时候只查询年龄，这样它就可以通过索引树上的年龄值来获取年龄数据。

```
#使用年龄字段创建索引 idx_age，查询年龄的时候从索引上直接获取，不需要到数据表中获取
mysql> EXPLAIN SELECT age FROM user WHERE age >20 \G
*************************** 1. row ***************************
           id: 1
  select_type: SIMPLE
        table: user
   partitions: NULL
         type: ALL
possible_keys: NULL
          key: NULL
      key_len: NULL
          ref: NULL
         rows: 9
     filtered: 33.33
        Extra: Using where
1 row in set, 1 warning (0.00 sec)
mysql>
```

7.5.4 索引应用实例

使用索引的时候，可以匹配全值索引查询、匹配最左前缀索引查询、匹配列前缀索引查询、匹配值的范围索引查询、仅对索引进行查询。下面在学生表 student 中创建一个联合索引 idx_nasg，需要用到姓名（name）、年龄（age）、性别（sex）、年级（grade），删除其他索引，思考一下表7.3 中的 SQL 查询语句使用了哪种索引。

表 7.3　SQL 查询语句

SQL 查询语句	使用的索引
SELECT * FROM student	
SELECT * FROM student WHERE name='小明'	
SELECT * FROM student WHERE name='小明' AND sex='男'	
SELECT * FROM student WHERE sex='男' AND name='小明'	
SELECT * FROM student WHERE name='小明' AND age='18' AND sex='男'	
SELECT * FROM student WHERE name='小明' AND age='18'	
SELECT * FROM student WHERE name='小明' AND age='18' AND sex='男' AND grade='高三'	
SELECT * FROM student WHERE name='小明' AND age='18' AND sex LIKE '男%' AND grade='高三'	
SELECT * FROM student WHERE name='小明' AND age='18' AND sex LIKE '%男%' AND grade='高三'	
SELECT * FROM student WHERE age='18'	
SELECT * FROM student WHERE name='小明' OR sex='男'	

续表

SQL 查询语句	使用的索引
SELECT * FROM student WHERE name='小明' AND sex='男' OR age='18'	
SELECT * FROM student WHERE name='小明' AND (sex='男' OR age='18')	
SELECT * FROM student WHERE name='小明' AND sex='男' AND age > '18' AND grade='高中'	
SELECT * FROM student WHERE name='小明' AND sex='男' AND grade='高中' ORDER BY age	
SELECT * FROM student WHERE name='小明' AND grade='高中' ORDER BY sex,age	
SELECT * FROM student WHERE name='小明' AND grade='高中' GROUP BY sex,age	

实战演练——联合索引应用

（1）使用姓名（name）、性别（sex）、年龄（age）、年级（grade）字段建立联合索引 idx_nsag，删除其他索引（idx_age、idx_sex、uk_id、idx_name_sex_age）。

```
#使用用户名 root 和相应密码，连接本地 MySQL
C:\Users\Administrator>mysql -uroot -p123456
mysql: [Warning] Using a password on the command line interface can be insecure.

#使用 shop 数据库
mysql> use shop;
Database changed

#查看学生表 student 的索引情况
mysql>  SHOW INDEX FROM student;
+------+---------+-----------------+-----------+-----------+---------+---------+-----------+
|Table |Non_unique|Key_name         |Seq_in_index|Column_name|Collation|Cardinality|
+------+---------+-----------------+-----------+-----------+---------+---------+-----------+
|student| 0       | PRIMARY         |1          | id        | A       |6        |
|student| 0       | uk_id           |1          | id        | A       |6        |
|student| 1       | idx_sex         |2          | sex       | A       |6        |
|student| 1       | idx_age         |3          | age       | A       |6        |
|student| 1       | idx_name_sex_age|1          | name      | A       |6        |
|student| 1       | idx_name_sex_age|2          | sex       | A       |6        |
|student| 1       | idx_name_sex_age|3          | age       | A       |6        |
+------+---------+-----------------+-----------+-----------+---------+---------+-----------+
7 rows in set (0.01 sec)

#删除 idx_age 索引
mysql> DROP index idx_age ON student;
Query OK, 0 rows affected (0.26 sec)
Records: 0  Duplicates: 0  Warnings: 0

#删除 idx_sex 索引
mysql> DROP index idx_sex ON student;
Query OK, 0 rows affected (0.37 sec)
Records: 0  Duplicates: 0  Warnings: 0

#删除 uk_id 索引
```

```
mysql> DROP index uk_id ON student;
Query OK, 0 rows affected (0.50 sec)
Records: 0  Duplicates: 0  Warnings: 0
```

#删除联合索引 idx_name_sex_age
```
mysql> DROP INDEX idx_name_sex_age ON student;
Query OK, 0 rows affected (0.31 sec)
Records: 0  Duplicates: 0  Warnings: 0
```

#使用姓名（name）、性别（sex）、年龄（age）、年级（grade）字段创建联合索引 idx_nsag
```
mysql> ALTER TABLE student ADD INDEX idx_nsag(name,sex,age,grade);
Query OK, 0 rows affected (0.33 sec)
Records: 0  Duplicates: 0  Warnings: 0
```

#查看学生表 student 的索引情况
```
mysql> SHOW INDEX FROM student;
+---------+------------+----------+--------------+-------------+-----------+-------------+
| Table   | Non_unique | Key_name | Seq_in_index | Column_name | Collation | Cardinality |
+---------+------------+----------+--------------+-------------+-----------+-------------+
| student | 0          | PRIMARY  |            1 | id          | A         |           6 |
| student | 1          | idx_nsag |            1 | name        | A         |           6 |
| student | 1          | idx_nsag |            2 | sex         | A         |           6 |
| student | 1          | idx_nsag |            3 | age         | A         |           6 |
| student | 1          | idx_nsag |            4 | grade       | A         |           6 |
+---------+------------+----------+--------------+-------------+-----------+-------------+
5 rows in set (0.00 sec)
```

（2）SELECT * FROM student，key 为 NULL，说明没有使用索引。
```
mysql> EXPLAIN SELECT * FROM student \G
*************************** 1. row ***************************
           id: 1
  select_type: SIMPLE
        table: student
   partitions: NULL
         type: ALL
possible_keys: NULL
          key: NULL
      key_len: NULL
          ref: NULL
         rows: 6
     filtered: 100.00
        Extra: NULL
1 row in set, 1 warning (0.00 sec)
```

（3）SELECT * FROM student WHERE name='小明'，按姓名查询，使用联合索引 idx_nsag，key_len 是 1023，说明用到了姓名字段的索引。
```
mysql> EXPLAIN SELECT * FROM student WHERE name='小明' \G
*************************** 1. row ***************************
           id: 1
  select_type: SIMPLE
        table: student
   partitions: NULL
         type: ref
possible_keys: idx_nsag
          key: idx_nsag
```

247

```
        key_len: 1023
            ref: const
           rows: 1
       filtered: 100.00
          Extra: NULL
1 row in set, 1 warning (0.00 sec)
```

（4）SELECT * FROM student WHERE name='小明' AND sex='男'，按姓名和性别查询，使用联合索引 idx_nsag，key_len 是 1046，说明用到了姓名和性别字段的索引。

```
mysql> EXPLAIN SELECT * FROM student WHERE name='小明' AND sex='男' \G
*************************** 1. row ***************************
             id: 1
    select_type: SIMPLE
          table: student
     partitions: NULL
           type: ref
  possible_keys: idx_nsag
            key: idx_nsag
        key_len: 1046
            ref: const,const
           rows: 1
       filtered: 100.00
          Extra: NULL
1 row in set, 1 warning (0.00 sec)
```

（5）SELECT * FROM student WHERE sex='男' AND name='小明'，按性别和姓名查询，性别在前，姓名在后，使用联合索引 idx_nsag，key_len 是 1046，说明用到了性别和姓名字段的索引，进一步说明性别和姓名在 AND 前后没有关系。

```
mysql> EXPLAIN SELECT * FROM student WHERE sex='男' AND name='小明' \G
*************************** 1. row ***************************
             id: 1
    select_type: SIMPLE
          table: student
     partitions: NULL
           type: ref
  possible_keys: idx_nsag
            key: idx_nsag
        key_len: 1046
            ref: const,const
           rows: 1
       filtered: 100.00
          Extra: NULL
1 row in set, 1 warning (0.00 sec)
```

（6）SELECT * FROM student WHERE name='小明' AND age='18' AND sex='男'，按姓名、年龄、性别查询，使用联合索引 idx_nsag，key_len 是 1069，说明用到了姓名、年龄、性别字段的索引。

```
mysql> EXPLAIN SELECT * FROM student WHERE  name='小明' AND age='18' AND sex='男' \G
*************************** 1. row ***************************
             id: 1
    select_type: SIMPLE
          table: student
     partitions: NULL
           type: ref
  possible_keys: idx_nsag
```

```
           key: idx_nsag
       key_len: 1069
           ref: const,const,const
          rows: 1
      filtered: 100.00
         Extra: NULL
1 row in set, 1 warning (0.00 sec)
mysql>
```

（7）SELECT * FROM student WHERE name='小明' AND age='18'，按姓名、年龄查询，使用联合索引 idx_nsag，key_len 是 1023，它和仅使用姓名字段的索引的 key_len 一致，说明只用到了姓名字段的索引；联合索引 idx_nsag 是以姓名、性别、年龄、年级的顺序创建的索引，按照最左前缀匹配原则，"姓名""姓名、性别""姓名、性别、年龄""姓名、性别、年龄、年级"这4 种是有效的，而"姓名、年龄"是无效的，所以只能匹配到姓名。

```
mysql> EXPLAIN SELECT * FROM student WHERE name='小明' AND age='18' \G
*************************** 1. row ***************************
            id: 1
   select_type: SIMPLE
         table: student
    partitions: NULL
          type: ref
 possible_keys: idx_nsag
           key: idx_nsag
       key_len: 1023
           ref: const
          rows: 1
      filtered: 16.67
         Extra: Using index condition
1 row in set, 1 warning (0.00 sec)
```

（8）SELECT * FROM student WHERE name='小明' AND age='18' AND sex='男' AND grade='高三'，按姓名、年龄、性别、年级查询，使用联合索引 idx_nsag，key_len 是 1112，说明用到了姓名、年龄、性别、年级字段的索引。

```
mysql> EXPLAIN SELECT * FROM student WHERE name='小明'AND age='18'AND sex='男'
AND grade='高三' \G
*************************** 1. row ***************************
            id: 1
   select_type: SIMPLE
         table: student
    partitions: NULL
          type: ref
 possible_keys: idx_nsag
           key: idx_nsag
       key_len: 1112
           ref: const,const,const,const
          rows: 1
      filtered: 100.00
         Extra: NULL
1 row in set, 1 warning (0.00 sec)
```

（9）SELECT * FROM student WHERE name='小明' AND age='18' AND sex LIKE ' 男%' AND grade='高三'，按姓名、年龄、性别、年级查询，性别采用通配符%匹配列前缀索引查询，使用联合索引 idx_nsag，key_len 是 1112，说明用到了姓名、年龄、性别、年级字段的索引。

```
mysql> EXPLAIN SELECT * FROM student WHERE  name='小明' AND age='18' AND sex LIKE
'男%' AND grade='高三'  \G
*************************** 1. row ***************************
           id: 1
  select_type: SIMPLE
        table: student
   partitions: NULL
         type: range
possible_keys: idx_nsag
          key: idx_nsag
      key_len: 1112
          ref: NULL
         rows: 1
     filtered: 16.67
        Extra: Using index condition
1 row in set, 1 warning (0.00 sec)
```

（10）SELECT * FROM student WHERE name='小明' AND age='18' AND sex LIKE '%男%' AND grade='高三'，按姓名、年龄、性别、年级查询，性别采用通配符%进行匹配，使用联合索引 idx_nsag，key_len 是 1023，说明只用到了姓名字段的索引。

```
mysql> EXPLAIN SELECT * FROM student WHERE name='小明' AND age='18' AND sex LIKE
'%男%' AND grade='高三'  \G
*************************** 1. row ***************************
           id: 1
  select_type: SIMPLE
        table: student
   partitions: NULL
         type: ref
possible_keys: idx_nsag
          key: idx_nsag
      key_len: 1023
          ref: const
         rows: 1
     filtered: 16.67
        Extra: Using index condition
1 row in set, 1 warning (0.00 sec)
```

（11）SELECT * FROM student WHERE age='18'，按年龄查询，使用联合索引 idx_nsag，key 为 NULL，说明没有用到索引。

```
mysql> EXPLAIN SELECT * FROM student WHERE age='18'  \G
*************************** 1. row ***************************
           id: 1
  select_type: SIMPLE
        table: student
   partitions: NULL
         type: ALL
possible_keys: idx_nsag
          key: NULL
      key_len: NULL
          ref: NULL
         rows: 6
     filtered: 16.67
        Extra: Using where
1 row in set, 1 warning (0.00 sec)
```

（12）SELECT * FROM student WHERE name='小明' OR sex='男'，按姓名或者性别查询，使用 OR 连接时是不能使用索引的，key 为 NULL，说明没有用到索引。

```
mysql>  EXPLAIN SELECT * FROM student WHERE name='小明' OR sex='男' \G
*************************** 1. row ***************************
           id: 1
  select_type: SIMPLE
        table: student
   partitions: NULL
         type: ALL
possible_keys: idx_nsag
          key: NULL
      key_len: NULL
          ref: NULL
         rows: 6
     filtered: 30.56
        Extra: Using where
1 row in set, 1 warning (0.00 sec)
```

（13）SELECT * FROM student WHERE name='小明' AND sex='男' OR age='18'，按姓名、性别或者年龄查询，以 OR 连接时是不能使用索引的，它相当于（name='小明' AND sex='男'）OR age='18'，key 为 NULL，说明没有用到索引。

```
mysql>  EXPLAIN SELECT * FROM student WHERE name='小明' AND sex='男' OR age='18' \G
*************************** 1. row ***************************
           id: 1
  select_type: SIMPLE
        table: student
   partitions: NULL
         type: ALL
possible_keys: idx_nsag
          key: NULL
      key_len: NULL
          ref: NULL
         rows: 6
     filtered: 18.98
        Extra: Using where
1 row in set, 1 warning (0.00 sec)
```

（14）SELECT * FROM student WHERE name='小明' AND（sex='男' OR age='18'），按姓名、性别或者年龄查询，以 OR 连接时是不能使用索引的，但是 AND 前面的 name 是可以使用索引的，使用联合索引 idx_nsag，key_len 是 1023，说明只用到了姓名字段的索引。

```
mysql>  EXPLAIN SELECT * FROM student WHERE name='小明' AND (sex='男' OR age='18') \G
*************************** 1. row ***************************
           id: 1
  select_type: SIMPLE
        table: student
   partitions: NULL
         type: ref
possible_keys: idx_nsag
          key: idx_nsag
      key_len: 1023
          ref: const
         rows: 1
     filtered: 30.56
```

251

```
          Extra: Using index condition
1 row in set, 1 warning (0.00 sec)
```

（15）SELECT * FROM student WHERE name='小明' AND sex='男' AND age > '18' AND grade='高中'，按姓名、性别、年龄、年级查询，年龄采用范围查询，使用联合索引 idx_nsag，key_len 是 1069，说明用到了姓名、性别、年龄字段的索引。

```
mysql> EXPLAIN SELECT * FROM student WHERE name='小明'AND sex='男'AND
age>'18' AND grade='高中'\G
*************************** 1. row ***************************
           id: 1
  select_type: SIMPLE
        table: student
   partitions: NULL
         type: range
possible_keys: idx_nsag
          key: idx_nsag
      key_len: 1069
          ref: NULL
         rows: 1
     filtered: 16.67
        Extra: Using index condition
1 row in set, 1 warning (0.00 sec)
```

（16）SELECT * FROM student WHERE name='小明' AND sex='男' AND grade='高中' ORDER BY age，按姓名、性别、年级查询，按年龄排序，使用联合索引 idx_nsag，key_len 是 1046，说明用到了姓名和性别字段的索引。

```
mysql> EXPLAIN SELECT * FROM student WHERE name='小明' AND sex='男' AND grade=
'高中' ORDER BY age\G
*************************** 1. row ***************************
           id: 1
  select_type: SIMPLE
        table: student
   partitions: NULL
         type: ref
possible_keys: idx_nsag
          key: idx_nsag
      key_len: 1046
          ref: const,const
         rows: 1
     filtered: 16.67
        Extra: Using index condition
1 row in set, 1 warning (0.00 sec)
```

（17）SELECT * FROM student WHERE name='小明' AND grade='高中' ORDER BY sex,age，按姓名、年级查询，按性别、年龄排序，使用联合索引 idx_nsag，key_len 是 1023，说明用到了姓名字段的索引。

```
mysql> EXPLAIN SELECT * FROM student WHERE name='小明' AND grade='高中' ORDER BY
sex,age \G
*************************** 1. row ***************************
           id: 1
  select_type: SIMPLE
        table: student
   partitions: NULL
         type: ref
```

```
      possible_keys: idx_nsag
                key: idx_nsag
            key_len: 1023
                ref: const
               rows: 1
           filtered: 16.67
              Extra: Using index condition
1 row in set, 1 warning (0.00 sec)
```

（18）SELECT * FROM student WHERE name='小明' AND grade='高中' GROUP BY sex,age，按姓名、年级查询，按性别、年龄分组，使用联合索引 idx_nsag，key_len 是 1023，说明用到了姓名字段的索引。

```
mysql> EXPLAIN SELECT * FROM student WHERE name='小明' AND grade='高中' GROUP BY sex,age \G
*************************** 1. row ***************************
                 id: 1
        select_type: SIMPLE
              table: student
         partitions: NULL
               type: ref
      possible_keys: idx_nsag
                key: idx_nsag
            key_len: 1023
                ref: const
               rows: 1
           filtered: 16.67
              Extra: Using index condition
1 row in set, 1 warning (0.00 sec)
```

下面回答一下表 7.3 中的 SQL 查询语句分别使用哪种索引，如表 7.4 所示。

表 7.4　SQL 查询语句索引使用情况

SQL 查询语句	使用的索引
SELECT * FROM student	无索引
SELECT * FROM student WHERE name='小明'	姓名字段的索引
SELECT * FROM student WHERE name='小明' AND sex='男'	姓名、性别字段的索引
SELECT * FROM student WHERE sex='男' AND name='小明'	姓名、性别字段的索引
SELECT * FROM student WHERE name='小明' AND age='18' AND sex='男'	姓名、年龄、性别字段的索引
SELECT * FROM student WHERE name='小明' AND age='18'	姓名字段的索引
SELECT * FROM student WHERE name='小明' AND age='18' AND sex='男' AND grade='高三'	姓名、年龄、性别、年级字段的索引
SELECT * FROM student WHERE name='小明' AND age='18' AND sex LIKE '男%' AND grade='高三'	姓名、年龄、性别、年级字段的索引
SELECT * FROM student WHERE name='小明' AND age='18' AND sex LIKE '%男%' AND grade='高三'	姓名字段的索引
SELECT * FROM student WHERE age='18'	无索引
SELECT * FROM student WHERE name='小明' OR sex='男'	无索引

续表

SQL 查询语句	使用的索引
SELECT * FROM student WHERE name='小明' AND sex='男' OR age='18'	无索引
SELECT * FROM student WHERE name='小明' AND (sex='男' OR age='18')	姓名字段的索引
SELECT * FROM student WHERE name='小明' AND sex='男' AND age > '18' AND grade='高中'	姓名、性别、年龄字段的索引
SELECT * FROM student WHERE name='小明' AND sex='男' AND grade='高中' ORDER BY age	姓名、性别字段的索引
SELECT * FROM student WHERE name='小明' AND grade='高中' ORDER BY sex,age	姓名字段的索引
SELECT * FROM student WHERE name='小明' AND grade='高中' GROUP BY sex,age	姓名字段的索引

7.6 索引的类型

MySQL 提供多种索引类型，包括主键索引、普通索引、唯一索引、单列索引、联合索引、聚簇索引、非聚簇索引、覆盖索引、重复索引、冗余索引、降序索引、隐藏索引、函数索引，选择索引类型取决于表结构、数据类型和查询需求。将合适的索引类型应用于特定的数据类型和查询需求，可以实现更高级的查询功能和性能优化。

索引的类型

7.6.1 主键索引

MySQL 数据库在建表的时候都会设置表的主键，这时就可以根据表的主键创建索引，称为主键索引。主键索引不允许重复且不允许有空值，它是唯一索引的一种特例。下面创建一个课程表 course，其中包括 id（主键）、name（课程名称）字段，使用主键 id 创建主键索引。

实战演练——主键索引

```
#使用用户名 root 和相应密码，连接本地 MySQL
C:\Users\Administrator>mysql -uroot -p123456
mysql: [Warning] Using a password on the command line interface can be insecure.

#使用 shop 数据库
mysql> USE shop
Database changed

#创建课程表 course，并创建主键索引
mysql> CREATE TABLE course(
    id int not null AUTO_INCREMENT,
    name varchar(255),
    primary key(id)
    );
Query OK, 0 rows affected (0.38 sec)

#查看索引，可以看到主键索引创建成功
mysql> SHOW INDEX FROM course;
```

```
+--------+----------+----------+-------------+-------------+-----------+-------------+
| Table  | Non_unique| Key_name | Seq_in_index| Column_name | Collation | Cardinality |
+--------+----------+----------+-------------+-------------+-----------+-------------+
| course | 0        | PRIMARY  |      1      | id          | A         | 0           |
+--------+----------+----------+-------------+-------------+-----------+-------------+
1 row in set (0.00 sec)
```

7.6.2　普通索引

　　普通索引是最基本的索引之一，可以在创建表的时候创建普通索引，也可以创建表后直接创建普通索引，还可以以修改表结构的方式添加普通索引。下面创建一个成绩表 score，其中包括 id（主键）、学号（num）、姓名（name）、分数（grade）字段，分别在创建表时使用学号创建普通索引，创建表后直接使用姓名创建普通索引，以修改成绩表 score 的表结构的方式使用分数创建普通索引。

实战演练——普通索引

```
#使用用户名 root 和相应密码，连接本地 MySQL
C:\Users\Administrator>mysql -uroot -p123456
mysql: [Warning] Using a password on the command line interface can be insecure.

#使用 shop 数据库
mysql> USE shop
Database changed

#创建成绩表 score，在创建表的时候使用学号字段创建普通索引
mysql> CREATE TABLE score(
    id int not null AUTO_INCREMENT,
    num int not null,
    name varchar(255),
    grade varchar(20),
    primary key(id),
    INDEX num_index(num)
    );
Query OK, 0 rows affected (0.41 sec)

#创建表后直接使用姓名字段创建普通索引
mysql> CREATE INDEX name_index ON score(name);
Query OK, 0 rows affected (0.21 sec)
Records: 0  Duplicates: 0  Warnings: 0

#以修改成绩表 score 的表结构的方式使用分数字段创建普通索引
mysql> ALTER TABLE score ADD INDEX grade_index(grade);
Query OK, 0 rows affected (0.26 sec)
Records: 0  Duplicates: 0  Warnings: 0

#查看成绩表 score 的索引
mysql> SHOW INDEX FROM score;
+-------+------------+------------+-------------+-------------+-----------+-------------+
| Table | Non_unique | Key_name   | Seq_in_index| Column_name | Collation | Cardinality |
+-------+------------+------------+-------------+-------------+-----------+-------------+
| score | 0          | PRIMARY    |      1      | id          | A         | 0           |
| score | 1          | num_index  |      1      | num         | A         | 0           |
| score | 1          | name_index |      1      | name        | A         | 0           |
```

```
| score | 1           | grade_index |    1    | grade       | A         | 0         |
+-------+-------------+-------------+---------+-------------+-----------+-----------+
4 rows in set (0.00 sec)
```

7.6.3　唯一索引

唯一索引不允许列值重复，但是允许有空值，主键索引就是唯一索引的特例。也可以通过联合索引来创建唯一索引，要求列值的组合必须唯一，需要使用关键字 UNIQUE 来标识唯一索引。下面创建一个成绩表 score，该表包括 id（主键）、学号（num）、姓名（name）、分数（grade）字段，分别在创建表时使用学号创建唯一索引，创建表后直接使用姓名创建唯一索引，通过修改成绩表 score 的表结构使用分数创建唯一索引。

实战演练——唯一索引

```
#使用用户名 root 和相应密码，连接本地 MySQL
C:\Users\Administrator>mysql -uroot -p123456
mysql: [Warning] Using a password on the command line interface can be insecure.

#使用 shop 数据库
mysql> USE shop
Database changed

#创建成绩表 score，在创建表的时候使用学号字段创建唯一索引
mysql> CREATE TABLE score(
    id int not null AUTO_INCREMENT,
    num int not null,
    name varchar(255),
    grade varchar(20),
    primary key(id),
    UNIQUE INDEX num_index(num)
    );
Query OK, 0 rows affected (0.41 sec)

#创建表后直接使用姓名字段创建唯一索引
mysql> CREATE UNIQUE INDEX name_index ON score(name);
Query OK, 0 rows affected (0.21 sec)
Records: 0  Duplicates: 0  Warnings: 0

#通过修改成绩表 score 的表结构使用分数字段创建唯一索引
mysql> ALTER TABLE score ADD UNIQUE INDEX grade_index(grade);
Query OK, 0 rows affected (0.26 sec)
Records: 0  Duplicates: 0  Warnings: 0

#查看成绩表 score 的索引
mysql> SHOW INDEX FROM score;
```

Table	Non_unique	Key_name	Seq_in_index	Column_name	Collation	Cardinality
score	0	PRIMARY	1	id	A	0
score	0	num_index	1	num	A	0
score	0	name_index	1	name	A	0
score	0	grade_index	1	grade	A	0

```
4 rows in set (0.00 sec)
```

7.6.4　单列索引和联合索引

单列索引就是一个索引包含单个列，一张表可以有多个单列索引；而联合索引是一个索引包含多个列。下面创建一个成绩表 score，该表包括 id（主键）、学号（num）、姓名（name）、分数（grade），分别在创建表时使用学号创建单列索引，创建表后直接使用学号、姓名、分数创建联合索引。

实战演练——单列索引和联合索引

```
#使用用户名 root 和相应密码，连接本地 MySQL
C:\Users\Administrator>mysql -uroot -p123456
mysql: [Warning] Using a password on the command line interface can be insecure.

#使用 shop 数据库
mysql> USE shop
Database changed

#创建成绩表 score，在创建表的时候使用学号字段创建单列索引
mysql> CREATE TABLE score(
    id int not null AUTO_INCREMENT,
    num int not null,
    name varchar(255),
    grade varchar(20),
    primary key(id),
    INDEX num_index(num)
    );
Query OK, 0 rows affected (0.34 sec)

#创建表后直接使用学号、姓名、分数字段创建联合索引
mysql> CREATE INDEX nng_index ON score(num,name,grade);
Query OK, 0 rows affected (0.23 sec)
Records: 0  Duplicates: 0  Warnings: 0

#查看成绩表 score 的索引
mysql> SHOW INDEX FROM score;
```

Table	Non_unique	Key_name	Seq_in_index	Column_name	Collation	Cardinality
score	0	PRIMARY	1	id	A	0
score	0	nng_index	1	num	A	1
score	0	nng_index	1	name	A	2
score	0	nng_index	1	grade	A	3
score	1	num_index	1	num	A	0

```
5 rows in set (0.00 sec)
```

7.6.5　聚簇索引和非聚簇索引

聚簇索引是指将数据存放在索引树的叶子节点上，找到叶子节点就可以读取相应的数据。InnoDB 引擎的索引方式就是聚簇索引。一张表只能有一个聚簇索引，一般会根据主键或者唯一索引来建立聚簇索引。聚簇索引如图 7.9 所示。

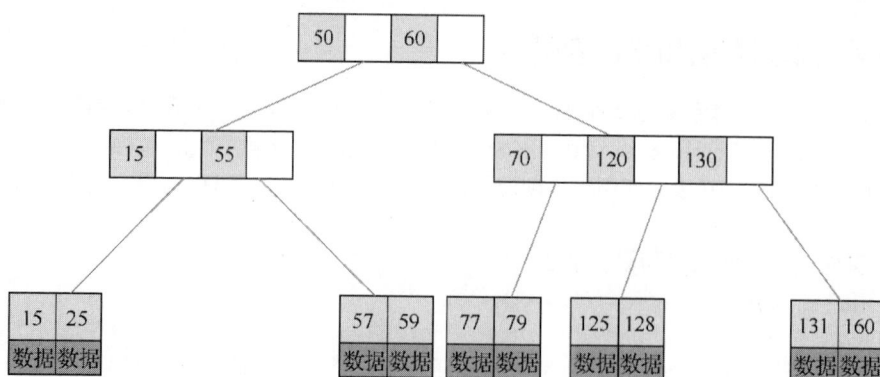

图 7.9　聚簇索引

非聚簇索引是指在索引树的叶子节点上存放数据的地址，找到地址后，需要到磁盘中查询一次才能获取数据。MyISAM 引擎的索引方式就是非聚簇索引，只在索引树的叶子节点上存放数据的地址。非聚簇索引如图 7.10 所示。

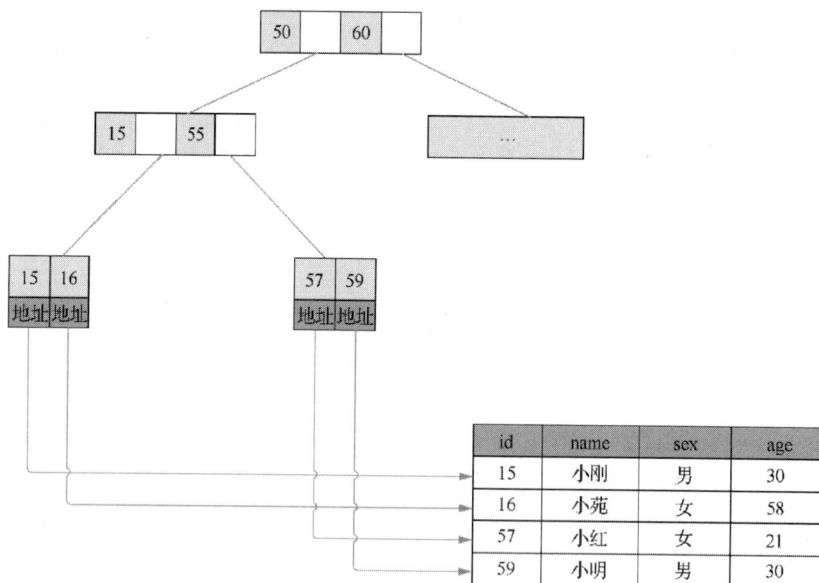

图 7.10　非聚簇索引

7.6.6　覆盖索引

覆盖索引是指查询的列正好是索引的一部分，它直接从索引上获取数据，而不需要到磁盘中查找数据，这种查询效率非常高。下面创建一个成绩表 score，该表包括 id（主键）、学号（num）、姓名（name）、分数（grade）字段，在创建表时使用学号创建单列索引，并查询学号。

```
#使用用户名 root 和相应密码，连接本地 MySQL
C:\Users\Administrator>mysql -uroot -p123456
mysql: [Warning] Using a password on the command line interface can be insecure.
```

```
#使用 shop 数据库
mysql> USE shop
Database changed

#创建成绩表 score，在创建表的时候使用学号字段创建单列索引
mysql> CREATE TABLE score(
    id int not null AUTO_INCREMENT,
    num int not null,
    name varchar(255),
    grade varchar(20),
    primary key(id),
    INDEX num_index(num)
    );
Query OK, 0 rows affected (0.34 sec)

#查询学号，直接从索引树上获取数据
mysql> EXPLAIN SELECT num FROM score WHERE num = 10 \G
*************************** 1. row ***************************
           id: 1
  select_type: SIMPLE
        table: score
   partitions: NULL
         type: ref
possible_keys: num_index
          key: num_index
      key_len: 4
          ref: const
         rows: 1
     filtered: 100.00
        Extra: Using index
1 row in set, 1 warning (0.00 sec)
```

7.6.7　重复索引和冗余索引

重复索引是指在同一列上按照相同的顺序创建同类型的索引，如在年龄这一字段上，创建了"age"单列索引，又创建了"age，sex"联合索引，按照最左前缀匹配原则，联合索引"age，sex"包含"age"单列索引，所以"age"单列索引就是重复的，应该删除。

冗余索引是指如果创建了联合索引"age，sex"，再创建的"age"索引就是冗余索引。但是创建的"sex，age"不是冗余索引，因为顺序不同，索引效果也不同。遇到冗余索引时应该将其删除。

除了重复索引和冗余索引外，可能还会有一些 MySQL 数据库永远不会使用的索引，即未使用索引，这样的索引完全累赘，建议删除。

MySQL 允许在同一列上创建多个索引，这些索引都需要单独维护，会增加维护成本。优化器在优化查询的时候也需要逐个考虑这些索引，会影响性能。所有重复索引、冗余索引、未使用索引都需要考虑删除。

7.6.8　降序索引

MySQL 8.0 新增了降序索引，用于对列按降序进行排序和查询。它与普通的升序索引排列顺序相反，可以优化降序排列和降序查询的性能。

要创建降序索引，可以在创建索引时使用关键字 DESC。创建降序索引的语法格式如下。

```
CREATE INDEX idx_column_name ON table_name (column_name DESC);
```

降序索引可以提高按降序排列和降序查询的性能，特别是当数据量很大时，它可以减少磁盘输入输出和排序操作的开销，从而加快查询速度。

下面创建一个学校表 school，该表包括学校编号（no）、学生总人数（total）字段。在创建表的时候创建联合索引 idx_no_total，按学校编号升序索引、学生总人数降序索引。

```
#使用用户名 root 和相应密码，连接本地 MySQL
C:\Users\Administrator>mysql -uroot -p123456
mysql: [Warning] Using a password on the command line interface can be insecure.

#使用 shop 数据库
mysql> USE shop
Database changed

#创建学校表 school，创建联合索引 idx_no_total，按学校编号字段升序索引、学生总人数字段降序
索引
mysql> CREATE TABLE school(no int,total int,INDEX idx_no_total(no,total desc));
Query OK, 0 rows affected (0.06 sec)

#向学校表 school 中插入数据
mysql> INSERT INTO school (no,total) values(1, 100),(2,200),(3,300),(4,400),
(5,500);
Query OK, 5 rows affected (0.01 sec)
Records: 5  Duplicates: 0  Warnings: 0

#查看创建表的语句
mysql> SHOW CREATE TABLE school\G
*************************** 1. row ***************************
       Table: school
Create Table: CREATE TABLE `school` (
  `no` int DEFAULT NULL,
  `total` int DEFAULT NULL,
  KEY `idx_no_total` (`no`,`total` DESC)
) ENGINE=InnoDB DEFAULT CHARSET=utf8mb4 COLLATE=utf8mb4_0900_ai_ci
1 row in set (0.00 sec)

#Extra 字段中没有 Using filesort，降序索引生效
mysql> EXPLAIN SELECT * FROM school ORDER BY no,total desc\G
*************************** 1. row ***************************
           id: 1
  select_type: SIMPLE
        table: school
   partitions: NULL
         type: index
possible_keys: NULL
          key: idx_no_total
      key_len: 10
          ref: NULL
         rows: 5
     filtered: 100.00
        Extra: Using index
```

1 row in set, 1 warning (0.00 sec)

#Extra 字段中有 Backward index scan，反向扫描索引
```
mysql> EXPLAIN SELECT * FROM school ORDER BY no desc,total\G
*************************** 1. row ***************************
           id: 1
  select_type: SIMPLE
        table: school
   partitions: NULL
         type: index
possible_keys: NULL
          key: idx_no_total
      key_len: 10
          ref: NULL
         rows: 5
     filtered: 100.00
        Extra: Backward index scan; Using index
1 row in set, 1 warning (0.00 sec)
```

#Extra 字段中有 Using filesort，排序必须按照每个字段定义的顺序或相反顺序才能利用索引
```
mysql> EXPLAIN SELECT * FROM school ORDER BY no desc,total desc\G
*************************** 1. row ***************************
           id: 1
  select_type: SIMPLE
        table: school
   partitions: NULL
         type: index
possible_keys: NULL
          key: idx_no_total
      key_len: 10
          ref: NULL
         rows: 5
     filtered: 100.00
        Extra: Using index; Using filesort
1 row in set, 1 warning (0.00 sec)
```

#Extra 字段中有 Using filesort，排序必须按照每个字段定义的顺序或相反顺序才能利用索引
```
mysql> EXPLAIN SELECT * FROM school ORDER BY no,total\G
*************************** 1. row ***************************
           id: 1
  select_type: SIMPLE
        table: school
   partitions: NULL
         type: index
possible_keys: NULL
          key: idx_no_total
      key_len: 10
          ref: NULL
         rows: 5
     filtered: 100.00
        Extra: Using index; Using filesort
1 row in set, 1 warning (0.00 sec)
```

7.6.9　隐藏索引

在 MySQL 8.0 中，隐藏索引是一种特殊类型的索引，它不会被查询优化器主动选择用于查询计划。隐藏索引的目的是控制查询优化器的行为，以避免不必要的索引使用。隐藏索引只是不可见，但是数据库后台仍会维护隐藏索引，在查询时查询优化器不使用该索引，同时查询优化器不会报索引不存在的错误，因为索引仍然真实存在。必要时，也可以把隐藏索引快速设置为可见。主键不能设置隐藏索引。

隐藏索引适用场景如下。

（1）调试和测试：隐藏索引可以用于在特定情况下禁用某个索引，以便测试其他索引或查询计划的性能。

（2）临时禁用索引：当某个索引出现问题或需要维护时，可以使用隐藏索引来临时禁用它，以避免对查询性能产生负面影响。

（3）若以为某个索引没用，删除后发现该索引在某些时候还是有用的，则要把这个索引加回来。如果表的数据量很大，则操作耗费时间。此时，可以将该索引先设置为隐藏索引，确认索引没用后再将其删除。

要创建隐藏索引，可以使用 ALTER TABLE 语句，并将索引的可见性设置为 INVISIBLE。创建隐藏索引的语法格式如下。

```
ALTER TABLE table_name ALTER INDEX index_name INVISIBLE;
```

相应地，要将隐藏索引恢复为可见状态，可以将索引的可见性设置为 VISIBLE。将隐藏索引恢复为可见的语法格式如下。

```
ALTER TABLE table_name ALTER INDEX index_name VISIBLE;
```

需要注意的是，隐藏索引对于查询优化器来说是不可见的，因此在使用隐藏索引时需要谨慎，并确保其对查询性能的影响符合预期。隐藏索引通常用于特定的调试和维护场景，不建议在正常的生产环境中频繁使用。

7.6.10　函数索引

MySQL 8.0 引入了函数索引，它允许在函数表达式上创建索引，以提高查询性能和索引的利用率。函数索引可以用于对表中的函数表达式进行索引化，从而在使用这些函数表达式进行查询时，能够更高效地利用索引来加速查询过程。

函数索引的创建方式和常规索引类似，可以在 CREATE INDEX 语句中指定函数表达式作为索引列。创建函数索引的语法格式如下。

```
CREATE INDEX idx_length ON table_name(LENGTH(column_name));
```

函数索引的优点在于，它可以使某些特定的查询直接使用函数索引进行匹配，而不需要在查询时显式地使用函数表达式。这样可以避免每次查询都执行函数计算，能提高查询的性能。

需要注意的是，函数索引也有一些限制。首先，函数索引只能用于在查询时使用相同的函数表达式进行匹配，如果查询中使用了不同的函数表达式，那么函数索引将无法使用。其次，函数索引的选择性可能较低，这可能导致索引的效果不如预期。因此，在创建函数索引时需要仔细考虑查询的需求和使用情况。

总之，MySQL 8.0 的函数索引提供了一种方便的方式来优化使用函数表达式的查询。将函数表达式作为索引，可以提高查询性能和索引的利用率，从而加快数据检索过程。

7.7 索引不能使用的场景

7.7.1 前导模糊查询

前导模糊查询（%xx%）不能使用索引，但是后导模糊查询（xx%）可以使用索引。下面在学生表 student 的姓名字段上添加索引，然后按姓名字段进行前导模糊查询和后导模糊查询，查看索引的使用情况。

实战演练——前导模糊查询不能使用索引

```
#使用用户名 root 和相应密码，连接本地 MySQL
C:\Users\Administrator>mysql -uroot -p123456
mysql: [Warning] Using a password on the command line interface can be insecure.


#使用 shop 数据库
mysql> USE shop
Database changed


#前导模糊查询，没有使用索引
mysql> EXPLAIN SELECT * FROM student WHERE name LIKE '%小明%' \G
*************************** 1. row ***************************
          id: 1
 select_type: SIMPLE
       table: student
  partitions: NULL
        type: ALL
possible_keys: NULL
         key: NULL
     key_len: NULL
         ref: NULL
        rows: 6
    filtered: 16.67
       Extra: Using where
1 row in set, 1 warning (0.00 sec)


#后导模糊查询，使用姓名字段的索引
mysql> EXPLAIN SELECT * FROM student WHERE name LIKE '小明%' \G
*************************** 1. row ***************************
          id: 1
 select_type: SIMPLE
       table: student
  partitions: NULL
        type: range
possible_keys: idx_name
         key: idx_name
     key_len: 1023
         ref: NULL
        rows: 1
    filtered: 100.00
       Extra: Using index condition
1 row in set, 1 warning (0.00 sec)
```

7.7.2 比较不匹配的数据类型

当查询中使用了数据类型隐式转换时，索引可能无法使用。比较不匹配的数据类型是指对某一列进行比较查询时，假如该列是字符串类型的值，但是在赋值的时候赋予其整型类型的值，则此时该列即使有索引，也不会被使用。

实战演练——比较不匹配的数据类型不能使用索引

```
#使用用户名 root 和相应密码，连接本地 MySQL
C:\Users\Administrator>mysql -uroot -p123456
mysql: [Warning] Using a password on the command line interface can be insecure.

#使用 shop 数据库
mysql> USE shop
Database changed

#姓名字段是字符串类型，赋字符串类型的值
mysql> SELECT * FROM student WHERE name='刘明';
+----+-------+------+------+-------+-------+------+
| id | name  | sex  | age  | grade | class | num  |
+----+-------+------+------+-------+-------+------+
| 1  | 刘明  | 男   | 19   | 高三  | 6班   | 3001 |
+----+-------+------+------+-------+-------+------+
1 row in set (0.00 sec)

#姓名字段是字符串类型，赋整型类型的值
mysql> SELECT * FROM student WHERE name=1;
Empty set, 6 warnings (0.04 sec)

#姓名字段是字符串类型，赋字符串类型的值，可以使用姓名字段的索引
mysql> EXPLAIN  SELECT * FROM student WHERE name='小明' \G
*************************** 1. row ***************************
          id: 1
 select_type: SIMPLE
       table: student
  partitions: NULL
        type: ref
possible_keys: idx_name
         key: idx_name
     key_len: 1023
         ref: const
        rows: 1
    filtered: 100.00
       Extra: NULL
1 row in set, 1 warning (0.00 sec)

#姓名字段是字符串类型，赋整型类型的值，类型不匹配，不可以使用姓名字段的索引
mysql> EXPLAIN  SELECT * FROM student WHERE name=1 \G
*************************** 1. row ***************************
          id: 1
 select_type: SIMPLE
```

```
         table: student
    partitions: NULL
          type: ALL
 possible_keys: idx_name
           key: NULL
       key_len: NULL
           ref: NULL
          rows: 6
      filtered: 16.67
         Extra: Using where
1 row in set, 3 warnings (0.00 sec)
```

7.7.3 使用 OR 连接条件表达式

当查询条件中使用了 OR 操作符连接多个条件表达式时，索引可能无法使用。因为 OR 操作符会导致查询条件不再是单个索引列的匹配，无法直接使用索引。在 SQL 语句中，使用 OR 连接的条件表达式可能不能使用索引。在编写 SQL 语句的时候，应尽量不使用 OR，因为这样可能导致其他条件表达式即使加了索引也不会起作用，从而降低查询效率。

实战演练——OR 连接条件表达式

```
#使用用户名 root 和相应密码，连接本地 MySQL
C:\Users\Administrator>mysql -uroot -p123456
mysql: [Warning] Using a password on the command line interface can be insecure.

#使用 shop 数据库
mysql> USE shop
Database changed

#使用 AND 连接条件表达式，可以使用索引
mysql> EXPLAIN SELECT * FROM student WHERE name = '小明' AND sex='男' \G
*************************** 1. row ***************************
            id: 1
   select_type: SIMPLE
         table: student
    partitions: NULL
          type: ref
 possible_keys: idx_name,idx_sex
           key: idx_name
       key_len: 1023
           ref: const
          rows: 1
      filtered: 50.00
         Extra: Using where
1 row in set, 1 warning (0.00 sec)

#使用 OR 连接条件表达式，不能使用索引
mysql> EXPLAIN SELECT * FROM student WHERE name = '小明' OR class='6班'\G
*************************** 1. row ***************************
            id: 1
   select_type: SIMPLE
         table: student
    partitions: NULL
          type: ALL
```

```
      possible_keys: idx_name
                key: NULL
            key_len: NULL
                ref: NULL
               rows: 6
           filtered: 30.56
              Extra: Using where
1 row in set, 1 warning (0.00 sec)
```

\#使用 OR 连接条件表达式，不能使用索引

mysql> EXPLAIN SELECT * FROM student WHERE name = '小明' AND sex='男' OR class='6 班'\G

```
*************************** 1. row ***************************
                 id: 1
        select_type: SIMPLE
              table: student
         partitions: NULL
               type: ALL
      possible_keys: idx_name,idx_sex
                key: NULL
            key_len: NULL
                ref: NULL
               rows: 6
           filtered: 23.61
              Extra: Using where
1 row in set, 1 warning (0.00 sec)
```

\#使用 AND 和 OR 连接表达式，OR 连接的两个条件表达式放置在括号中，可以使用索引

mysql> EXPLAIN SELECT * FROM student WHERE name = '小明' AND (sex='男' OR class='6 班') \G

```
*************************** 1. row ***************************
                 id: 1
        select_type: SIMPLE
              table: student
         partitions: NULL
               type: ref
      possible_keys: idx_name,idx_sex
                key: idx_name
            key_len: 1023
                ref: const
               rows: 1
           filtered: 58.33
              Extra: Using where
1 row in set, 1 warning (0.00 sec)
```

\#使用 OR 连接表达式，连接字段都是索引字段，可以使用索引

mysql> EXPLAIN SELECT * FROM student WHERE name = '小明' OR sex='男' \G

```
*************************** 1. row ***************************
                 id: 1
        select_type: SIMPLE
              table: student
         partitions: NULL
               type: index_merge
```

```
       possible_keys: idx_name,idx_sex
                 key: idx_name,idx_sex
             key_len: 1023,23
                 ref: NULL
                rows: 4
            filtered: 100.00
               Extra: Using union(idx_name,idx_sex); Using where
1 row in set, 1 warning (0.01 sec)
```

#使用 AND 和 OR 连接表达式，连接字段都是索引字段，可以使用索引

```
mysql> EXPLAIN SELECT * FROM student WHERE name = '小明' AND sex='男' OR age='20'
\G
*************************** 1. row ***************************
                  id: 1
         select_type: SIMPLE
               table: student
          partitions: NULL
                type: index_merge
       possible_keys: idx_name,idx_sex,idx_age
                 key: idx_name,idx_age
             key_len: 1023,23
                 ref: NULL
                rows: 2
            filtered: 100.00
               Extra: Using union(idx_name,idx_age); Using where
1 row in set, 1 warning (0.00 sec)
```

7.7.4　条件表达式与函数

在 SQL 语句中，在条件表达式前使用函数或者运算操作时，不能使用索引；在表达式后使用函数或者运算操作时，可以使用索引。

MySQL 8.0 可以创建函数索引，函数索引只能用于在查询时使用相同的函数表达式进行匹配，如果查询中使用了不同的函数表达式，那么函数索引将无法使用。

实战演练——条件表达式与函数

```
#使用用户名 root 和相应密码，连接本地 MySQL
C:\Users\Administrator>mysql -uroot -p123456
mysql: [Warning] Using a password on the command line interface can be insecure.

#使用 shop 数据库
mysql> USE shop
Database changed

#按主键查询，可以使用索引
mysql> EXPLAIN SELECT * FROM student WHERE id = 1 \G
*************************** 1. row ***************************
                  id: 1
         select_type: SIMPLE
               table: student
          partitions: NULL
                type: const
       possible_keys: PRIMARY
                 key: PRIMARY
```

```
        key_len: 4
           ref: const
          rows: 1
      filtered: 100.00
         Extra: NULL
1 row in set, 1 warning (0.00 sec)
```

#在条件表达式前进行运算操作，不能使用索引
```
mysql> EXPLAIN SELECT * FROM student WHERE id+1 = 1 \G
*************************** 1. row ***************************
            id: 1
   select_type: SIMPLE
         table: student
    partitions: NULL
          type: ALL
 possible_keys: NULL
           key: NULL
       key_len: NULL
           ref: NULL
          rows: 6
      filtered: 100.00
         Extra: Using where
1 row in set, 1 warning (0.00 sec)
```

#在条件表达式后进行运算操作，可以使用索引
```
mysql> EXPLAIN SELECT * FROM student WHERE id = 1 + 1 \G
*************************** 1. row ***************************
            id: 1
   select_type: SIMPLE
         table: student
    partitions: NULL
          type: const
 possible_keys: PRIMARY
           key: PRIMARY
       key_len: 4
           ref: const
          rows: 1
      filtered: 100.00
         Extra: NULL
1 row in set, 1 warning (0.00 sec)
```

#在条件表达式后使用函数时可以使用索引，在条件表达式前使用函数时不能使用索引
```
mysql> EXPLAIN SELECT * FROM student WHERE name = concat('姓名','小明') \G
*************************** 1. row ***************************
            id: 1
   select_type: SIMPLE
         table: student
    partitions: NULL
          type: ref
 possible_keys: idx_name
           key: idx_name
       key_len: 1023
           ref: const
          rows: 1
```

```
       filtered: 100.00
          Extra: NULL
1 row in set, 1 warning (0.00 sec)
```

7.8 索引的利弊及创建原则

索引可以提高查询、排序及分组的效率，但在效率提高的同时会带来一些负面影响。

索引的优势如下。

（1）索引最大的优势是能提高查询效率，可以通过创建唯一索引或者主键索引来标识行的唯一性，在查询的时候可以快速定位到要查询的行数据。

（2）可以加快表与表之间的连接查询。

（3）在分组和排序的时候可以极大地节省时间。使用索引可以进行快速排序，当进行分组查询时，虽然不能直接使用索引，但是分组查询要先进行排序，而在排序这个阶段可以节省时间，所以分组查询也能节省时间。

（4）使用索引进行查询、排序、分组可以提高系统的性能。

索引的劣势如下。

（1）创建索引和维护索引需要耗费时间，随着数据量的增大，时间也会逐渐增加。

（2）索引文件会逐渐增大（如果建立聚簇索引，则文件会更大），会使数据库占用的存储空间逐渐变大。

（3）对表进行增加、修改、删除的时候，都需要对索引进行维护，这会影响对表和数据操作的速度，延长对表的操作时间。

创建索引的原则如下。

（1）主键的字段需要创建唯一索引或者主键索引。

（2）用于连接查询的字段（外键）可以创建索引。

（3）经常用来排序的字段可以创建索引。

（4）频繁出现在 WHERE 语句中的字段可以创建索引。

（5）唯一性太差的字段不适合创建索引。

（6）更新频率远大于查询频率的字段不适合创建索引。

（7）不会出现在 WHERE 语句中的字段不适合创建索引。

（8）类型为 text、blob、image、bit 的字段不适合创建索引。

索引的利弊及创建原则

7.9 综合实训：电商平台查询索引应用

电商平台的商品表 products 和订单表 orders 会涉及各种各样的查询，SQL 的查询使用索引可以加快查询速度。下面就针对这两张表来进行查询，添加相应的索引。

综合实训：电商平台查询索引应用

```
#使用用户名 root 和相应密码，连接本地 MySQL
C:\Users\Administrator>mysql -uroot -p123456
mysql: [Warning] Using a password on the command line interface
can be insecure.


#使用 shop 数据库
mysql> USE shop
Database changed
```

```
#查询商品表 products
mysql> SELECT * FROM products;
+-----------+----------------+--------------+---------+----------------+--------------+
|product_id | product_name   | description  | price   | stock_quantity |publish_date|
+-----------+----------------+--------------+---------+----------------+--------------+
| 1 | HUAWEI Mate 60 Pro     | HUAWEI…      | 6199.00| 100 | 2025-08-29 10:30:00   |
| 2 | Xiaomi 15 Ultra        | 小米Xiaomi…  | 5899.00| 80  | 2025-02-02 14:45:00   |
| 3 | vivo X200 Pro          | vivo X200…   | 5999.00| 50  | 2025-03-20 09:15:00   |
+-----------+----------------+--------------+---------+----------------+--------------+
3 rows in set (0.01 sec)

#查询订单表 orders
mysql> SELECT * FROM orders;
+-----------+---------+------------+----------+------------+
| order_id  | user_id | product_id | quantity | order_date |
+-----------+---------+------------+----------+------------+
|    1001   |       1 |          1 |        2 | NULL       |
|    1002   |       2 |          2 |        1 | NULL       |
|    1003   |       3 |          3 |        3 | NULL       |
+-----------+---------+------------+----------+------------+
3 rows in set (0.00 sec)

#在订单表 orders 的商品编号字段上添加普通索引
mysql> ALTER TABLE orders ADD INDEX idx_product_id (product_id);
Query OK, 0 rows affected (0.09 sec)
Records: 0 Duplicates: 0 Warnings: 0

#查看订单表 orders 的索引情况
mysql> SHOW INDEX FROM orders;
+-----------+----------------+--------------------+--------------+
| Table     | Non_unique     | Key_name           | Collation    |
+-----------+----------------+--------------------+--------------+
| orders    |              0 | PRIMARY            | A            |
| orders    |              1 | idx_product_id     | A            |
+-----------+----------------+--------------------+--------------+
2 rows in set (0.01 sec)
```

/*查询订单的完整信息，可以看到订单表 orders 使用了主键索引，且反向查找
商品表 products 使用了 eq_ref 外键关联，查询效率高*/

```
mysql> EXPLAIN SELECT o.order_id,o.user_id,o.product_id,o.quantity,p.product_
name,p.
       price
       FROM orders o
       LEFT JOIN products p ON o.product_id=p.product_id
       ORDER BY o.order_id DESC \G
*************************** 1. row ***************************
           id: 1
  select_type: SIMPLE
        table: o
   partitions: NULL
         type: index
possible_keys: NULL
          key: PRIMARY
```

```
      key_len: 4
          ref: NULL
         rows: 3
     filtered: 100.00
        Extra: Backward index scan
*************************** 2. row ***************************
           id: 1
  select_type: SIMPLE
        table: p
   partitions: NULL
         type: eq_ref
possible_keys: PRIMARY
          key: PRIMARY
      key_len: 4
          ref: shop.o.product_id
         rows: 1
     filtered: 100.00
        Extra: NULL
2 rows in set, 1 warning (0.00 sec)
```

#使用商品表 products 的商品名称和商品价格字段创建联合索引
mysql> ALTER TABLE products ADD INDEX idx_product_name_price
(product_name,price);
```
Query OK, 0 rows affected (0.06 sec)
Records: 0  Duplicates: 0  Warnings: 0
```

#查询所有商品的商品名称和商品价格
mysql> EXPLAIN SELECT product_name, price FROM products \G
```
*************************** 1. row ***************************
           id: 1
  select_type: SIMPLE
        table: products
   partitions: NULL
         type: index
possible_keys: NULL
          key: idx_product_name_price
      key_len: 409
          ref: NULL
         rows: 3
     filtered: 100.00
        Extra: Using index
1 row in set, 1 warning (0.00 sec)
```

#查询商品价格在一定范围内的商品
mysql> EXPLAIN SELECT product_name, price FROM products WHERE price BETWEEN 10
AND 50 \G
```
*************************** 1. row ***************************
           id: 1
  select_type: SIMPLE
        table: products
   partitions: NULL
         type: index
possible_keys: idx_product_name_price
          key: idx_product_name_price
```

```
          key_len: 409
             ref: NULL
            rows: 3
        filtered: 33.33
           Extra: Using where; Using index
1 row in set, 1 warning (0.01 sec)
```

\#在订单表 orders 的用户编号字段上添加普通索引

```
mysql> ALTER TABLE orders ADD INDEX idx_user_id (user_id);
Query OK, 0 rows affected (0.06 sec)
Records: 0  Duplicates: 0  Warnings: 0
```

/*查询某个用户的所有订单信息，使用订单表 orders 的 idx_user_id 索引
使用商品表 products 的主键索引*/

```
mysql> EXPLAIN SELECT p.product_name, o.quantity,o.user_id
    FROM orders o
    JOIN products p ON o.product_id = p.product_id
    WHERE o.user_id = 123 \G
*************************** 1. row ***************************
           id: 1
  select_type: SIMPLE
        table: o
   partitions: NULL
         type: ref
possible_keys: idx_product_id,idx_user_id
          key: idx_user_id
      key_len: 5
          ref: const
         rows: 1
     filtered: 100.00
        Extra: Using where
*************************** 2. row ***************************
           id: 1
  select_type: SIMPLE
        table: p
   partitions: NULL
         type: eq_ref
possible_keys: PRIMARY
          key: PRIMARY
      key_len: 4
          ref: shop.o.product_id
         rows: 1
     filtered: 100.00
        Extra: NULL
2 rows in set, 1 warning (0.00 sec)
```

/*查询订单中购买某个商品的用户列表，使用订单表 orders 的 idx_product_id 索引
同时使用临时表 temporary，查询效率不高*/

```
mysql> EXPLAIN SELECT DISTINCT user_id FROM orders WHERE product_id = 789 \G
*************************** 1. row ***************************
           id: 1
  select_type: SIMPLE
        table: orders
   partitions: NULL
```

```
        type: ref
possible_keys: idx_product_id,idx_user_id
         key: idx_product_id
     key_len: 5
         ref: const
        rows: 1
    filtered: 100.00
       Extra: Using temporary
1 row in set, 1 warning (0.00 sec)
```

/*使用订单表 orders 的 idx_user_id 索引，同时使用临时表 temporary 和文件排序 filesort
效率不高*/

```
mysql> EXPLAIN SELECT user_id, SUM(quantity) AS total_sales
    FROM orders
    GROUP BY user_id
    ORDER BY total_sales DESC
    LIMIT 1 \G
*************************** 1. row ***************************
         id: 1
  select_type: SIMPLE
       table: orders
  partitions: NULL
        type: index
possible_keys: idx_user_id
         key: idx_user_id
     key_len: 5
         ref: NULL
        rows: 3
    filtered: 100.00
       Extra: Using temporary; Using filesort
1 row in set, 1 warning (0.00 sec)
```

#按商品编号字段升序排列，按库存数量字段降序排列，可以看出没有使用索引

```
mysql> EXPLAIN SELECT product_id FROM orders ORDER BY product_id,quantity DESC
\G
*************************** 1. row ***************************
         id: 1
  select_type: SIMPLE
       table: orders
  partitions: NULL
        type: ALL
possible_keys: NULL
         key: NULL
     key_len: NULL
         ref: NULL
        rows: 3
    filtered: 100.00
       Extra: Using filesort
1 row in set, 1 warning (0.00 sec)
```

#在订单表 orders 中添加降序索引，按商品编号字段升序排列，按库存数量字段降序排列

```
mysql> ALTER TABLE orders ADD INDEX idx_product_id_quantity (product_id,quantity
DESC);
Query OK, 0 rows affected (0.06 sec)
```

```
Records: 0  Duplicates: 0  Warnings: 0

#订单表 orders 使用降序索引
mysql> EXPLAIN SELECT product_id FROM orders ORDER BY product_id,quantity DESC
\G
*************************** 1. row ***************************
           id: 1
  select_type: SIMPLE
        table: orders
   partitions: NULL
         type: index
possible_keys: NULL
          key: idx_product_id_quantity
      key_len: 10
          ref: NULL
         rows: 3
     filtered: 100.00
        Extra: Using index
1 row in set, 1 warning (0.00 sec)
```

7.10 小结

索引可以提高数据库查询、排序、分组的效率。掌握索引的使用方法有助于实现 SQL 语句优化，提高数据库的查询性能。通过本单元的学习，读者应学会创建索引、查看索引、删除索引；掌握常见的查找算法；掌握索引的数据结构，知道什么是 B-Tree 数据结构、B+Tree 数据结构；掌握常见存储引擎的索引实现原理，包括 MyISAM 引擎的索引实现、InnoDB 引擎的索引实现、MEMORY 引擎的索引实现；掌握索引的应用；了解索引的类型及使用方法；了解索引在哪些情况下不能使用；了解索引的优势、劣势，以及创建索引的原则。

7.11 习题

1. 选择题

（1）在 MySQL 中，InnoDB 引擎的索引是（　　）的。
  A. 以树形结构存储 B. 以哈希表存储 C. 以链表结构存储 D. 以堆结构存储

（2）在 MySQL 中，聚簇索引是（　　）排序的。
  A. 基于插入顺序 B. 基于主键 C. 基于值 D. 随机

（3）在 MySQL 中，使用（　　）语句可以删除表的索引。
  A. DELETE INDEX   B. DROP INDEX
  C. REMOVE INDEX   D. DELETE FROM INDEX

（4）在 MySQL 中，可以使用（　　）语句创建索引。
  A. CREATE INDEX B. ADD INDEX C. ALTER INDEX D. SET INDEX

（5）在 MySQL 中，覆盖索引指的是（　　）。
  A. 只包含索引列的索引   B. 只包含主键列的索引
  C. 只包含非索引列的索引   D. 只包含唯一列的索引

（6）在 MySQL 中，选择合适的索引可以提高查询性能，但索引过多可能导致的问题是（　　）。
  A. 减少存储空间的占用   B. 增加写操作的成本
  C. 提高数据的冗余性   D. 加快数据的查询速度

2. 填空题

（1）MySQL 中的_____索引用于标识表中的唯一记录。

（2）聚簇索引是基于表的_____列的排序构建的。

（3）MySQL 中的_____索引是基于多个列的组合创建的。

（4）在 MySQL 中，可以使用_____语句查看索引的使用情况。

（5）MySQL 中的_____索引适用于针对字符串列的前缀查询。

（6）在 MySQL 中，可以使用_____语句修改已存在的索引。

3. 简答题

（1）什么是索引？

（2）索引有什么作用？

（3）什么是主键索引？

（4）什么是唯一索引？

（5）什么是复合索引？

（6）索引的创建是否会对数据库性能产生影响？

第8单元
综合案例——图书管理系统

08

图书管理系统是一个用于图书馆管理的数据库应用程序。它包含图书、用户等关键实体，并通过MySQL数据库来存储和管理相关数据。该系统提供了图书的录入、查询、借阅和归还，以及用户信息的管理和统计报表的生成等功能。通过合理设计数据库结构、使用索引和优化查询等技术手段，可以提高系统的性能和用户体验。图书管理系统能使借书人借书更加方便，同时减轻图书管理员的负担，使借书、还书操作更加系统化、规范化，实现图书查询、图书借阅、图书归还、图书统计等功能。

本单元要点

- 需求管理。
- 数据库设计。
- 创建数据库。
- 用户信息管理。
- 图书管理。
- 借书管理。
- 视图管理。

【学习导读】

假设你是一家图书馆的图书管理员，每天需要处理大量的图书借阅和归还事务。为了更好地管理图书馆的资源和提供良好的服务，你决定开发一个图书管理系统。该系统将帮助你记录图书的基本信息，管理用户的借阅记录，并提供图书查询、借阅管理和统计报表等功能。使用MySQL数据库，可以轻松地存储和管理图书、用户数据，并通过编写SQL查询和优化索引等技术手段，提高系统的性能和效率。这个图书管理系统将使你的工作更加高效，为用户提供更好的图书借阅体验。

【学习目标】

知识目标
1. 掌握MySQL数据库设计。
2. 掌握MySQL创建数据库、初始化数据的方法。
3. 掌握MySQL的多表连接查询操作及索引分析。
4. 掌握MySQL视图的使用方法。

能力目标
1. 能够根据需求进行数据库设计。

2. 能够熟练使用各种数据库操作。

素质目标

1. 培养问题分析能力、问题解决能力。
2. 培养综合应用能力，能够灵活应用所学知识。

【思维导图】

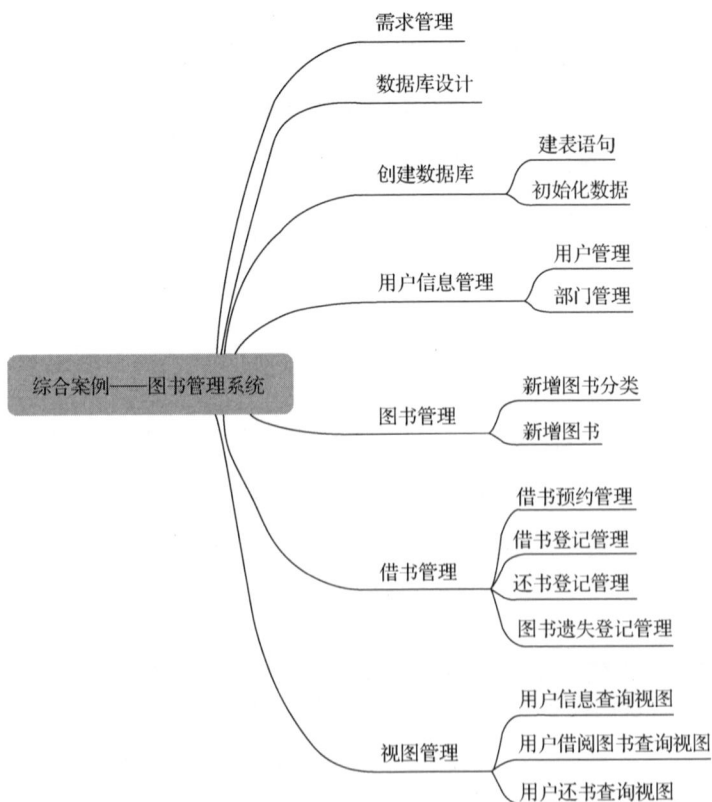

8.1 需求管理

图书管理系统有 3 类角色：普通用户、图书管理员和系统管理员。这 3 类角色的需求如下。

（1）普通用户：查看个人信息、修改个人信息、查询图书、借阅图书。

（2）图书管理员：图书预约查询、图书借阅查询、借阅图书登记、还书登记、图书遗失登记。

需求管理

（3）系统管理员：管理用户、分配角色权限、系统设置。

业务流程如下。

（1）普通用户到图书管理员处借书，告知图书管理员是否有预约。如果有预约，则可以直接登记借出图书；如果没有预约，则告知图书管理员相关图书信息，图书管理员再进行查询、登记等操作。

（2）普通用户到图书管理员处还书，告知图书管理员相关图书信息，图书管理员进行还书登记。

277

8.2 数据库设计

图书管理系统是围绕用户和图书进行操作的系统，需要创建图书管理系统数据库 books，包括用户表 user、部门表 dept、角色表 role、图书表 book、图书分类表 book_classify、图书借阅表 book_borrow、还书表 book_return、借阅预约表 book_appoint 和图书遗失表 book_lose。各表的具体介绍如下。

数据库设计

（1）用户表：包含用户编号、用户姓名、出生日期、身份证号、登录名称、登录密码、手机号、电子邮箱、部门编号、角色编号等信息，如表 8.1 所示。

表 8.1　用户表 user

字段	字段名称	字段类型	备注
id	用户编号	int	主键
user_name	用户姓名	varchar(255)	
birth_date	出生日期	date	yyyy-mm-dd
id_card	身份证号	varchar(255)	
login_name	登录名称	varchar(255)	
password	登录密码	varchar(255)	
mobile	手机号	varchar(255)	
email	电子邮箱	varchar(255)	
dept_id	部门编号	int	与部门表的部门编号关联
role_id	角色编号	int	与角色表关联，1 代表普通用户、2 代表图书管理员、3 代表系统管理员

（2）部门表：包含部门编号、部门名称、创建日期等信息，如表 8.2 所示。

表 8.2　部门表 dept

字段	字段名称	字段类型	备注
id	部门编号	int	主键
dept_name	部门名称	varchar(255)	
create_date	创建日期	date	yyyy-mm-dd

（3）角色表：包含角色编号、角色名称、备注等信息，如表 8.3 所示。

表 8.3　角色表 role

字段	字段名称	字段类型	备注
id	角色编号	int	主键
role_name	角色名称	varchar(255)	
remark	备注	varchar(255)	

（4）图书表：包含图书编号、图书名称、作者、图书定价、是否有光盘、出版社、图书分类编号、图书总数量、图书 ISBN、图书创建时间、备注等信息，如表 8.4 所示。

表 8.4　图书表 book

字段	字段名称	字段类型	备注
id	图书编号	int	主键
book_name	图书名称	varchar(255)	
author	作者	varchar(255)	
price	图书定价	decimal	
cd	是否有光盘	int	0 代表有、1 代表无
publish	出版社	varchar(50)	出版社
book_classify_id	图书分类编号	int	与图书分类表关联
account	图书总数量	int	
isbn	图书 ISBN	varchar(50)	
create_time	图书创建时间	datetime	yyyy-mm-dd hh:mm:ss
remark	备注	varchar(255)	

（5）图书分类表：包含图书分类编号、图书分类名称、父分类编号、创建时间等信息，如表 8.5 所示。

表 8.5　图书分类表 book_classify

字段	字段名称	字段类型	备注
id	图书分类编号	int	主键
book_classify_name	图书分类名称	varchar(255)	
father_id	父分类编号	int	顶级父分类编号为 0
create_time	创建时间	datetime	yyyy-mm-dd hh:mm:ss

（6）图书借阅表：包含图书借阅编号、图书编号、用户编号、借阅时间、归还时间、创建时间、备注等信息，如表 8.6 所示。

表 8.6　图书借阅表 book_borrow

字段	字段名称	字段类型	备注
id	图书借阅编号	int	主键
book_id	图书编号	int	
user_id	用户编号	int	
borrow_time	借阅时间	date	yyyy-mm-dd
return_time	归还时间	date	yyyy-mm-dd
create_time	创建时间	datetime	yyyy-mm-dd hh:mm:ss
remark	备注	varchar(255)	

（7）还书表：包含还书编号、图书借阅编号、归还时间、创建时间、备注等信息，如表 8.7 所示。

表 8.7　还书表 book_return

字段	字段名称	字段类型	备注
id	还书编号	int	主键
borrow_id	图书借阅编号	int	

续表

字段	字段名称	字段类型	备注
return_time	归还时间	date	yyyy-mm-dd
create_time	创建时间	datetime	yyyy-mm-dd hh:mm:ss
remark	备注	varchar(255)	

（8）借阅预约表：包含预约编号、图书编号、用户编号、预约时间、创建时间、备注等信息，如表8.8所示。

表8.8　借阅预约表 book_appoint

字段	字段名称	字段类型	备注
id	预约编号	int	主键
book_id	图书编号	int	
user_id	用户编号	int	
appoint_time	预约时间	date	yyyy-mm-dd
create_time	创建时间	datetime	yyyy-mm-dd hh:mm:ss
remark	备注	varchar(255)	

（9）图书遗失表：包含遗失编号、图书借阅编号、创建时间、备注等信息，如表8.9所示。

表8.9　图书遗失表 book_lose

字段	字段名称	字段类型	备注
id	遗失编号	int	主键
borrow_id	图书借阅编号	int	
create_time	创建时间	datetime	yyyy-mm-dd hh:mm:ss
remark	备注	varchar(255)	

8.3　创建数据库

创建图书管理系统数据库 books，在其中创建用户表 user、部门表 dept、角色表 role、图书表 book、图书分类表 book_classify、图书借阅表 book_borrow、还书表 book_return、借阅预约表 book_appoint 和图书遗失表 book_lose。

创建数据库

8.3.1　建表语句

（1）创建图书管理系统数据库 books。
```
CREATE DATABASE books;
```
（2）创建用户表 user。
```
DROP TABLE IF EXISTS `user`;
CREATE TABLE `user` (
  `id` int(11) NOT NULL,
```

```
  `user_name` varchar(255) DEFAULT NULL,
  `birth_date` date DEFAULT NULL,
  `id_card` varchar(255) DEFAULT NULL,
  `login_name` varchar(255) DEFAULT NULL,
  `password` varchar(255) DEFAULT NULL,
  `mobile` varchar(255) DEFAULT NULL,
  `email` varchar(255) DEFAULT NULL,
  `dept_id` int(11) DEFAULT NULL,
  `role_id` int(11) DEFAULT NULL,
  PRIMARY KEY (`id`)
) ENGINE=InnoDB DEFAULT CHARSET=utf8;
```

（3）创建部门表 dept。

```
DROP TABLE IF EXISTS `dept`;
CREATE TABLE `dept` (
  `id` int(11) NOT NULL,
  `dept_name` varchar(255) DEFAULT NULL,
  `create_date` date DEFAULT NULL,
  PRIMARY KEY (`id`)
) ENGINE=InnoDB DEFAULT CHARSET=utf8;
```

（4）创建角色表 role。

```
DROP TABLE IF EXISTS `role`;
CREATE TABLE `role` (
  `id` int(11) NOT NULL,
  `role_name` varchar(255) DEFAULT NULL,
  `remark` varchar(255) DEFAULT NULL,
  PRIMARY KEY (`id`)
) ENGINE=InnoDB DEFAULT CHARSET=utf8;
```

（5）创建图书表 book。

```
DROP TABLE IF EXISTS `book`;
CREATE TABLE `book` (
  `id` int(11) NOT NULL,
  `book_name` varchar(255) DEFAULT NULL,
  `author` varchar(255) DEFAULT NULL,
  `price` decimal(10,2) DEFAULT NULL,
  `cd` int(11) DEFAULT NULL,
  `publish` varchar(50) DEFAULT NULL,
  `book_classify_id` int(11) DEFAULT NULL,
  `account` int(11) DEFAULT NULL,
  `isbn` varchar(50) DEFAULT NULL,
  `create_time` datetime DEFAULT NULL,
  `remark` varchar(255) DEFAULT NULL,
  PRIMARY KEY (`id`)
) ENGINE=InnoDB DEFAULT CHARSET=utf8;
```

（6）创建图书分类表 book_classify。

```
DROP TABLE IF EXISTS `book_classify`;
CREATE TABLE `book_classify` (
  `id` int(11) NOT NULL,
  `book_classify_name` varchar(255) DEFAULT NULL,
  `father_id` int(11) DEFAULT NULL,
  `create_time` datetime DEFAULT NULL,
  PRIMARY KEY (`id`)
) ENGINE=InnoDB DEFAULT CHARSET=utf8;
```

（7）创建图书借阅表 book_borrow。

```
DROP TABLE IF EXISTS `book_borrow`;
CREATE TABLE `book_borrow` (
  `id` int(11) NOT NULL,
  `book_id` int(11) DEFAULT NULL,
  `user_id` int(11) DEFAULT NULL,
  `borrow_time` date DEFAULT NULL,
  `return_time` date DEFAULT NULL,
  `create_time` datetime DEFAULT NULL,
  `remark` varchar(255) DEFAULT NULL,
  PRIMARY KEY (`id`)
) ENGINE=InnoDB DEFAULT CHARSET=utf8;
```

（8）创建还书表 book_return。

```
DROP TABLE IF EXISTS `book_return`;
CREATE TABLE `book_return` (
  `id` int(11) NOT NULL,
  `borrow_id` int(11) DEFAULT NULL,
  `return_time` date DEFAULT NULL,
  `create_time` datetime DEFAULT NULL,
  `remark` varchar(255) DEFAULT NULL,
  PRIMARY KEY (`id`)
) ENGINE=InnoDB DEFAULT CHARSET=utf8;
```

（9）创建借阅预约表 book_appoint。

```
DROP TABLE IF EXISTS `book_appoint`;
CREATE TABLE `book_appoint` (
  `id` int(11) NOT NULL,
  `book_id` int(11) DEFAULT NULL,
  `user_id` int(11) DEFAULT NULL,
  `appoint_time` date DEFAULT NULL,
  `create_time` datetime DEFAULT NULL,
  `remark` varchar(255) DEFAULT NULL,
  PRIMARY KEY (`id`)
) ENGINE=InnoDB DEFAULT CHARSET=utf8;
```

（10）创建图书遗失表 book_lose。

```
DROP TABLE IF EXISTS `book_lose`;
CREATE TABLE `book_lose` (
  `id` int(11) NOT NULL,
  `borrow_id` int(11) DEFAULT NULL,
  `create_time` datetime DEFAULT NULL,
  `remark` varchar(255) DEFAULT NULL,
  PRIMARY KEY (`id`)
) ENGINE=InnoDB DEFAULT CHARSET=utf8;
```

8.3.2 初始化数据

（1）插入数据到用户表 user 中。

```
INSERT INTO `user` VALUES
  (1,'小刚','2005-05-25','110101200505253316', 'xiaogang', '123456', '15211112222',
null, 1, 1),
  (2,'小影','2004-02-19','310115200402193327', 'xiaoying', '123456', '13811112222',
null, 1, 1),
  (3,'大梅','2003-06-01','440305200306013329', 'damei', '123456', '13811113333',
null, 2, 2),
```

```
    (4,'admin','2001-03-25','110101200103253334', 'admin', '123456', '15122223333',
null, 3, 3);
```

（2）插入数据到部门表 dept 中。

```
    INSERT INTO `dept` VALUES (1, '行政部', '2023-01-01');
    INSERT INTO `dept` VALUES (2, '后勤部', '2023-01-01');
    INSERT INTO `dept` VALUES (3, '运维部', '2023-01-01');
```

（3）插入数据到角色表 role 中。

```
    INSERT INTO `role` VALUES (1, '普通用户', null);
    INSERT INTO `role` VALUES (2, '图书管理员', null);
    INSERT INTO `role` VALUES (3, '系统管理员', null);
```

（4）插入数据到图书表 book 中。

```
    INSERT INTO `book` VALUES
    (1, '微信小程序开发图解案例教程', '刘刚', 59.80, 1, '人民邮电出版社', 3, 1000,
'9787115450456', '2023-01-03 14:20:56', null),
    (2, 'Axure RP8 原型设计图解视频教程 Web+App', '刘刚', 79.80, 1, '人民邮电出版社', 3,
2000, '9787115445131', '2023-01-03 14:26:36', null),
    (3, '儿童军事小百科', '张柏赫, 李京键 ', 76.80, 1, '吉林出版集团股份有限公司', 1,
500,'9787553478203','2023-01-03 14:28:52', null),
    (4, '牛奶可乐经济学', '[美] 罗伯特·弗兰克 著, 闫佳 译', 49.90, 1, '北京联合出版公司', 2,
500, '9787550292505', '2023-01-03 14:34:17', null);
```

（5）插入数据到图书分类表 book_classify 中。

```
    INSERT INTO `book_classify` VALUES (1, 'E 军事', 0, '2023-01-02 14:23:05');
    INSERT INTO `book_classify` VALUES (2, 'F 经济', 0, '2023-01-02 14:23:35');
    INSERT INTO `book_classify` VALUES (3, 'T 工业技术', 0, '2023-01-02 14:24:16');
```

（6）插入数据到图书借阅表 book_borrow 中。

```
    INSERT INTO `book_borrow` VALUES
    (1, 1, 2, '2023-04-01', '2023-06-03', '2023-04-01 14:35:29', null),
    (2, 2, 1, '2023-05-14', '2023-06-14', '2023-05-14 14:36:37', null),
    (3, 4, 2, '2023-05-01', '2023-05-30', '2023-05-01 14:41:18', null),
    (4, 3, 1, '2023-03-01', '2023-05-01', '2023-03-01 14:41:18', null);
```

（7）插入数据到还书表 book_return 中。

```
    INSERT INTO `book_return` VALUES (1, 1, '2023-06-03', '2023-06-03 14:39:30', null);
    INSERT INTO `book_return` VALUES (2, 2, '2023-06-14', '2023-06-14 14:40:12',
null);
```

（8）插入数据到借阅预约表 book_appoint 中。

```
    INSERT INTO `book_appoint` VALUES (1, 1, 2, '2023-04-01', '2023-03-30 14:37:40',
null);
    INSERT INTO `book_appoint` VALUES (2, 2, 1, '2023-05-10', '2023-05-10 14:38:31',
null);
```

（9）插入数据到图书遗失表 book_lose 中。

```
    INSERT INTO `book_lose` VALUES (1, 3, '2023-05-30 14:41:38', null);
```

8.4 用户信息管理

用户信息管理包括对用户、部门的管理。用户管理包括新增用户、修改用户、
删除用户；部门管理包括新增部门、修改部门、删除部门。

用户信息管理

8.4.1 用户管理

通过以下案例来简要了解用户管理的部分功能。

（1）新增一个用户小红，部门是行政部，角色是普通用户。

```
INSERT INTO `user` VALUES
(5, '小红', '2001-03-25', '110101200103253325', 'xiaohong', '123456',
'15211114444', NULL, 1, 1);
```

（2）修改用户小红的部门为后勤部。

```
UPDATE user SET dept_id = 2 WHERE login_name='xiaohong';
```

（3）查询用户小红的姓名、登录名称、部门名称、角色名称。

```
SELECT u.user_name,u.login_name,d.dept_name,r.role_name
FROM user u, dept d, role r
WHERE u.dept_id = d.id AND u.role_id = r.id AND u.login_name = 'xiaohong';
```

查询结果如下。

```
+-------------+-------------+------------+-------------+
| user_name   | login_name  | dept_name  | role_name   |
+-------------+-------------+------------+-------------+
| 小红        | xiaohong    | 后勤部     | 普通用户    |
+-------------+-------------+------------+-------------+
```

（4）使用 EXPLAIN 语句分析索引，简单查询用户表 user，部门表 dept 和角色表 role 使用主键索引，需要在用户表 user 的部门编号字段上添加普通索引。

```
mysql> EXPLAIN SELECT u.user_name,u.login_name,d.dept_name,r.role_name
    FROM user u, dept d, role r
    WHERE u.dept_id = d.id AND u.role_id = r.id AND u.login_name = 'xiaohong' \G
*************************** 1. row ***************************
         id: 1
  select_type: SIMPLE
        table: u
   partitions: NULL
         type: ALL
possible_keys: NULL
          key: NULL
      key_len: NULL
          ref: NULL
         rows: 4
     filtered: 25.00
        Extra: Using where
*************************** 2. row ***************************
         id: 1
  select_type: SIMPLE
        table: d
   partitions: NULL
         type: eq_ref
possible_keys: PRIMARY
          key: PRIMARY
      key_len: 4
          ref: books.u.dept_id
         rows: 1
     filtered: 100.00
        Extra: NULL
*************************** 3. row ***************************
         id: 1
```

```
select_type: SIMPLE
        table: r
   partitions: NULL
         type: eq_ref
possible_keys: PRIMARY
          key: PRIMARY
      key_len: 4
          ref: books.u.role_id
         rows: 1
     filtered: 100.00
        Extra: NULL
3 rows in set, 1 warning (0.01 sec)
```

（5）删除用户小红。

```
DELETE FROM user WHERE login_name = 'xiaohong';
```

8.4.2 部门管理

通过以下案例来简要了解部门管理的部分功能。

（1）新增一个部门"办公室"。

```
INSERT INTO `dept` VALUES (4, '办公室', '2023-06-08');
```

（2）查询所有部门。

```
SELECT * FROM dept;
```

查询结果如下。

```
+-----+-------------------+------------------+
| id  | dept_name         | create_date      |
+-----+-------------------+------------------+
| 1   | 行政部            | 2023-01-01       |
| 2   | 后勤部            | 2023-01-01       |
| 3   | 运维部            | 2023-01-01       |
| 4   | 办公室            | 2023-06-08       |
+-----+-------------------+------------------+
```

8.5 图书管理

图书管理涵盖图书分类和图书信息管理两大核心。图书分类管理需要对图书进行系统化、层次化的分类，以便读者快速定位所需图书。图书信息管理则侧重于图书的录入、更新、借阅记录等操作，确保图书信息的准确性和流通效率。通过这两大管理模块，图书馆能够高效运作，为读者提供便捷、优质的阅读服务。下面只简单介绍这两个管理模块中的新增图书分类、新增图书功能。

图书管理

8.5.1 新增图书分类

通过以下案例来简要了解新增图书分类功能。

新增图书分类"R 医药、卫生"，把相应信息插入图书分类表 book_classify 中。

```
INSERT INTO `book_classify` VALUES (4, 'R 医药、卫生', 0, '2023-06-08
14:23:05');
```

查询所有的图书分类信息。

```
SELECT * FROM book_classify;
```

查询结果如下。

```
+-----+-------------------+-------------+---------------------+
| id  | book_classify_name| father_id   | create_time         |
+-----+-------------------+-------------+---------------------+
| 1   | E 军事            | 0           | 2023-01-01 14:23:05 |
| 2   | F 经济            | 0           | 2023-01-01 14:23:35 |
| 3   | T 工业技术        | 0           | 2023-01-01 14:24:16 |
| 4   | R 医药、卫生      | 0           | 2023-06-08 14:23:05 |
+-----+-------------------+-------------+---------------------+
```

8.5.2 新增图书

通过以下案例来简要了解新增图书功能。

图书管理系统中需要新增一种刚采购的医药方面的图书，书名为《疑难杂病临证手册（第 2 版）》、作者为余孟学、定价为 80 元、无光盘、出版社为河南科技出版社、ISBN 为 9787534989230。要把它添加到图书表 book 中，图书分类为"R 医药、卫生"。

```
INSERT INTO `book` VALUES (5, '疑难杂病临证手册（第2版）', '余孟学', 80, 1,
'河南科技出版社', 4, 1000, '9787534989230', '2023-06-22 18:20:56', null);
```

查询所有图书的图书名称、作者、图书定价、出版社、图书分类名称、图书总数量。

```
SELECT b.book_name,b.author,b.price,b.publish,c.book_classify_name,b.account
FROM book b,book_classify c
WHERE b.book_classify_id = c.id;
```

查询结果如下。

```
+-----------------+-------------+-------+-------------+-------------------+--------+
| book_name       | author      | price | publish     |book_classify_name |account |
+-----------------+-------------+-------+-------------+-------------------+--------+
| 微信小程序开发图..| 刘刚        | 59.80 | 人民邮电出版社 | T 工业技术        |1000    |
| Axure RP8 原型..| 刘刚        |79.80  |人民邮电出版社 | T 工业技术        |2000    |
| 儿童军事小百科   | 张柏赫，李京键|76.80  |吉林出版集团.. | E 军事            |500     |
| 牛奶可乐经济学   | [美] 罗伯特  |49.90  |北京联合出版.. | F 经济            |500     |
| 疑难杂病临证手册..| 余孟学      |80.00  |河南科技出版社 | R 医药、卫生      |1000    |
+-----------------+-------------+-------+-------------+-------------------+--------+
```

索引使用分析：图书表 book、图书分类表 book_classify 两张表都没有用到索引。在图书表 book 的图书分类编号字段上添加普通索引，减少扫描行数，提高查询效率。

```
mysql> EXPLAIN SELECT b.book_name,b.author,b.price,b.publish,c.book_classify_name,
    b.account FROM book b,book_classify c WHERE b.book_classify_id = c.id \G
*************************** 1. row ***************************
           id: 1
  select_type: SIMPLE
        table: c
   partitions: NULL
         type: ALL
possible_keys: PRIMARY
          key: NULL
      key_len: NULL
          ref: NULL
         rows: 3
     filtered: 100.00
        Extra: NULL
*************************** 2. row ***************************
           id: 1
```

```
select_type: SIMPLE
        table: b
   partitions: NULL
         type: ALL
possible_keys: NULL
          key: NULL
      key_len: NULL
          ref: NULL
         rows: 4
     filtered: 25.00
        Extra: Using where; Using join buffer (hash join)
2 rows in set, 1 warning (0.00 sec)
```

#在图书表 book 的图书分类编号字段上添加普通索引
```
mysql> ALTER TABLE book ADD INDEX idx_book_classify_id(book_classify_id);
Query OK, 0 rows affected (0.08 sec)
Records: 0  Duplicates: 0  Warnings: 0
```

#图书表 book 使用索引 idx_book_classify_id，扫描行数减少
```
mysql> EXPLAIN SELECT b.book_name,b.author,b.price,b.publish,c.book_classify_
name, b.account FROM book b,book_classify c WHERE b.book_classify_id = c.id \G
*************************** 1. row ***************************
           id: 1
  select_type: SIMPLE
        table: c
   partitions: NULL
         type: ALL
possible_keys: PRIMARY
          key: NULL
      key_len: NULL
          ref: NULL
         rows: 3
     filtered: 100.00
        Extra: NULL
*************************** 2. row ***************************
           id: 1
  select_type: SIMPLE
        table: b
   partitions: NULL
         type: ref
possible_keys: idx_book_classify_id
          key: idx_book_classify_id
      key_len: 5
          ref: books.c.id
         rows: 1
     filtered: 100.00
        Extra: NULL
2 rows in set, 1 warning (0.00 sec)
```

8.6 借书管理

　　借书管理是图书管理系统的核心，借书管理包括借书预约管理、借书登记管理、还书登记管理、图书遗失登记管理，以实现对图书的管理。

借书管理

8.6.1　借书预约管理

用户小影要借一本《Axure RP8 原型设计图解视频教程 Web+App》，在借书前，需要通过图书管理系统进行借书预约。

（1）借书预约。

```
INSERT INTO `book_appoint` VALUES (3, 2, 2, '2023-06-01', '2023-05-30 14:37:40', null);
```

（2）查询用户小影的借书预约记录，包括用户姓名、图书名称、作者、图书总数量、预约时间。

```
SELECT u.user_name,b.book_name,b.author,b.account,a.appoint_time
FROM user u,book b,book_appoint a
WHERE a.book_id = b.id AND a.user_id = u.id AND u.login_name = 'xiaoying';
```

查询结果如下。

```
+-----------+---------------------------------------------+--------+---------+--------------+
| user_name | book_name                                   | author |account |appoint_time  |
+-----------+---------------------------------------------+--------+---------+--------------+
| 小影      |微信小程序开发图解案例教程                     | 刘刚   | 1000    | 2023-04-01   |
| 小影      | Axure RP8 原型设计图解视频教程 Web+App       | 刘刚   | 2000    | 2023-06-01   |
+-----------+---------------------------------------------+--------+---------+--------------+
```

索引使用分析：借阅预约表 book_appoint 没有使用索引，在用户编号、图书编号两个字段上添加索引，同样没有使用索引，查询优化器会根据最优方案选择是否使用索引。

```
mysql> EXPLAIN SELECT u.user_name,b.book_name,b.author,b.account,a.appoint_time
    FROM user u,book b,book_appoint a
    WHERE a.book_id = b.id AND a.user_id = u.id AND u.login_name = 'xiaoying'\G
*************************** 1. row ***************************
           id: 1
  select_type: SIMPLE
        table: a
   partitions: NULL
         type: ALL
possible_keys: NULL
          key: NULL
      key_len: NULL
          ref: NULL
         rows: 2
     filtered: 100.00
        Extra: Using where
*************************** 2. row ***************************
           id: 1
  select_type: SIMPLE
        table: u
   partitions: NULL
         type: eq_ref
possible_keys: PRIMARY
          key: PRIMARY
      key_len: 4
          ref: books.a.user_id
         rows: 1
     filtered: 25.00
        Extra: Using where
*************************** 3. row ***************************
           id: 1
```

```
  select_type: SIMPLE
        table: b
   partitions: NULL
         type: eq_ref
possible_keys: PRIMARY
          key: PRIMARY
      key_len: 4
          ref: books.a.book_id
         rows: 1
     filtered: 100.00
        Extra: NULL
3 rows in set, 1 warning (0.00 sec)
```

#在借阅预约表 book_appoint 的用户编号字段上添加普通索引

mysql> ALTER TABLE book_appoint ADD INDEX idx_user_id(user_id);
```
Query OK, 0 rows affected (0.05 sec)
Records: 0  Duplicates: 0  Warnings: 0
```

#在借阅预约表 book_appoint 的图书编号字段上添加普通索引

mysql> ALTER TABLE book_appoint ADD INDEX idx_book_id(book_id);
```
Query OK, 0 rows affected (0.07 sec)
Records: 0  Duplicates: 0  Warnings: 0
```

#在借阅预约表 book_appoint 中添加完索引后，同样没有使用索引

mysql> EXPLAIN SELECT u.user_name,b.book_name,b.author,b.account,a.appoint_time
    FROM user u,book b,book_appoint a
    WHERE a.book_id = b.id AND a.user_id = u.id AND u.login_name = 'xiaoying'
\G
```
*************************** 1. row ***************************
           id: 1
  select_type: SIMPLE
        table: a
   partitions: NULL
         type: ALL
possible_keys: idx_user_id,idx_book_id
          key: NULL
      key_len: NULL
          ref: NULL
         rows: 2
     filtered: 100.00
        Extra: Using where
*************************** 2. row ***************************
           id: 1
  select_type: SIMPLE
        table: u
   partitions: NULL
         type: eq_ref
possible_keys: PRIMARY
          key: PRIMARY
      key_len: 4
          ref: books.a.user_id
         rows: 1
     filtered: 25.00
        Extra: Using where
```

```
*********************** 3. row ***************************
           id: 1
  select_type: SIMPLE
        table: b
   partitions: NULL
         type: eq_ref
possible_keys: PRIMARY
          key: PRIMARY
      key_len: 4
          ref: books.a.book_id
         rows: 1
     filtered: 100.00
        Extra: NULL
3 rows in set, 1 warning (0.00 sec)
```

8.6.2 借书登记管理

用户小影要借一本《Axure RP8 原型设计图解视频教程 Web+App》，需要进行借书登记。
（1）借书登记。

```
INSERT INTO `book_borrow` VALUES (5, 2, 2, '2023-06-01', '2023-08-01',
'2023-06-01 14:35:29', null);
```

（2）查询用户小影的借书记录，包括用户姓名、图书名称、出版社、借阅时间、归还时间。

```
SELECT u.user_name,b.book_name,b.publish,w.borrow_time,w.return_time
FROM user u, book b, book_ borrow w
WHERE w.book_id = b.id AND w.user_id = u.id AND u.login_name = 'xiaoying';
```

查询结果如下。

user_name	book_name	publish	borrow_time	return_time
小影	微信小程序开发图解案例教程	人民邮电出版社	2023-04-01	2023-06-03
小影	牛奶可乐经济学	北京联合出版...	2023-05-01	2023-05-30
小影	Axure RP8 原型设计图解视频...	人民邮电出版社	2023-06-01	2023-08-01

索引使用分析：图书借阅表 book_borrow 没有使用索引。

```
mysql> EXPLAIN SELECT u.user_name,b.book_name,b.publish,w.borrow_time,
w.return_time FROM user u, book b, book_borrow w
    WHERE w.book_id = b.id AND w.user_id = u.id AND u.login_name = 'xiaoying' \G
*********************** 1. row ***************************
           id: 1
  select_type: SIMPLE
        table: u
   partitions: NULL
         type: ALL
possible_keys: PRIMARY
          key: NULL
      key_len: NULL
          ref: NULL
         rows: 4
     filtered: 25.00
        Extra: Using where
*********************** 2. row ***************************
           id: 1
  select_type: SIMPLE
```

```
          table: w
     partitions: NULL
           type: ALL
  possible_keys: NULL
            key: NULL
        key_len: NULL
            ref: NULL
           rows: 3
       filtered: 33.33
          Extra: Using where; Using join buffer (hash join)
*************************** 3. row ***************************
             id: 1
    select_type: SIMPLE
          table: b
     partitions: NULL
           type: eq_ref
  possible_keys: PRIMARY
            key: PRIMARY
        key_len: 4
            ref: books.w.book_id
           rows: 1
       filtered: 100.00
          Extra: NULL
3 rows in set, 1 warning (0.00 sec)
```

#在图书借阅表 book_borrow 的图书编号字段上添加普通索引
```
mysql> ALTER TABLE book_borrow ADD INDEX idx_book_id(book_id);
Query OK, 0 rows affected (0.07 sec)
Records: 0  Duplicates: 0  Warnings: 0
```
#图书借阅表 book_borrow 使用 idx_book_id 索引
```
mysql> EXPLAIN SELECT u.user_name,b.book_name,b.publish,w.borrow_time,
w.return_time FROM user u, book b, book_borrow w
    WHERE w.book_id = b.id AND w.user_id = u.id AND u.login_name = 'xiaoying'
\G
*************************** 1. row ***************************
             id: 1
    select_type: SIMPLE
          table: u
     partitions: NULL
           type: ALL
  possible_keys: PRIMARY
            key: NULL
        key_len: NULL
            ref: NULL
           rows: 4
       filtered: 25.00
          Extra: Using where
*************************** 2. row ***************************
             id: 1
    select_type: SIMPLE
          table: w
     partitions: NULL
           type: range
  possible_keys: idx_book_id
            key: idx_book_id
```

```
        key_len: 5
            ref: NULL
           rows: 3
       filtered: 33.33
          Extra: Using index condition; Using where; Using join buffer (hash join)
*************************** 3. row ***************************
             id: 1
    select_type: SIMPLE
          table: b
     partitions: NULL
           type: eq_ref
  possible_keys: PRIMARY
            key: PRIMARY
        key_len: 4
            ref: books.w.book_id
           rows: 1
       filtered: 100.00
          Extra: NULL
3 rows in set, 1 warning (0.00 sec)
```

8.6.3　还书登记管理

用户小影要归还《Axure RP8 原型设计图解视频教程 Web+App》，需要进行还书登记。

（1）还书登记。

```
INSERT INTO `book_return` VALUES (3, 5, '2023-07-30', '2023-07-30 14:40:12',
null);
```

（2）查询用户小影的还书记录，包括用户姓名、图书名称、借阅时间、还书时间。

```
SELECT u.user_name,b.book_name,w.borrow_time,r.return_time
FROM user u,book b,book_borrow w,book_return r
WHERE w.book_id = b.id AND w.user_id = u.id AND w.id = r.borrow_id AND u.login_
name = 'xiaoying';
```

查询结果如下。

```
+-----------+--------------------------------------------+-------------+-------------+
| user_name | book_name                                  |borrow_time  | return_time |
+-----------+--------------------------------------------+-------------+-------------+
| 小影      | 微信小程序开发图解案例教程                 | 2023-04-01  | 2023-06-03  |
| 小影      | Axure RP8 原型设计图解视频教程 Web+App      | 2023-06-01  | 2023-07-30  |
+-----------+--------------------------------------------+-------------+-------------+
```

索引使用分析：还书表 book_return 没有用到索引，在图书借阅编号字段上添加普通索引。

```
mysql> EXPLAIN SELECT u.user_name,b.book_name,w.borrow_time,r.return_time
    FROM user u,book b,book_borrow w,book_return r
    WHERE w.book_id = b.id AND w.user_id = u.id AND w.id = r.borrow_id AND
u.login_name = 'xiaoying' \G
*************************** 1. row ***************************
             id: 1
    select_type: SIMPLE
          table: u
     partitions: NULL
           type: ALL
  possible_keys: PRIMARY
            key: NULL
        key_len: NULL
```

```
        ref: NULL
       rows: 4
    filtered: 25.00
      Extra: Using where
*************************** 2. row ***************************
          id: 1
 select_type: SIMPLE
       table: w
  partitions: NULL
        type: range
possible_keys: PRIMARY,idx_book_id
         key: idx_book_id
     key_len: 5
         ref: NULL
        rows: 3
    filtered: 33.33
       Extra: Using index condition; Using where; Using join buffer (hash join)
*************************** 3. row ***************************
          id: 1
 select_type: SIMPLE
       table: r
  partitions: NULL
        type: ALL
possible_keys: NULL
         key: NULL
     key_len: NULL
         ref: NULL
        rows: 2
    filtered: 50.00
       Extra: Using where; Using join buffer (hash join)
*************************** 4. row ***************************
          id: 1
 select_type: SIMPLE
       table: b
  partitions: NULL
        type: eq_ref
possible_keys: PRIMARY
         key: PRIMARY
     key_len: 4
         ref: books.w.book_id
        rows: 1
    filtered: 100.00
       Extra: NULL
4 rows in set, 1 warning (0.00 sec)
```

#在还书表 book_return 的图书借阅编号字段上添加普通索引
```
mysql> ALTER TABLE book_return ADD INDEX idx_borrow_id(borrow_id);
Query OK, 0 rows affected (0.06 sec)
Records: 0  Duplicates: 0  Warnings: 0
```

#还书表 book_return 使用索引 idx_borrow_id
```
mysql> EXPLAIN SELECT u.user_name,b.book_name,w.borrow_time,r.return_time
    FROM user u,book b,book_borrow w,book_return r
```

```
        WHERE w.book_id = b.id AND w.user_id = u.id AND w.id = r.borrow_id AND
u.login_name = 'xiaoying' \G
*************************** 1. row ***************************
           id: 1
  select_type: SIMPLE
        table: u
   partitions: NULL
         type: ALL
possible_keys: PRIMARY
          key: NULL
      key_len: NULL
          ref: NULL
         rows: 4
     filtered: 25.00
        Extra: Using where
*************************** 2. row ***************************
           id: 1
  select_type: SIMPLE
        table: w
   partitions: NULL
         type: range
possible_keys: PRIMARY,idx_book_id
          key: idx_book_id
      key_len: 5
          ref: NULL
         rows: 3
     filtered: 33.33
        Extra: Using index condition; Using where; Using join buffer (hash join)
*************************** 3. row ***************************
           id: 1
  select_type: SIMPLE
        table: r
   partitions: NULL
         type: ref
possible_keys: idx_borrow_id
          key: idx_borrow_id
      key_len: 5
          ref: books.w.id
         rows: 1
     filtered: 100.00
        Extra: NULL
*************************** 4. row ***************************
           id: 1
  select_type: SIMPLE
        table: b
   partitions: NULL
         type: eq_ref
possible_keys: PRIMARY
          key: PRIMARY
      key_len: 4
          ref: books.w.book_id
         rows: 1
     filtered: 100.00
        Extra: NULL
4 rows in set, 1 warning (0.00 sec)
```

8.6.4　图书遗失登记管理

用户小刚借阅的图书《儿童军事小百科》遗失了，对遗失的图书要进行图书遗失登记。

（1）图书遗失登记。

```
INSERT INTO `book_lose` VALUES (2, 4, '2023-05-01 14:41:38', null);
```

（2）查询图书遗失记录，包括用户姓名、图书名称、借阅时间、创建时间。

```
SELECT u.user_name,b.book_name,w.borrow_time,l.create_time
FROM user u,book b,book_borrow w,book_lose l
WHERE w.book_id=b.id AND w.user_id=u.id AND w.id = l.borrow_id;
```

查询结果如下。

```
+-------------+----------------------+------------+---------------------+
| user_name   | book_name            |borrow_time | create_time         |
+-------------+----------------------+------------+---------------------+
| 小影        | 牛奶可乐经济学       | 2023-05-01 | 2023-05-30 14:41:38 |
| 小刚        |儿童军事小百科        | 2023-03-01 | 2023-05-01 14:41:38 |
+-------------+----------------------+------------+---------------------+
```

索引使用分析：SQL 语句查询效率比较高，扫描类型为 eq_ref。

```
mysql> EXPLAIN SELECT u.user_name,b.book_name,w.borrow_time,l.create_time FROM
user u,book b,book_borrow w,book_lose l WHERE w.book_id=b.id AND w.user_id=u.id AND
w.id = l.borrow_id \G
*************************** 1. row ***************************
           id: 1
  select_type: SIMPLE
        table: l
   partitions: NULL
         type: ALL
possible_keys: NULL
          key: NULL
      key_len: NULL
          ref: NULL
         rows: 1
     filtered: 100.00
        Extra: Using where
*************************** 2. row ***************************
           id: 1
  select_type: SIMPLE
        table: w
   partitions: NULL
         type: eq_ref
possible_keys: PRIMARY
          key: PRIMARY
      key_len: 4
          ref: books.l.borrow_id
         rows: 1
     filtered: 100.00
        Extra: Using where
*************************** 3. row ***************************
           id: 1
  select_type: SIMPLE
        table: u
   partitions: NULL
```

```
                   type: eq_ref
     possible_keys: PRIMARY
                key: PRIMARY
            key_len: 4
                ref: books.w.user_id
               rows: 1
           filtered: 100.00
              Extra: NULL
*************************** 4. row ***************************
                 id: 1
        select_type: SIMPLE
              table: b
         partitions: NULL
               type: eq_ref
     possible_keys: PRIMARY
                key: PRIMARY
            key_len: 4
                ref: books.w.book_id
               rows: 1
           filtered: 100.00
              Extra: NULL
4 rows in set, 1 warning (0.00 sec)
```

8.7 视图管理

进行多表连接查询时，可以对多张表建立视图，然后从视图中进行查询，这样可以提高查询速度。可以对用户信息查询、用户借阅图书查询、用户还书查询建立视图。

视图管理

8.7.1 用户信息查询视图

针对用户表 user、部门表 dept、角色表 role 创建一个用户信息查询视图 user_info_view，查询用户编号、用户姓名、登录名称、部门名称、角色名称。

```
CREATE OR REPLACE VIEW user_info_view
AS
SELECT u.id,u.user_name,u.login_name,d.dept_name,r.role_name
FROM user u, dept d, role r
WHERE u.dept_id = d.id AND u.role_id = r.id ;
```

查询结果如下。

```
+----+-----------+------------+------------+------------------+
| id | user_name | login_name | dept_name  | role_name        |
+----+-----------+------------+------------+------------------+
|  1 | 小刚      | xiaogang   | 行政部     | 普通用户         |
|  2 | 小影      | xiaoying   | 行政部     | 普通用户         |
|  3 | 大梅      | damei      | 后勤部     | 图书管理员       |
|  4 | admin     | admin      | 运维部     | 系统管理员       |
+----+-----------+------------+------------+------------------+
```

8.7.2 用户借阅图书查询视图

针对用户表 user、图书表 book、图书借阅表 book_borrow 创建一个用户借阅图书查询视图

user_ book_borrow_view，查询用户编号、登录名称、用户姓名、图书名称、出版社、借阅时间、归还时间。

```
CREATE OR REPLACE VIEW user_book_borrow_view
AS
SELECT u.id,u.login_name,u.user_name,b.book_name,b.publish,w.borrow_time,
w.return_time from user u, book b, book_borrow w
where w.book_id = b.id AND w.user_id = u.id ;
```

查询结果如下。

```
+---+-----------+----------+-----------+--------------+------------+------------+
| id | login_name |user_name| book_name | publish      |borrow_time |return_time |
+---+-----------+----------+-----------+--------------+------------+------------+
| 2 | xiaoying  | 小影      |牛奶可乐经济学|北京联合出版公司| 2023-05-01 | 2023-05-30 |
+---+-----------+----------+-----------+--------------+------------+------------+
```

8.7.3 用户还书查询视图

针对用户表 user、图书表 book、图书借阅表 book_borrow、还书表 book_return 创建一个用户还书查询视图 user_book_return_view，查询用户编号、登录名称、用户姓名、图书名称、借阅时间、归还时间。

```
CREATE OR REPLACE VIEW user_book_return_view
AS
SELECT u.id,u.login_name,u.user_name,b.book_name,w.borrow_time,r.return_time
FROM user u,book b,book_borrow w,book_return r
WHERE w.book_id = b.id AND w.user_id = u.id AND w.id = r.borrow_id ;
```

查询结果如下。

```
+--+-----------+----------+--------------------+------------+------------+
|id| login_name |user_name| book_name          |borrow_time |return_time |
+--+-----------+----------+--------------------+------------+------------+
| 2| xiaoying  | 小影      |微信小程序开发图解案例教程| 2023-04-01 | 2023-06-03 |
+--+-----------+----------+--------------------+------------+------------+
```

8.8 小结

本单元介绍图书管理系统数据库的设计和使用，首先创建 9 张数据表，包括用户表、部门表、角色表、图书表、图书分类表、图书借阅表、还书表、借阅预约表、图书遗失表；然后插入初始化数据；接着进行用户信息管理、图书管理、借书管理等操作，分析索引使用情况，有针对性地添加索引；对于多表联合查询，通过建立视图的方式加快数据库的查询。

8.9 习题

1. 选择题

（1）在关联查询中，JOIN 操作通常在（　　）子句中进行。

    A. SELECT   B. FROM

    C. WHERE   D. GROUP BY

（2）EXPLAIN 命令在 MySQL 中用于（　　）。

    A. 显示表的创建语句   B. 显示表中的数据

    C. 显示查询的执行计划   D. 修改查询的性能

（3）当使用 EXPLAIN 命令分析查询时，（　　　）列显示了 MySQL 决定使用的索引。

  A. id   B. select_type   C. key   D. rows

（4）视图在数据库中不用于（　　　）。

  A. 简化复杂的 SQL 查询   B. 隐藏数据的复杂性

  C. 提高数据的安全性   D. 替代物理表存储数据

2. 填空题

（1）在 EXPLAIN 的输出结果中，type 列显示了 MySQL 连接表的方式。如果 type 的值为 const，则表示 MySQL 使用＿＿＿＿＿＿＿＿，并且查询条件中使用了常量值。

（2）视图在数据库中的作用是＿＿＿＿＿＿＿，它可以隐藏数据的复杂性，并通过限制用户只能访问视图而不是基表来提高数据的安全性。

（3）当执行复杂的关联查询时，为了优化性能，建议对经常用于连接的字段创建＿＿＿＿＿＿＿。

3. 简答题

（1）在 MySQL 中，如何创建一个视图？

（2）视图与真实表有什么区别？

第9单元
MySQL管理

在企业中，MySQL数据库是核心业务系统的重要组成部分。数据库管理员负责管理和维护MySQL服务器，确保系统安全、稳定和高效运行。在日常工作中，数据库管理员需要执行多项管理任务，如用户管理、权限管理、表空间管理、备份与还原，以及主从同步配置等。

本单元要点

- 用户管理。
- 权限管理。
- 表空间管理。
- 备份与还原。
- 主从同步配置。
- 综合实训：电商平台数据库管理。

【学习导读】

在一个电商平台的后台系统中，MySQL数据库承载着大量用户信息、商品数据和订单记录。数据库管理员负责管理和维护MySQL服务器，以确保系统的稳定运行和数据的安全性。数据库管理员需要处理用户账户的创建和权限管理，监控和管理数据库的表空间，定期备份和恢复数据，配置主从同步以实现数据的实时复制等。有效的MySQL管理能够保障电商平台的数据完整性和可靠性，为用户提供良好的购物体验。

【学习目标】

知识目标
1. 掌握MySQL用户管理。
2. 掌握MySQL权限管理。
3. 掌握MySQL表空间管理。
4. 掌握MySQL备份与还原。
5. 掌握MySQL主从同步配置。

能力目标
1. 能够熟练管理MySQL数据库。
2. 能够熟练配置MySQL数据库主从同步。

素质目标
1. 培养工匠精神，不断学习，不断钻研。
2. 培养独立自主能力。

【思维导图】

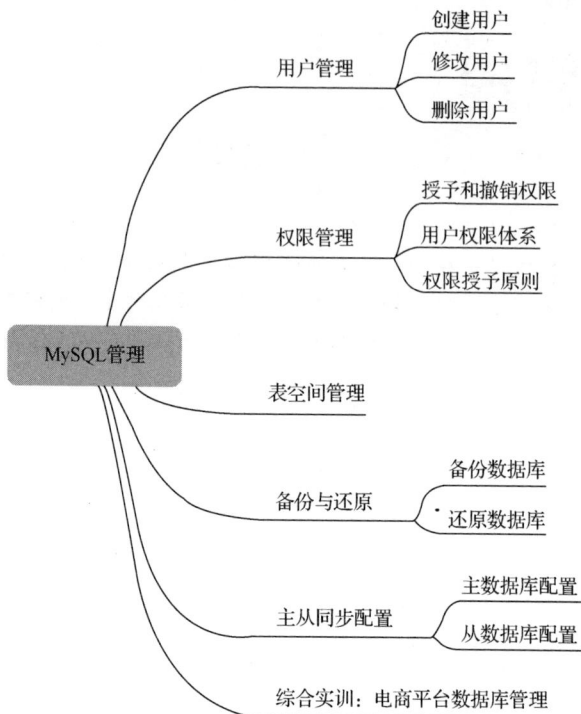

9.1 用户管理

MySQL 数据库的用户管理包括创建用户、修改用户、删除用户等操作。数据库管理员负责创建、修改和删除用户账户，并为用户账户分配适当的权限。数据库管理员会为不同角色的用户设置不同的权限级别，以控制数据访问和操作。

用户管理

9.1.1 创建用户

```
#创建用户，任何 IP 地址的客户端都可以访问
CREATE user 'xiaogang'@'%' identified by '123456';
#创建用户，只有本地的客户端才可以访问
CREATE user 'xiaogang'@'localhost' identified by '123456';
#创建用户，只有指定 IP 地址 192.168.1.90 的客户端才可以访问
CREATE user 'xiaogang'@'192.168.1.90' identified by '123456';
```

MySQL 数据库使用 CREATE 关键字来创建用户，@前面是用户的名称，@后面是可以访问数据库的客户端的 IP 地址。

（1）若使用%，则任何 IP 地址的客户端都可以连接数据库进行相关操作。

（2）若使用 localhost，则只允许数据库服务器的本地客户端连接数据库进行相关操作。

（3）若使用指定的 IP 地址，如 192.168.1.90，则只有这个 IP 地址的客户端才可以连接数据库进行相关操作。为安全起见，往往会设置指定的 IP 地址来连接数据库。

采用关键字 IDENTIFIED BY 来指定密码，可以根据需要设置密码的复杂度。创建的用户是允许重复的，如果要查询数据库有哪些用户以及可以访问数据库的客户端 IP 地址，则可以执行以下语句。

```
SELECT user,host FROM mysql.user;
```

下面创建 xiaogang、xiaoying、xiaoming 这 3 个用户，密码均设置为 123456，并查询数据库中有哪些用户。

```
#使用用户名 root 和相应密码，连接本地 MySQL
C:\Users\Administrator>mysql -uroot -p123456
mysql: [Warning] Using a password on the command line interface can be insecure.

#创建用户 xiaogang，任何 IP 地址的客户端都可以访问
mysql> CREATE user 'xiaogang'@'%' identified by '123456';
Query OK, 0 rows affected (0.22 sec)

#创建用户 xiaoying，只有本地的客户端才可以访问
mysql> CREATE user 'xiaoying'@'localhost' identified by '123456';
Query OK, 0 rows affected (0.00 sec)

#创建用户 xiaoming，只有指定 IP 地址 192.168.1.90 的客户端才可以访问
mysql> CREATE user 'xiaoming'@'192.168.1.90' identified by '123456';
Query OK, 0 rows affected (0.00 sec)

#查询数据库有哪些用户
mysql> SELECT user,host FROM mysql.user;
+-------------------+--------------+
| user              | host         |
+-------------------+--------------+
| shopdb            | %            |
| xiaogang          | %            |
| xiaoming          | 192.168.1.90 |
| mysql.infoschema  | localhost    |
| mysql.session     | localhost    |
| mysql.sys         | localhost    |
| root              | localhost    |
| xiaoying          | localhost    |
+-------------------+--------------+
8 rows in set (0.00 sec)
```

使用新创建的用户 xiaogang 连接数据库，语句所示。

```
#使用用户 xiaogang 连接数据库
C:\Users\Administrator>mysql -uxiaogang -p123456
mysql: [Warning] Using a password on the command line interface can be insecure.
mysql>
```

9.1.2 修改用户

MySQL 8.0 数据库采用以下语法格式来修改用户的密码。

```
ALTER user 'root'@'localhost' IDENTIFIED BY '新密码';
flush privileges;
```

可以采用以下语法格式修改可以访问数据库的客户端的 IP 地址。

```
UPDATE mysql.user set host='192.168.1.100' WHERE user='xiaoying';
```

如果要修改创建好的用户的密码，则要更新 MySQL 的用户表，密码存放在 authentication_string 字段中，需要对它进行修改。在修改密码的时候，用户需要获得 reload 权限，否则执行 flush privileges;命令刷新 MySQL 的系统权限会报错，可以使用以下语法格式进行授权。

```
GRANT reload ON *.* to 'root'@'%';
```

如果不对用户授予 reload 权限，则可以在更新密码之后重启 MySQL 服务，不用执行 flush privileges;命令刷新 MySQL 的系统权限。

下面将用户 xiaogang 的密码设置为 123456789，并将用户 xiaoying 可以访问数据库的客户端 IP 地址改为 192.168.1.100，语句如下。

```
#使用用户名 root 和相应密码，连接本地 MySQL
C:\Users\Administrator>mysql -uroot -p123456
mysql: [Warning] Using a password on the command line interface can be insecure.

#修改用户 xiaogang 的密码为 123456789
mysql> ALTER USER 'xiaogang'@'%' IDENTIFIED BY '123456789';
Query OK, 1 row affected, 1 warning (0.00 sec)
Rows matched: 1  Changed: 1  Warnings: 1

#退出连接
mysql> exit
Bye

#使用用户 xiaogang 和修改后的密码进行连接，连接失败
C:\Users\Administrator>mysql -uxiaogang -p123456789
mysql: [Warning] Using a password on the command line interface can be insecure.
ERROR 1045 (28000): Access denied for user 'xiaogang'@'localhost' (using password:
YES)

#使用 root 用户连接
C:\Users\Administrator>mysql -uroot -p123456
mysql: [Warning] Using a password on the command line interface can be insecure.

#已经拥有 reload 权限，如果没有，则需要授权
mysql> flush privileges;
Query OK, 0 rows affected (0.00 sec)

#退出连接
mysql> exit
Bye

#使用用户 xiaogang 和修改后的密码进行连接，连接成功
C:\Users\Administrator>mysql -uxiaogang -p123456789
mysql: [Warning] Using a password on the command line interface can be insecure.

#退出连接
mysql> exit
Bye

#使用 root 用户连接
C:\Users\Administrator>mysql -uroot -p123456
mysql: [Warning] Using a password on the command line interface can be insecure.
```

```
#修改用户 xiaoying 可以访问数据库的客户端 IP 地址
mysql> update mysql.user set host='192.168.1.100' where user='xiaoying';
Query OK, 1 row affected (0.00 sec)
Rows matched: 1  Changed: 1  Warnings: 0


#查看用户
mysql> SELECT user,host FROM mysql.user;
+-----------------------------+-----------------------------+
| user                        | host                        |
+-----------------------------+-----------------------------+
| shopdb                      | %                           |
| xiaogang                    | %                           |
| xiaoying                    | 192.168.1.100               |
| xiaoming                    | 192.168.1.90                |
| mysql.session               | localhost                   |
| mysql.sys                   | localhost                   |
| root                        | localhost                   |
+-----------------------------+-----------------------------+
7 rows in set (0.00 sec)
mysql>
```

9.1.3　删除用户

删除用户 xiaoying 的语句如下。

```
DELETE FROM mysql.user WHERE user='xiaoying' and host='192.168.1.100';
```

或者

```
DROP user 'xiaoying'@'192.168.1.100';
```

执行上面的语句后，需要执行 flush privileges;命令或者重启 MySQL 服务，用户 xiaoying 才能被删除。

```
#使用用户名 root 和相应密码，连接本地 MySQL
C:\Users\Administrator>mysql -uroot -p123456
mysql: [Warning] Using a password on the command line interface can be insecure.


#查看所有用户
mysql> SELECT user,host FROM mysql.user;
+-----------------------------+-----------------------------+
| user                        | host                        |
+-----------------------------+-----------------------------+
| shopdb                      | %                           |
| xiaogang                    | %                           |
| xiaoying                    | 192.168.1.100               |
| xiaoming                    | 192.168.1.90                |
| mysql.session               | localhost                   |
| mysql.sys                   | localhost                   |
| root                        | localhost                   |
+-----------------------------+-----------------------------+
7 rows in set (0.00 sec)


#删除用户 xiaoying, host 为 localhost
mysql> DELETE FROM mysql.user WHERE user='xiaoying' and host='localhost';
Query OK, 0 rows affected (0.00 sec)
```

#查看用户，用户xiaoying对应的host是192.168.1.100，并没有删除成功
```
mysql> SELECT user,host FROM mysql.user;
+--------------------------------+----------------------------+
| user                           | host                       |
+--------------------------------+----------------------------+
| shopdb                         | %                          |
| xiaogang                       | %                          |
| xiaoying                       | 192.168.1.100              |
| xiaoming                       | 192.168.1.90               |
| mysql.session                  | localhost                  |
| mysql.sys                      | localhost                  |
| root                           | localhost                  |
+--------------------------------+----------------------------+
7 rows in set (0.00 sec)
```

#删除用户xiaoying，host为"192.168.1.100"，有一行数据受到影响，说明删除有效
```
mysql> DELETE FROM mysql.user WHERE user='xiaoying' and host='192.168.1.100';
Query OK, 1 row affected (0.00 sec)
```

#查看所有用户，发现用户xiaoying依然存在
```
mysql> SELECT user,host FROM mysql.user;
+--------------------------------+----------------------------+
| user                           | host                       |
+--------------------------------+----------------------------+
| shopdb                         | %                          |
| xiaogang                       | %                          |
| xiaoying                       | 192.168.1.100              |
| xiaoming                       | 192.168.1.90               |
| mysql.session                  | localhost                  |
| mysql.sys                      | localhost                  |
| root                           | localhost                  |
+--------------------------------+----------------------------+
7 rows in set (0.00 sec)
```

#执行刷新操作
```
mysql> flush privileges;
Query OK, 0 rows affected (0.00 sec)
```

#查看所有用户，用户xiaoying删除成功
```
mysql> SELECT user,host FROM mysql.user;
+--------------------------------+----------------------------+
| user                           | host                       |
+--------------------------------+----------------------------+
| shopdb                         | %                          |
| xiaogang                       | %                          |
| xiaoming                       | 192.168.1.90               |
| mysql.session                  | localhost                  |
| mysql.sys                      | localhost                  |
| root                           | localhost                  |
+--------------------------------+----------------------------+
6 rows in set (0.00 sec)
```

9.2 权限管理

MySQL 的用户权限管理主要包括以下几个方面。

（1）设置用户访问数据库、表的权限。

（2）设置用户的操作（SELECT、CREATE、UPDATE、DELETE 等）权限。

（3）设置用户使用指定的 IP 地址访问数据库的权限。

（4）设置用户为其他用户授权的权限。

权限管理

9.2.1 授予和撤销权限

授予权限示例如下。

```
GRANT ALL PRIVILEGES ON *.* TO 'xiaogang'@'%' WITH GRANT OPTION;
```

撤销权限示例如下。

```
REVOKE ALL PRIVILEGES ON *.* FROM 'xiaogang'@'%' ;
```

（1）GRANT：授予权限的关键字。

（2）REVOKE：撤销权限的关键字。

（3）ALL PRIVILEGES：所有权限，也可指定具体的权限，如 SELECT、CREATE、DROP 等权限。

（4）ON：权限对哪些数据库和表生效，格式为数据库名.表名，"*.*"是指对所有数据库和数据表生效。

（5）TO：将权限授予用户，格式为"用户名@登录 IP 地址或域名"，%表示没有限制，在任何主机上都可以登录，也可以指定 IP 地址或者 IP 地址段，如"192.168.1.%"，用户只能在相应的 IP 地址段客户端上登录。

（6）FROM：撤销授予用户的权限。

（7）WITH GRANT OPTION：允许用户将自己的权限授予其他用户。

可以使用 GRANT 语句为用户授予多个权限，如果为用户授予 SELECT 权限后，又为用户授予了 INSERT 权限，则该用户就同时拥有 SELECT 和 INSERT 权限。MySQL 数据库权限如表 9.1 所示。

表 9.1　MySQL 数据库权限

权限	字段	应用范围	备注
ALL [PRIVILEGES]	Synonym for "all privileges"	Server administration	所有权限
ALTER	Alter_priv	Tables	修改表
ALTER ROUTINE	Alter_routine_priv	Stored routines	更改存储过程、存储函数
CREATE	Create_priv	Databases, tables or indexes	创建数据库、表、索引
CREATE ROUTINE	Create_routine_priv	Stored routines	创建存储过程、存储函数
CREATE TABLESPACE	Create_tablespace_priv	Server administration	创建表空间
CREATE TEMPORARY TABLES	Create_tmp_table_priv	Tables	创建临时表

续表

权限	字段	应用范围	备注
CREATE USER	Create_user_priv	Server administration	创建用户
CREATE VIEW	Create_view_priv	Views	创建视图
DELETE	Delete_priv	Tables	删除表
DROP	Drop_priv	Databases, tables or views	删除数据库、表、视图
EVENT	Event_priv	Databases	事件
EXECUTE	Execute_priv	Stored routines	执行
FILE	File_priv	File access on server host	文件
GRANT	Grant_priv	Databases, tables or stored routines	授权
INDEX	Index_priv	Tables	索引
INSERT	Insert_priv	Tables or columns	插入
LOCK TABLES	Lock_tables_priv	Databases	锁表
PROCESS	Process_priv	Server administration	执行
PROXY	See proxies_priv	table Server administration	代理
REFERENCES	References_priv	Databases or tables	关联
RELOAD	Reload_priv	Server administration	执行 flush-hosts、flush- logs、flush-status、flush-tables、flush-privileges、flush-threads、refresh、reload 等命令的权限
REPLICATION CLIENT	Repl_client_priv	Server administration	查看复制权限
REPLICATION SLAVE	Repl_slave_priv	Server administration	执行复制权限
SELECT	Select_priv	Tables or columns	查询表、字段
SHOW DATABASES	Show_db_priv	Server administration	查看数据库
SHOW VIEW	Show_view_priv	Views	查看视图
SHUTDOWN	Shutdown_priv	Server administration	关闭数据库权限
SUPER	Super_priv	Server administration	结束线程权限
TRIGGER	Trigger_priv	Tables	触发器
UPDATE	Update_priv	Tables or columns	更新表、字段
USAGE	Synonym for "no privileges"	Server administration	没有权限

对于数据库表、数据库列及存储过程应该授予什么权限，官方文档中建议的权限配置如表 9.2 所示。

表 9.2　建议的权限配置

权限分布	可能拥有的权限
数据库表权限	SELECT、INSERT、UPDATE、DELETE、CREATE、DROP、GRANT、REFERENCES、INDEX、ALTER
数据库列权限	SELECT、INSERT、UPDATE、REFERENCES
存储过程权限	EXECUTE、ALTER ROUTINE、GRANT

实战演练——授权/撤回用户（数据库、表、索引）权限

下面将创建数据库、表、索引的权限授予用户 xiaogang，然后撤销这些权限，并为其授予所有权限。

```
#使用用户名 root 和相应密码，连接本地 MySQL
C:\Users\Administrator>mysql -uroot -p123456
mysql: [Warning] Using a password on the command line interface can be insecure.
#显示用户 xiaogang 的权限，USAGE 表示没有任何权限
mysql> SHOW GRANTS FOR xiaogang;
+------------------------------------------------------------+
| Grants for xiaogang@%                                      |
+------------------------------------------------------------+
| GRANT USAGE ON *.* TO 'xiaogang'@'%' WITH GRANT OPTION     |
+------------------------------------------------------------+
1 row in set (0.00 sec)


#将创建数据库、表、索引的权限授予用户 xiaogang
mysql> GRANT CREATE ON *.* TO 'xiaogang'@'%' WITH GRANT OPTION;
Query OK, 0 rows affected, 1 warning (0.00 sec)

#显示用户 xiaogang 的权限，该用户拥有创建数据库、表、索引的权限
mysql> SHOW GRANTS FOR xiaogang;
+------------------------------------------------------------+
| Grants for xiaogang@%                                      |
+------------------------------------------------------------+
| GRANT CREATE ON *.* TO 'xiaogang'@'%' WITH GRANT OPTION    |
+------------------------------------------------------------+
1 row in set (0.00 sec)


#撤销用户 xiaogang 创建数据库、表、索引的权限
mysql> REVOKE CREATE ON *.* FROM 'xiaogang'@'%' ;
Query OK, 0 rows affected (0.00 sec)

#权限撤销后，用户 xiaogang 无任何权限
mysql> SHOW GRANTS FOR xiaogang;
+------------------------------------------------------------+
| Grants for xiaogang@%                                      |
+------------------------------------------------------------+
| GRANT USAGE ON *.* TO 'xiaogang'@'%' WITH GRANT OPTION     |
+------------------------------------------------------------+
1 row in set (0.00 sec)


#授予用户 xiaogang 所有权限
mysql> GRANT ALL PRIVILEGES ON *.* TO 'xiaogang'@'%' WITH GRANT OPTION;
```

```
Query OK, 0 rows affected, 1 warning (0.00 sec)

#显示用户 xiaogang 的权限，该用户拥有所有权限
mysql> SHOW GRANTS FOR xiaogang;
+----------------------------------------------------------------+
| Grants for xiaogang@%                                          |
+----------------------------------------------------------------+
| GRANT ALL PRIVILEGES ON *.* TO 'xiaogang'@'%' WITH GRANT OPTION |
+----------------------------------------------------------------+
1 row in set (0.00 sec)

#查询用户 xiaogang 拥有的具体权限
mysql> SELECT * FROM mysql.user WHERE user='xiaogang' \G
*************************** 1. row ***************************
                    Host: %
                    User: xiaogang
              Select_priv: Y
              Insert_priv: Y
              Update_priv: Y
              Delete_priv: Y
              Create_priv: Y
                Drop_priv: Y
              Reload_priv: Y
            Shutdown_priv: Y
             Process_priv: Y
                File_priv: Y
               Grant_priv: Y
          References_priv: Y
               Index_priv: Y
               Alter_priv: Y
             Show_db_priv: Y
               Super_priv: Y
    Create_tmp_table_priv: Y
         Lock_tables_priv: Y
             Execute_priv: Y
          Repl_slave_priv: Y
         Repl_client_priv: Y
         Create_view_priv: Y
           Show_view_priv: Y
      Create_routine_priv: Y
       Alter_routine_priv: Y
         Create_user_priv: Y
               Event_priv: Y
             Trigger_priv: Y
  Create_tablespace_priv: Y
                 ssl_type:
               ssl_cipher: 0x
              x509_issuer: 0x
             x509_subject: 0x
            max_questions: 0
              max_updates: 0
          max_connections: 0
     max_user_connections: 0
                   plugin: caching_sha2_password
```

```
      authentication_string: $A$005$7
           password_expired: N
      password_last_changed: 2023-06-15 00:04:12
           password_lifetime: NULL
             account_locked: N
           Create_role_priv: Y
             Drop_role_priv: Y
    Password_reuse_history: NULL
       Password_reuse_time: NULL
   Password_require_current: NULL
            User_attributes: NULL
1 row in set (0.00 sec)
```

9.2.2　用户权限体系

用户权限体系分为服务级用户权限、数据库级用户权限、表级用户权限、字段级用户权限，不同级别的用户拥有不同的权限。

1. 服务级用户权限

服务级用户拥有对所有数据库进行操作的权限，与 root 用户一样，可以删除所有数据库及表，权限存储在 mysql.user 表中。GRANT ALL ON *.*和 REVOKE ALL ON *.*只授予和撤销服务级用户权限，*.* 表示所有数据库、所有数据表。

```
#授予用户 xiaogang 服务级用户权限，包括 GRANT 权限，其可以为其他用户授予权限
GRANT ALL PRIVILEGES ON *.* TO 'xiaogang'@'%' WITH GRANT OPTION;
```

2. 数据库级用户权限

数据库级用户可以在相应的数据库中进行增、删、改、查等操作（依据分配的权限），权限存储在 mysql.db 和 mysql.host 表中。GRANT ALL ON db_name.*和 REVOKE ALL ON db_name.*只授予和撤销数据库级用户权限，db_name.*表示指定的数据库。

```
#授予用户 xiaogang 数据库级用户权限，其可以操作 staff 数据库
GRANT ALL PRIVILEGES ON staff.* TO 'xiaogang'@'%' WITH GRANT OPTION;
```

3. 表级用户权限

表级用户拥有对相应的表中所有列进行操作的权限（依据分配的权限），权限存储在 mysql.tables_priv 表中。GRANT ALL ON db_name.tbl_name 和 REVOKE ALL ON db_name.tbl_name 只授予和撤销表级用户权限，db_name.tbl_name 表示指定的数据库和指定的表。

```
#授予用户 xiaogang 表级用户权限，其可以对 staff 数据库中的 employee 表进行操作
GRANT ALL PRIVILEGES ON staff.employee TO 'xiaogang'@'%' WITH GRANT OPTION;
```

4. 字段级用户权限

字段级用户拥有对指定表中相应的列进行操作的权限（依据分配的权限），权限存储在 mysql.columns_priv 表中。当使用 REVOKE 语句时，必须指定与 GRANT 语句相同的列。字段级用户权限使用频率低，每次访问时都需要校验权限，效率低。

9.2.3　权限授予原则

在进行信息安全检查或者信息系统安全等级保护测评的过程中，需要对数据库进行安全扫描，如果权限授予有问题，则会产生漏洞。下面列举一些常见的数据库漏洞。

（1）将 SUPER 权限授予了除 root 外的用户。

风险等级：中。

产生原因：将 SUPER 权限授予了除 root 外的用户。

漏洞描述：该策略检测 SUPER 权限是否授予了除 root 外的用户。拥有 SUPER 权限的用户可以终止其他用户的 MySQL 进程。在一个安全的环境中，SUPER 权限应只授予 root 用户。

修复建议：撤销除 root 外的用户的 SUPER 权限。语句为 REVOKE SUPER ON *.* FROM '{user}'@'{host}';，其中参数 user 为需要修改的用户名，host 为用户所在主机名。

（2）将 CREATE USER 权限授予了除 root 外的用户。

风险等级：中。

产生原因：将 CREATE USER 权限授予了除 root 外的用户。

漏洞描述：该策略检测 CREATE USER 权限是否授予了除 root 外的用户。拥有创建用户权限的用户可以在数据库服务器中创建用户，并且可以把对数据库进行操作的权限（如 SELECT、INSERT、UPDATE、DELETE）赋予新创建的用户，也就是说，得到了创建用户权限的用户可以间接控制数据库服务器。在一个安全的环境中，CREATE USER 权限应只授予 root 用户。

修复建议:撤销除 root 外的用户的 CREATE USER 权限。语句为 REVOKE CREATE USER ON *.* FROM '{user}'@'{host}';，其中参数 user 为需要修改的用户名，host 为用户所在主机名。

（3）存在拥有 FILE 全局权限的普通用户。

风险等级：中。

产生原因：存在拥有 FILE 全局权限的普通用户。

漏洞描述：该策略检测是否存在拥有 FILE 全局权限的普通用户。如果用户被授予 FILE 全局权限，则可以通过 LOAD DATA IN FILE 和 SELECT...INTO OUTFILE 语句读写服务器上的任何文件。从数据库安全角度考虑，只有管理员用户才应被授予 FILE 全局权限。

修复建议：通过 UPDATE mysql.user SET file_priv='N' WHERE user='{user}' AND host='{host}';语句撤销用户的 FILE 全局权限，其中参数 user 为需要修改的用户名，host 为用户所在主机名。

（4）存在拥有 DROP 全局权限的普通用户。

风险等级：中。

产生原因：存在拥有 DROP 全局权限的普通用户。

漏洞描述：该策略检测是否存在拥有 DROP 全局权限的普通用户。如果用户被授予 DROP 全局权限，则可能导致重要数据库或表被删除。从数据库安全角度考虑，只有管理员用户才应被授予 DROP 全局权限。

修复建议：通过 DROP USER '{user}'@'{host}';语句删除拥有 DROP 全局权限的普通用户，或通过 UPDATE mysql.user SET drop_priv='N' WHERE user='{user}' AND host='{host}';语句撤销普通用户的 DROP 全局权限，其中参数 user 为需要修改的用户名，host 为用户所在主机名。

（5）存在拥有 GRANT 数据库级权限的普通用户。

风险等级：中。

产生原因：存在拥有 GRANT 数据库级权限的普通用户。

漏洞描述：该策略检测是否存在拥有 GRANT 数据库级权限的普通用户。GRANT 数据库级权限允许用户在全局范围内授予其他用户权限。在某些版本的 MySQL 中，具有 GRANT 数据库级权限的用户可以重置其他任何用户的密码，这可能导致一个用户通过修改其他所有用户密码而控制整个数据库。

修复建议：通过 UPDATE mysql.db SET grant_priv='N' WHERE user='{user}' AND host='{host}';语句撤销普通用户的 GRANT 数据库级权限，其中参数 user 为需要修改的用户名，host 为用户所在主机名。

（6）存在拥有 DROP 数据库级权限的普通用户。

风险等级：中。

产生原因：存在拥有 DROP 数据库级权限的普通用户。

漏洞描述：该策略检测是否存在拥有 DROP 数据库级权限的普通用户。如果用户被授予 DROP 数据库级权限，则可能导致重要数据库或表被删除。从数据库安全角度考虑，只有管理员用户才应被授予 DROP 数据库级权限。

修复建议：通过 UPDATE mysql.db SET drop_priv='N' WHERE user='{user}' AND host='{host}';语句撤销普通用户的 DROP 数据库级权限，其中参数 user 为需要修改的用户名，host 为用户所在主机名。

（7）存在拥有 PROCESS 全局权限的普通用户。

风险等级：中。

产生原因：存在拥有 PROCESS 全局权限的普通用户。

漏洞描述：该策略检测是否存在拥有 PROCESS 全局权限的普通用户。PROCESS 是管理权限，PROCESS 全局权限能被用来查看当前执行查询的明文文本，包括设定或改变密码的查询。从数据库安全角度考虑，只有管理员用户才可以被授予 PROCESS 全局权限。

修复建议：通过 UPDATE mysql.user SET process_priv='N' WHERE user='{user}' AND host='{host}';语句撤销普通用户的 PROCESS 全局权限，其中参数 user 为需要修改的用户名，host 为用户所在主机名。

（8）存在从任意主机都能登录数据库的用户。

风险等级：中。

产生原因：存在从任意主机都能登录数据库的用户。

漏洞描述：该策略检测是否存在从任意主机都能登录数据库的用户。当用户请求连接时，服务器会使用用户表 user 中的 host、user、password 这 3 个字段进行身份验证，其中 host 为用户所在主机，如果用户表 user 中某一用户的 host 字段的值为空或者为"%"，则意味着该用户可以从任意主机登录数据库，从安全角度考虑这是不允许的。

修复建议：通过 UPDATE mysql.user SET host='{newhost}' WHERE user='{username}' AND host in('','%');语句和 flush privileges;命令修改用户表 user 的 host 字段，其中参数 newhost 表示指定的主机 IP 地址或者主机名，username 表示需要修改的用户名。

（9）存在拥有 REPLICATION SLAVE 权限的普通用户。

风险等级：低。

产生原因：存在拥有 REPLICATION SLAVE 权限的普通用户。

漏洞描述：该策略检测是否存在拥有 REPLICATION SLAVE 权限的普通用户。如果用户被授予 REPLICATION SLAVE 权限，则可以查看从服务器，从主服务器读取二进制日志。因此，建议将其只授予真正需要该权限的用户。

修复建议：通过 DROP USER '{user}'@'{host}';语句删除拥有 REPLICATION SLAVE 权限的普通用户，或通过 UPDATE mysql.user SET repl_slave_priv='N' WHERE user='{user}' AND host='{host}';语句撤销普通用户的 REPLICATION SLAVE 权限，其中参数 user 为需要修改的用户名，host 为用户所在主机名。

（10）存在拥有 SHOW DATABASE 权限的普通用户。

风险等级：低。

产生原因：存在拥有 SHOW DATABASE 权限的普通用户。

漏洞描述：该策略检测是否存在拥有 SHOW DATABASE 权限的普通用户。如果用户被授予 SHOW DATABASE 权限，则可以查看数据库服务器中的所有数据库，获得数据库服务器的敏感信息。因此，建议将其只授予真正需要该权限的用户。

修复建议：通过 DROP USER '{user}'@'{host}';语句删除拥有 SHOW DATABASE 权限的普通用户，或通过 UPDATE mysql.user SET show_db_priv='N' WHERE user='{user}' AND host='{host}';语句撤销普通用户的 SHOW DATABASE 权限，其中参数 user 为需要修改的用户名，host 为用户所在主机名。

总体而言，权限授予原则如下。

（1）不要授予普通用户 SUPER 权限、CREATE USER 权限、DROP 全局权限、GRANT 数据库级权限等管理员才应拥有的权限。

（2）授予普通用户最小权限，权限够用即可。

（3）可以指定用户登录数据库的主机 IP 地址或者 IP 地址段。

（4）用户的密码要足够复杂，可以用大小写字母、数字、特殊字符组成复杂密码。

（5）清理不用的数据库和用户，减少数据库占用的存储空间。

9.3 表空间管理

MySQL 8.0 中的 InnoDB 引擎使用表空间来组织和管理数据库表的数据及索引。InnoDB 表空间是物理文件，用于存储、索引表数据。在 MySQL 8.0 中，InnoDB 表空间分为系统表空间（System Tablespace）、单独表空间（File-per-table Tablespaces）、通用表空间（General Tablespaces）。

（1）InnoDB 表空间可以分为以下 3 种类型。

① 系统表空间：这是 InnoDB 的默认表空间，用于存储数据字典、更改缓冲区、双写缓冲区，以及系统表和其他共享表的数据及索引。

② 独占表空间：当启用了 innodb_file_per_table 参数时，每个 InnoDB 表都会有一个独立的表空间文件，这个文件存储了对应表的数据和索引。

③ 通用表空间：这是一种可以手动创建和管理的表空间，多个表可以共享同一个通用表空间。通过使用通用表空间，可以将多个表的数据和索引组织在一起，以优化输入输出性能或满足特定的管理需求。可以使用 CREATE TABLESPACE 语句来创建通用表空间，并指定数据文件的位置和大小等参数。

（2）在 MySQL 8.0 中，frm 文件仍然被用于存储表的元数据信息，但是存储的方式发生了变化。MySQL 8.0 引入了数据字典（Data Dictionary）的概念，将表的元数据信息集中存储在数据字典中，而不再依赖于 frm 文件。这种变化带来了一些好处，如提高了数据字典的访问效率、简化了表结构的修改和管理方式等。但是，frm 文件仍然在使用，以便与旧版本的 MySQL 兼容。

（3）MySQL 8.0 数据库默认情况下使用的表空间为独占表空间，但是可以通过参数 innodb_file_per_table=OFF 将其设置为共享表空间，通过下面命令可以查看启用哪种表空间，独占表空间（1 或者 ON）、共享表空间（0 或者 OFF）。

```
mysql> SHOW variables like "innodb_file_per_table";
+-----------------------+-------+
| Variable_name         | Value |
+-----------------------+-------+
| innodb_file_per_table | ON    |
+-----------------------+-------+
1 row in set, 1 warning (0.00 sec)
```

（4）查看数据库共享表空间。使用 SHOW VARIABLES LIKE 'innodb_data%';语句可以查看共

享表空间的大小，ibdata1 文件的默认大小为 10MB，超过 10MB 可以自动扩展。innodb_data_file_path 可以进行多路径存储设置，innodb_data_file_path = /data1/db1/ibdata1:100M:autoextend; /data2/db2/ibdata2:100M:autoextend 放在不同的磁盘中，可以平衡磁盘负载，提高数据库性能。

```
mysql> SHOW variables like 'innodb_data%';
+-----------------------------+------------------------------------+
| Variable_name               | Value                              |
+-----------------------------+------------------------------------+
| innodb_data_file_path       | ibdata1:12M:autoextend             |
| innodb_data_home_dir        |                                    |
+-----------------------------+------------------------------------+
2 rows in set, 1 warning (0.00 sec)
```

（5）查看所有数据库所占存储空间的大小。可以查看各个数据库所占存储空间的大小以及索引文件的大小。

```
mysql> SELECT TABLE_SCHEMA, CONCAT(truncate(sum(data_length)/1024/1024,2),'MB')
    AS data_size,concat(truncate(sum(index_length)/1024/1024,2),'MB') AS index_size
    FROM information_schema.tables
    GROUP BY TABLE_SCHEMA
    ORDER BY data_length DESC;
+--------------------+-----------+------------+
| TABLE_SCHEMA       | data_size | index_size |
+--------------------+-----------+------------+
| books              | 0.14MB    | 0.00MB     |
| mysql              | 2.32MB    | 0.32MB     |
| shop               | 0.32MB    | 0.04MB     |
| staff              | 0.36MB    | 0.08MB     |
| information_schema | 0.00MB    | 0.00MB     |
| performance_schema | 0.00MB    | 0.00MB     |
| sys                | 0.01MB    | 0.00MB     |
+--------------------+-----------+------------+
6 rows in set (0.26 sec)
```

通过统计数据库所占存储空间的大小，可以看到数据库的存储空间使用情况以及索引文件的大小。例如，员工管理系统数据库 staff 所占存储空间的大小是 0.36MB，索引文件的大小是 0.08MB。

（6）查看指定数据库所占存储空间的大小。可以查看指定数据库的各张表所占存储空间的大小以及表索引文件的大小。

```
mysql> SELECT TABLE_NAME, CONCAT(truncate(data_length/1024/1024,2),'MB') as
data_size, CONCAT(truncate(index_length/1024/1024,2),'MB') AS index_size
    FROM information_schema.tables where TABLE_SCHEMA = 'staff'
    GROUP BY TABLE_NAME
    ORDER BY data_length DESC;
+--------------------+----------------+----------------+
| TABLE_NAME         | data_size      | index_size     |
+--------------------+----------------+----------------+
| employee           | 118.64MB       | 0.00 MB        |
| ask_leave          | 111.62MB       | 0.00 MB        |
| payroll            | 70.59MB        | 0.00 MB        |
| dept               | 0.01MB         | 0.00 MB        |
+--------------------+----------------+----------------+
5 rows in set (0.00 sec)
```

通过查看指定数据库所占存储空间的大小，可看到各张表的存储空间使用情况和索引文件大小。例如，员工管理系统数据库 staff 的员工表 employee 所占存储空间的大小是 118.64 MB，索引文件的大小为 0.00 MB；而部门表 dept 所占存储空间的大小是 0.01 MB，索引文件的大小为 0.00 MB。

9.4 备份与还原

MySQL 数据库备份与还原是在项目上线后必须做的一件事。在数据库运行过程中，很有可能遇到停电、磁盘损坏、数据库服务器停机、自然灾害等问题，这些都有可能导致数据丢失，此时，对数据库的备份就显得格外重要了。

备份与还原

9.4.1 备份数据库

MySQL 数据库备份可以分为热备份、温备份、冷备份。热备份是指当数据库进行备份时，数据库的读写操作不受影响；温备份是指当数据库进行备份时，数据库可以进行读操作，但是不能进行写操作；冷备份是指当数据库进行备份时，数据库不可以进行读写操作。

备份的方式可以分为物理备份和逻辑备份。

物理备份是直接复制数据库文件，包括数据、二进制日志、InnoDB 事务日志、代码（存储过程、存储函数、触发器、事件调度器）、服务器配置文件等。MySQL 8.0 数据库默认启用的是独占表空间，每个 InnoDB 表都有独立的.ibd 文件。此时可以直接复制数据库文件夹（如 books 文件夹），如图 9.1、图 9.2 所示。

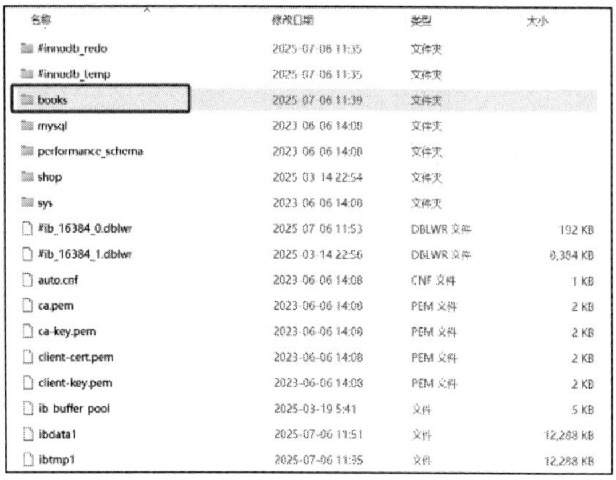

图 9.1 books 数据库文件夹

图 9.2 books 表文件夹

逻辑备份可以采用 MySQL 数据库自带的备份工具 mysqldump 实现，它可以将数据库备份成指定的文本文件或者可执行 SQL 脚本文件；或者使用第三方的 xtrabackup 备份，它是一款非常强大的 InnoDB/XtraDB 热备份工具，支持完全备份、增量备份。

下面使用 MySQL 数据库自带的备份工具 mysqldump 进行备份，将图书管理系统数据库 books 备份出来。

```
#备份图书管理系统数据库 books
C:\Users\Administrator>mysqldump -uroot --password=123456 books > C:\MySQL_bak\
books_20250706.sql

#备份 IP 地址为 192.168.1.90 的服务器中的图书管理系统数据库 books
C:\Users\Administrator>mysqldump --opt -uroot --password=123456 -h192.168.1.90
books > C:\MySQL_bak\books_20250706.sql
```

```
#备份图书管理系统数据库 books 中的图书借阅表 book_borrow
C:\Users\Administrator>mysqldump -uroot --password=123456 books book_borrow >
C:\MySQL_bak\books_20250706.sql
```

（1）mysqldump：备份关键字。

（2）--opt：可选项，如果加上--opt 参数，则建表语句包含 DROP TABLE IF EXISTS tableName，INSERT 之前包含一个锁表语句 LOCK TABLES tableName WRITE，INSERT 之后包含 UNLOCK TABLES。

（3）-u：用户名。

（4）--password：用户密码。

（5）-h：可以指定远程数据库的 IP 地址。

（6）staff：要备份的数据库名称。

（7）C:\MySQL_bak\books_20250706.sql：备份的文件路径。

（8）--default-character-set：设置字符集。

（9）--single-transaction：将导出设置为事件。

（10）--no-data：导出的 SQL 脚本中将只包含创建表的 CREATE 语句。

（11）--add-drop-table：导出的 SQL 脚本中包含 DROP TABLE IF EXISTS 语句。

（12）--routines：导出存储过程及函数。

（13）--events：导出事件。

（14）--triggers：导出触发器。

mysqldump 通用的备份脚本如下。

```
@echo off
set BAT_HOME=C:\MySQL_bak
set DaysAgo=30
forfiles /p %BAT_HOME% /s /m *.* /d -%DaysAgo% /c "cmd /c del @path"
set BKDIR=%Date:~0,4%%Date:~5,2%
set BKFILE=%Date:~0,4%%Date:~5,2%%Date:~8,2%
set PATH= C:\Program Files\MySQL\MySQL Server 8.0\bin
mkdir %BAT_HOME%\%BKDIR%
mysqldump --opt  -u root --password=123456 -h192.168.1.90 books >
%BAT_HOME%\%BKDIR%\
staff_%BKFILE%.sql
echo "数据库备份完成！"
```

图书管理系统数据库 books 的备份结果如图 9.3 所示。

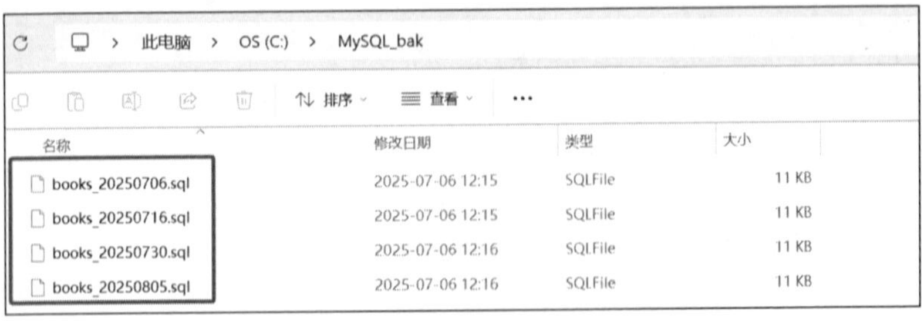

图 9.3　图书管理系统数据库 books 的备份结果

9.4.2　还原数据库

对于通过物理备份方式进行备份的数据库，可以将备份出来的文件复制到数据库安装的 data 目录下，如 C:\ProgramData\MySQL\MySQL Server 8.0\Data，以还原数据库。

对于通过 MySQL 数据库自带的 mysqldump 备份工具进行备份的数据库，可以使用 MySQL 客户端还原备份出来的 SQL 文件，也可以使用命令来进行还原，具体如下。

```
mysql> USE books
mysql> source C:\MySQL_bak\books_20250706.sql;
```

9.5 主从同步配置

在使用数据库的过程中，为了保证数据的安全性，往往会进行备份操作，这时就可以使用主从数据库同步配置，将主数据库中的数据同步到从数据库中，以达到备份的目的。当数据库读写操作频繁、用户访问量较大时，让主数据库进行写入操作、从数据库进行读取操作，以实现数据库读写分离，可以缓解数据库的压力。主从同步配置需要两个 MySQL 数据库，它们最好分布在两台服务器上。下面介绍如何在 Windows 操作系统中对数据库进行主从同步配置。

主从同步配置

9.5.1 主数据库配置

主数据库配置需要在 my.ini 配置文件中添加参数、分配用于同步的用户、查找同步的二进制日志文件和位置。

（1）打开 MySQL 数据库的 my.ini 配置文件，添加数据库唯一标识 server-id（主数据库和从数据库需要不一致），开启 log-bin 二进制日志文件以及需要同步的数据库 binlog-do-db，binlog-ignore-db 用来配置不需要同步的数据库。

```
server-id=1                    #主数据库和从数据库需要不一致
log-bin=mysql-bin              #开启 log-bin 二进制日志文件
binlog-do-db=db_test           #需要同步的数据库
binlog-ignore-db=staff         #不需要同步的数据库
```

（2）查看 log-bin 二进制日志文件是否开启成功，只有 log-bin 为 ON（文件开启成功）时才可以进行同步操作。

```
mysql> show variables like 'log_bin%';
+---------------------------------+-----------------------------------+
| Variable_name                   | Value                             |
+---------------------------------+-----------------------------------+
| log_bin                         | ON                                |
| log_bin_basename                | …                                 |
| log_bin_index                   | …                                 |
| log_bin_trust_function_creators | OFF                               |
| log_bin_use_v1_row_events       | OFF                               |
+---------------------------------+-----------------------------------+
5 rows in set, 1 warning (0.00 sec)
```

（3）分配用于同步的账号 backup，密码是 123456。

```
GRANT REPLICATION SLAVE ON *.* to 'backup'@'%';
```

（4）查看同步的二进制日志文件名称（mysql-bin.000002）和位置（437），这些信息将用于从数据库同步配置。

```
mysql> show master status;
+------------------+----------+--------------+------------------+-------------------+
| File             | Position | Binlog_Do_DB | Binlog_Ignore_DB | Executed_Gtid_Set |
+------------------+----------+--------------+------------------+-------------------+
| mysql-bin.000002 |   437    | db_test      |                  |                   |
+------------------+----------+--------------+------------------+-------------------+
```

9.5.2　从数据库配置

从数据库配置需要在 my.ini 配置文件中添加参数、配置同步的主数据库、开启同步的从数据库。

（1）打开 MySQL 数据库的 my.ini 配置文件，添加数据库唯一标识 server-id（主数据库和从数据库需要不一致），开启 log-bin 二进制日志文件以及需要同步的数据库 replicate-do-db，并把从数据库设置为只读数据库。

```
server-id=2                    #主数据库和从数据库需要不一致
log-bin=mysql-bin              #开启 log-bin 二进制日志文件
replicate-do-db=db_test        #需要同步的数据库
read_only                      #为保证数据库的数据一致性，从数据库只允许读取操作，不允许写入操作
```

（2）配置同步的数据库，MASTER_HOST 是主数据库的 IP 地址，MASTER_PORT 是主数据库的端口号，MASTER_USER 是主数据库分配的同步账号，MASTER_PASSWORD 是主数据库分配的同步账号密码，MASTER_LOG_FILE 是主数据库同步的二进制日志文件，MASTER_LOG_POS 是同步文件的位置。

```
CHANGE MASTER TO MASTER_HOST='192.168.1.90',MASTER_PORT=3306,MASTER_USER=
'backup',MASTER_PASSWORD='123456',MASTER_LOG_FILE='mysql-bin.000002',
MASTER_LOG_POS=437;
```

（3）开启从数据库同步。

```
mysql> START SLAVE;
```

（4）查看从数据库同步状态，查看同步的二进制日志文件名称（mysql-bin.000002）和位置（437），Slave_IO_Running 和 Slave_SQL_Running 都为 Yes 说明同步配置成功，可以进行主从数据库同步。

```
mysql> SHOW SLAVE STATUS\G
*************************** 1. row ***************************
               Slave_IO_State: Waiting for master to send event
                  Master_Host: 192.168.1.90        #主数据库的 IP 地址
                  Master_User: backup              #主数据库分配的同步账号
                  Master_Port: 3306                #主数据库的端口号
                Connect_Retry: 60
              Master_Log_File: mysql-bin.000002 #主数据库同步的二进制日志文件
          Read_Master_Log_Pos: 437               #主数据库同步的二进制日志文件的位置
               Relay_Log_File: WINDOWS-MKCKMF8-relay-bin.000002
                Relay_Log_Pos: 320
        Relay_Master_Log_File: mysql-bin.000002
             Slave_IO_Running: Yes
            Slave_SQL_Running: Yes
              Replicate_Do_DB:db_test  #要同步的数据库
          Replicate_Ignore_DB:
           Replicate_Do_Table:
       Replicate_Ignore_Table:
      Replicate_Wild_Do_Table:
  Replicate_Wild_Ignore_Table:
                   Last_Errno: 0
                   Last_Error:
                   ip_Counter: 0
          Exec_Master_Log_Pos: 643
              Relay_Log_Space: 537
```

```
                  Until_Condition: None
                  Until_Log_File:
                  Until_Log_Pos: 0
              Master_SSL_Allowed: No
              Master_SSL_CA_File:
              Master_SSL_CA_Path:
                 Master_SSL_Cert:
               Master_SSL_Cipher:
                  Master_SSL_Key:
            Seconds_Behind_Master: 0
Master_SSL_Verify_Server_Cert: No
                   Last_IO_Errno: 0
                   Last_IO_Error:
                  Last_SQL_Errno: 0
                  Last_SQL_Error:
     Replicate_Ignore_Server_Ids:
                Master_Server_Id: 1
                     Master_UUID: 762a6f83-cde7-11e7-89fa-8056f2d6b9b6
                Master_Info_File:
                       SQL_Delay: 0
             SQL_Remaining_Delay: NULL
          Slave_SQL_Running_State: Slave has read all relay log; waiting for more updates
               Master_Retry_Count: 86400
                     Master_Bind:
          Last_IO_Error_Timestamp:
         Last_SQL_Error_Timestamp:
                 Master_SSL_Crl:
              Master_SSL_Crlpath:
              Retrieved_Gtid_Set:
               Executed_Gtid_Set:
                   Auto_Position: 0
            Replicate_Rewrite_DB:
                    Channel_Name:
              Master_TLS_Version:
```

（5）在主数据库中创建要同步的数据库 db_test，在从数据库中使用 SHOW DATABASES;
语句，可以看到其已经同步到从数据库中，说明主从数据库同步配置成功。

```
mysql> SHOW DATABASES;
+--------------------------------------------+
| Database                                   |
+--------------------------------------------+
| information_schema                         |
| mysql                                      |
| performance_schema                         |
| db_test                                    |
| sys                                        |
+--------------------------------------------+
```

9.6 综合实训：电商平台数据库管理

电商平台的数据库管理，包括用户管理、权限管理、表空间管理、备份与还
原以及主从同步配置等。实际的实现过程可能涉及更多的细节和配置参数，可以
根据具体需求进行调整和扩展。

综合实训：电商平台
数据库管理

1. 用户管理

创建新用户。

```
CREATE USER 'ecommerce_user'@'localhost' IDENTIFIED BY 'password';
```

分配权限。

```
GRANT SELECT, INSERT, UPDATE ON ecommerce_db.* TO 'ecommerce_user'@'localhost';
```

2. 权限管理

创建角色。

```
CREATE ROLE ecommerce_role;
```

为角色授予权限。

```
GRANT SELECT, INSERT ON ecommerce_db.products TO ecommerce_role;
```

关联用户和角色。

```
GRANT ecommerce_role TO 'ecommerce_user'@'localhost';
```

3. 表空间管理

创建表空间。

```
CREATE TABLESPACE ecommerce_tablespace ADD DATAFILE 'ecommerce_data.ibd'
Engine=InnoDB;
```

将表分配到表空间中。

```
ALTER TABLE ecommerce_db.products TABLESPACE ecommerce_tablespace;
```

4. 备份与还原

备份数据库。

```
mysqldump -u username -p password ecommerce_db > backup.sql
```

还原数据库。

```
mysql -u username -p password ecommerce_db < backup.sql
```

5. 主从同步配置

配置主服务器的 my.ini 文件。

```
[mysqld]
server-id=1
log-bin=mysql-bin
```

配置从服务器的 my.ini 文件。

```
[mysqld]
server-id=2
relay-log=mysql-relay-bin
log-slave-updates=1
read-only=1
```

在从服务器上执行复制命令。

```
CHANGE MASTER TO
MASTER_HOST='master_host',
MASTER_USER='replication_user',
MASTER_PASSWORD='replication_password',
MASTER_LOG_FILE='mysql-bin.000001',
MASTER_LOG_POS= 107;
START SLAVE;
```

9.7 小结

本单元讲解了 MySQL 数据库的管理功能，数据库的用户管理包括创建用户、修改用户及删除用户；数据库的权限管理包括授予和撤销权限、用户权限体系及权限授予原则；表空间管理包括共享表空间和独占表空间的使用；备份与还原包括如何备份数据库及还原数据库；主从同步配置包括如何进行主数据库配置和从数据库配置。

9.8 习题

1. 选择题

（1）在 MySQL 中，用户管理是通过（　　）语句进行操作的。
  A. CREATE USER   B. ALTER USER
  C. DROP USER   D. 以上所有

（2）在 MySQL 中，可以使用（　　）语句查看当前数据库的表空间使用情况。
  A. SHOW TABLESPACES   B. SHOW DATABASES
  C. SHOW TABLES   D. SHOW VARIABLES

（3）在 MySQL 中，可以使用（　　）语句或工具备份整个数据库。
  A. BACKUP DATABASE   B. BACKUP TABLE
  C. mysqldump   D. 以上所有

（4）在 MySQL 中，可以使用（　　）语句查看当前用户的权限。
  A. SHOW PRIVILEGES   B. SHOW GRANTS
  C. SHOW USERS   D. SHOW ACCESS

（5）在 MySQL 中，可以使用（　　）语句配置主从同步。
  A. CHANGE MASTER TO   B. START SLAVE
  C. STOP SLAVE   D. 以上所有

（6）在 MySQL 中，主从同步配置中的主服务器称为（　　）。
  A. Master   B. Slave   C. Primary   D. Secondary

2. 填空题

（1）在 MySQL 中，删除用户的语句是＿＿＿＿＿＿。
（2）在 MySQL 中，撤销用户权限的语句是＿＿＿＿＿＿。
（3）在 MySQL 中，查看当前用户的语句是＿＿＿＿＿＿。
（4）在 MySQL 中，创建新的表空间的语句是＿＿＿＿＿＿。
（5）在 MySQL 中，查看主从同步状态的语句是＿＿＿＿＿＿。

3. 简答题

（1）在 MySQL 中，什么是独占表空间和共享表空间？
（2）在 MySQL 中，用户管理的语句有哪些？
（3）在 MySQL 中，什么语句用于授予和撤销权限？